从零开始学
ESP32物联网应用开发

康玮剑 ◎ 编著

清华大学出版社
北京

内 容 简 介

本书结合 50 个实践案例和 2 个综合实战项目，详细介绍 ESP32 从入门到进阶提升的全方位知识，涵盖 ESP32 物联网应用开发的基础知识、通信技术和网络编程等相关内容。本书免费提供程序源代码、100 分钟配套教学视频、教学 PPT 和开发工具等超值学习资源，以方便读者学习和实践。

本书共 11 章，分为 4 篇。第 1 篇基础知识，主要介绍 ESP32 硬件基础知识、ESP-IDF 开发环境搭建、ESP32 外设驱动控制、FreeRTOS 实时操作系统等；第 2 篇通信技术，主要介绍 Wi-Fi 编程（基础知识、Wi-Fi 扫描、Wi-Fi Station 模式、Wi-Fi Soft-AP 模式、ESP-NOW 通信）、Wi-Fi 配网（Smart Config 配网、Soft-AP 配网、BluFi 配网、配网失败的解决方法）、蓝牙通信（基础知识、蓝牙广播、蓝牙扫描、GAP 通用访问控制、GATT 通用属性控制）；第 3 篇网络编程，主要介绍网络传输（网络接口、IP 地址、TCP 通信、UDP 通信）、网络应用（HTTP/HTTPS 客户端应用、MQTT 客户端应用、OTA 应用）；第 4 篇项目实战，主要介绍基于 Wi-Fi 技术的智能灯泡和基于蓝牙技术的指纹密码锁两个综合项目的实现。

本书内容丰富，讲解循序渐进，操作步骤详细，源码解析透彻，适合 ESP32 物联网应用开发的入门与进阶读者阅读，也适合相关从业人员参考，还适合培训机构和高等院校的相关专业作为教材。

版权所有，侵权必究。举报：010-62782989，beiqinquan@tup.tsinghua.edu.cn。

图书在版编目（CIP）数据

从零开始学 ESP32 物联网应用开发 / 康玮剑编著.
北京：清华大学出版社, 2025.1. -- ISBN 978-7-302-68151-9
Ⅰ. TP393.4；TP18
中国国家版本馆 CIP 数据核字第 2025ZJ7828 号

责任编辑：王中英
封面设计：欧振旭
责任校对：胡伟民
责任印制：杨　艳

出版发行：清华大学出版社
　　　　网　　址：https://www.tup.com.cn, https://www.wqxuetang.com
　　　　地　　址：北京清华大学学研大厦 A 座　　邮　　编：100084
　　　　社 总 机：010-83470000　　邮　　购：010-62786544
　　　　投稿与读者服务：010-62776969, c-service@tup.tsinghua.edu.cn
　　　　质量反馈：010-62772015, zhiliang@tup.tsinghua.edu.cn
印 装 者：小森印刷霸州有限公司
经　　销：全国新华书店
开　　本：185mm×260mm　　印　张：20　　字　数：500 千字
版　　次：2025 年 3 月第 1 版　　印　次：2025 年 3 月第 1 次印刷
定　　价：89.80 元

产品编号：109260-01

前言

ESP32 是由乐鑫科技公司研发的一款低成本、低功耗、高性能的 32 位系统级芯片（SoC）。该芯片基于 Tensilica Xtensa LX6 微处理器架构，集成了 Wi-Fi 和双模蓝牙功能，提供双核及单核版本，并内置了多种功能模块，如 RF 变换器和功率放大器等。作为 ESP8266 的后继产品，ESP32 自推出以来就凭借其强大的连接能力、丰富的外设接口和高效的开发环境支持而广泛应用于物联网（IoT）领域，如智能家居、工业自动化和无人机控制等。ESP32 的低功耗设计使其在电池供电设备中表现卓越，因此成为物联网应用开发的理想选择。

应用前景

ESP32 可以满足绝大多数物联网应用场景需求，其广泛的应用场景包括但不限于以下几个方面：

- ❏ **智能家居**：在智能家居应用领域，ESP32 可以赋能各类传统家电，从而让其智能化，如智能灯泡、智能门锁、智能窗帘、智能空调、智能洗衣机和扫地机器人等。通过 ESP32 可以实现远程控制，帮助用户随时随地控制家电设备，以便轻松地管理家中的各类智能设备，从而享受智能化生活带来的便捷与舒适。
- ❏ **可穿戴设备**：在可穿戴应用领域，ESP32 凭借其低功耗特性而具有出色的表现，如运动手环、蓝牙耳机、智能手表和智能眼镜等，这些设备不仅可以实现数据同步，而且可以有效地进行健康监测，从而为用户提供更加个性化的服务。
- ❏ **工业控制**：在工业控制领域，ESP32 的 Mesh 组网技术大放异彩，可以实现数据采集、远程控制和生产线自动化，以提高生产效率并降低人为操作失误；同时，ESP32 还支持数据实时统计和分析，从而为工厂的智能化管理提供强有力的支撑。
- ❏ **医疗健康**：在医疗健康领域，ESP32 同样可以赋能各类医疗设备，如智能体脂秤、智能心率计和智能血压计等。这些设备能够精准地捕捉和记录用户的健康数据，并结合大数据分析和在线诊断技术，为用户提供更有价值的健康医疗服务。
- ❏ **AIoT 应用**：在人工智能物联网领域（AI+IoT），ESP32 凭借其卓越的性能占据一席之地。以 ESP32-S3 为首的 AI 系列芯片，正逐步应用于智能音箱和人脸识别门禁等领域，展现出强大的市场潜力和应用价值。

综上所述，ESP32 作为一款功能强大、性能卓越的物联网芯片，在智能家居、可穿戴设备、工业控制、医疗健康和 AIoT 应用等领域都有广泛的应用前景。

使用体会

笔者在使用 ESP32 的过程中有以下深刻的感受：

- ❑ **易于上手**：ESP-IDF 开发框架和 Visual Studio Code 开发环境使得上手 ESP32 变得相对容易。ESP32 的官方文档和社区资源非常丰富，这有助于快速解决开发过程中遇到的问题。
- ❑ **性能强大**：ESP32 的双核处理器和高内存配置具备强大的性能，使得它能够处理实时音频和高级传感器融合算法等较为复杂的任务，并且表现出色，响应非常迅速。
- ❑ **接口丰富**：ESP32 提供了多种类型的外设接口，如 GPIO、SPI、I^2C 和 UART 等，这使得它能够连接和控制各种外设，如传感器、显示屏和电机等。这为开发者提供了很大的灵活性，并可以让开发者根据项目需求选择合适的外设。
- ❑ **无线通信**：ESP32 内置的 Wi-Fi 和蓝牙模块使得它能够轻松地实现无线通信，这对物联网项目来说至关重要。通过 Wi-Fi，可以将 ESP32 接入互联网，从而实现远程控制和数据传输；而通过蓝牙，则可以让 ESP32 实现近距离的无线通信和数据交换。
- ❑ **功耗较低**：ESP32 不但性能强大，而且功耗比较低。这对需要长时间运行的物联网设备来说非常重要，因为它们通常依赖电池供电，而 ESP32 通过合理的电源管理和优化，可以做到在保持性能的同时降低功耗。
- ❑ **价格亲民**：与其他一些高性能的微控制器相比，ESP32 的价格亲民，可以称得上物美价廉，这使得它成为许多预算有限的项目的理想选择。

综上所述，笔者对 ESP32 的使用体验非常满意。其强大的性能、丰富的外设接口、出众的无线通信功能和低功耗特性，使其成为物联网应用开发的首选。

本书特色

- ❑ **视频教学**：针对重点和难点内容特意录制 100 分钟配套教学视频，帮助读者高效、直观地学习，从而取得更好的学习效果。
- ❑ **内容全面**：全面涵盖 ESP32 的硬件特性、软件开发环境搭建、外设驱动控制、FreeRTOS 实时操作系统、Wi-Fi 编程与配网、蓝牙通信、网络传输与应用等核心知识。
- ❑ **内容新颖**：大部分实践案例和实战项目的程序源代码都是采用 ESP-IDF 开发框架的最新版本（截至本书完稿时）编写的。
- ❑ **从零开始**：从 ESP32 的基础知识讲起，逐步深入其核心技术，即便是零基础的物联网爱好者，也能通过本书快速学习并掌握 ESP32 开发的相关知识。
- ❑ **实用性强**：以实际应用为导向，结合 50 个实践案例和 2 个综合实战项目进行讲解，带领读者全面掌握 ESP32 物联网应用开发的核心技术，并将其应用于实际开发中。
- ❑ **易学易懂**：用通俗易懂的语言阐述复杂的技术原理，并采用循序渐进的讲述方式，从基础知识开始逐步深入高级应用，适合不同层次的读者学习。
- ❑ **总结经验**：在介绍 ESP32 知识点和实践案例的过程中穿插大量的开发经验和技巧，从而提高读者的实际开发水平和应用技能。
- ❑ **赠超值资源**：免费赠送配套教学视频、程序源代码、开发工具和教学 PPT 等超值学习资源。

本书内容

第1篇　基础知识

本篇涵盖第1~4章。第1章从ESP32的硬件基础知识入手，介绍其系列芯片的特性，以及ESP32-C3开发板的特性和功能；第2章介绍Visual Studio Code和ESP-IDF开发环境的搭建，并给出Hello World示例程序；第3章介绍ESP32的外设驱动控制，包括GPIO应用、ADC应用、RTC应用、UART通信、I²C通信、SPI通信、RMT应用和NVS应用等；第4章从FreeRTOS实时操作系统入手，结合实践案例深入介绍ESP32的单机性能。通过学习本篇内容，读者可以较为系统地掌握ESP32的基础知识，为后续的进阶学习打好基础。

第2篇　通信技术

本篇涵盖第5~7章。第5章介绍Wi-Fi编程的相关知识，包括Wi-Fi基础知识、Wi-Fi扫描、Wi-Fi Station模式、Wi-Fi Soft-AP模式和ESP-NOW通信等；第6章介绍Wi-Fi配网的相关知识，包括Smart Config配网、Soft-AP配网、BluFi配网，以及配网失败的解决方法等；第7章介绍蓝牙通信的相关知识，包括蓝牙基础知识、蓝牙广播、蓝牙扫描、GAP通用访问控制和GATT通用属性控制等。通过学习本篇内容，读者可以系统地掌握ESP32无线通信和数据交换的核心技术与应用。

第3篇　网络编程

本篇涵盖第8、9章。第8章介绍网络传输的相关知识，包括网络接口、IP地址、TCP通信、UDP通信等；第9章介绍网络应用，包括HTTP/HTTPS客户端应用、MQTT客户端应用和OTA应用等。通过学习本篇内容，读者可以系统地掌握ESP32网络编程的核心技术与应用。

第4篇　项目实战

本篇涵盖第10、11章。第10章介绍基于Wi-Fi技术的智能灯泡项目实战，展现Wi-Fi无线通信技术在ESP32物联网应用开发中的典型应用；第11章介绍基于蓝牙技术的指纹密码锁项目实战，展现蓝牙通信技术在ESP32物联网应用开发中的典型应用。通过学习本篇内容，读者可以将本书介绍的众多知识融会贯通并用于项目开发中，从而做到学以致用。

读者对象

- 物联网开发入门人员；
- 物联网开发进阶人员；
- 物联网开发工程师；
- Wi-Fi与蓝牙开发工程师；
- 嵌入式开发工程师；
- 单片机开发工程师；

- ❑ 高校电子信息、通信、物联网等专业的师生；
- ❑ 相关培训机构的学员。

配套资源获取

本书涉及的教学视频、程序源代码、教学 PPT 和开发工具等配套资源有两种获取方式：一是关注微信公众号"方大卓越"，回复数字"39"获取下载链接；二是在清华大学出版社网站（www.tup.com.cn）上搜索到本书，然后在本书页面上找到"资源下载"栏目，单击"网络资源"按钮进行下载。

售后服务

由于笔者水平所限，书中可能存在疏漏与不足之处，恳请广大读者批评与指正。读者在阅读本书的过程中如果有疑问，可以发送电子邮件到 bookservice2008@163.com 获得帮助。

康玮剑

2025 年 1 月

目录

第1篇 基础知识

第1章 ESP32 硬件概述 2
1.1 ESP32 系列对比 2
1.2 ESP32-C3 简介 3
1.3 ESP32-C3 开发板简介 4

第2章 搭建开发环境 7
2.1 开发方式对比 7
2.2 搭建 ESP-IDF 开发环境 8
    2.2.1 安装 Visual Studio Code 9
    2.2.2 安装 Espressif IDF 9
    2.2.3 配置 ESP-IDF 10
    2.2.4 安装 ESP-IDF 10
2.3 Hello World 示例程序 12
    2.3.1 创建工程 12
    2.3.2 配置工程 13
    2.3.3 编译源码 15
    2.3.4 下载固件 16
    2.3.5 日志分析 18
    2.3.6 快捷按钮 20

第3章 外设驱动控制 21
3.1 GPIO 应用 21
    3.1.1 GPIO 简介 21
    3.1.2 GPIO 的常用函数 22
    3.1.3 实践：通过 GPIO 监听按键 23
    3.1.4 实践：通过 GPIO 控制 LED 亮灭 25
3.2 ADC 应用 28
    3.2.1 ADC 简介 28
    3.2.2 ADC 的常用函数 29
    3.2.3 实践：通过 ADC 读取实现光线强度检测 30
3.3 RTC 应用 33
    3.3.1 RTC 简介 33

  3.3.2 RTC 的常用函数 33
  3.3.3 实践：设置和获取 RTC 时间 34
 3.4 UART 通信 37
  3.4.1 UART 简介 37
  3.4.2 UART 的常用函数 37
  3.4.3 实践：通过 UART 串口与计算机通信 38
 3.5 I²C 通信 41
  3.5.1 I²C 简介 42
  3.5.2 I²C 的常用函数 42
  3.5.3 实践：通过 I²C 接口实现温度和湿度检测 43
 3.6 SPI 通信 46
  3.6.1 SPI 简介 46
  3.6.2 SPI 的常用函数 46
  3.6.3 实践：通过 SPI 接口实现外部存储模块的读写 47
 3.7 RMT 应用 54
  3.7.1 RMT 简介 54
  3.7.2 RMT 的常用函数 54
  3.7.3 实践：通过 RMT 接口实现 RGB LED 灯带控制 55
 3.8 NVS 应用 58
  3.8.1 NVS 简介 58
  3.8.2 NVS 的常用函数 58
  3.8.3 实践：从 NVS 中读写 8 位有符号的整数 59
  3.8.4 实践：从 NVS 中读写自定义结构体 62

第 4 章 RTOS 入门 64

 4.1 FreeRTOS 概述 64
  4.1.1 FreeRTOS 简介 64
  4.1.2 ESP-IDF 版本的 FreeRTOS 65
 4.2 任务管理 65
  4.2.1 任务管理简介 65
  4.2.2 任务状态简介 66
  4.2.3 任务管理的常用函数 66
  4.2.4 实践：任务挂起和恢复 67
 4.3 任务的优先级和调度 70
  4.3.1 任务的优先级简介 70
  4.3.2 任务的调度策略简介 70
  4.3.3 实践：高优先级任务抢占低优先级任务 71
 4.4 队列 76
  4.4.1 队列简介 76
  4.4.2 队列的常用函数 76

4.4.3　实践：基于队列的中断与任务间的通信 ……………………………………………… 77
4.5　信号量 …………………………………………………………………………………………… 79
　　　4.5.1　信号量简介 ……………………………………………………………………………… 80
　　　4.5.2　信号量的常用函数 ……………………………………………………………………… 80
　　　4.5.3　实践：基于信号量实现同步功能 ……………………………………………………… 80
　　　4.5.4　实践：基于互斥锁的资源操作保护 …………………………………………………… 83
　　　4.5.5　实践：通过信号量实现互斥功能导致优先级反转 …………………………………… 86
　　　4.5.6　实践：通过互斥锁优先级继承机制解决优先级反转 ………………………………… 90
4.6　软件定时器 ……………………………………………………………………………………… 92
　　　4.6.1　软件定时器简介 ………………………………………………………………………… 92
　　　4.6.2　软件定时器的常用函数 ………………………………………………………………… 93
　　　4.6.3　实践：单次触发和自动重载定时器 …………………………………………………… 93

第 2 篇　通信技术

第 5 章　Wi-Fi 编程 …………………………………………………………………………………… 98

5.1　Wi-Fi 基础知识 ………………………………………………………………………………… 99
　　　5.1.1　Wi-Fi 的相关术语 ……………………………………………………………………… 99
　　　5.1.2　基于 ESP32 的 Wi-Fi 功能 …………………………………………………………… 99
　　　5.1.3　基于 ESP32 的 Wi-Fi 模式 …………………………………………………………… 100
　　　5.1.4　基于 ESP32 的 Wi-Fi 编程流程 ……………………………………………………… 101
　　　5.1.5　基于 ESP32 的 Wi-Fi 初始化流程 …………………………………………………… 102
　　　5.1.6　基于 ESP32 的 Wi-Fi 初始化常用函数 ……………………………………………… 103
5.2　Wi-Fi 扫描 ……………………………………………………………………………………… 103
　　　5.2.1　Wi-Fi 扫描简介 ………………………………………………………………………… 103
　　　5.2.2　Wi-Fi 扫描的常用函数 ………………………………………………………………… 103
　　　5.2.3　实践：异步扫描所有的 Wi-Fi AP 接入点 …………………………………………… 105
　　　5.2.4　实践：同步扫描指定的 Wi-Fi AP 接入点 …………………………………………… 108
5.3　Wi-Fi Station 模式 ……………………………………………………………………………… 108
　　　5.3.1　Wi-Fi Station 模式简介 ………………………………………………………………… 108
　　　5.3.2　Wi-Fi Station 模式的常用函数 ………………………………………………………… 109
　　　5.3.3　实践：以 Wi-Fi Station 模式连接 AP 接入点 ………………………………………… 109
5.4　Wi-Fi Soft-AP 模式 ……………………………………………………………………………… 114
　　　5.4.1　Wi-Fi Soft-AP 模式简介 ………………………………………………………………… 114
　　　5.4.2　Wi-Fi Soft-AP 模式的常用函数 ………………………………………………………… 114
　　　5.4.3　实践：以 Wi-Fi Soft-AP 模式开启 AP 接入点 ………………………………………… 114
5.5　ESP-NOW 通信 ………………………………………………………………………………… 119
　　　5.5.1　ESP-NOW 简介 ………………………………………………………………………… 119
　　　5.5.2　ESP-NOW 的常用函数 ………………………………………………………………… 119

5.5.3　实践：基于 ESP-NOW 实现两个 ESP32 互相通信 120

第 6 章　Wi-Fi 配网 126

6.1　Smart Config 配网 126
　　6.1.1　Smart Config 简介 126
　　6.1.2　Smart Config 的常用函数 127
　　6.1.3　实践：基于 Smart Config 技术的 EspTouch V2 类型的 Wi-Fi 配网 128
　　6.1.4　实践：基于 Smart Config 技术的 Airkiss 类型的 Wi-Fi 配网 133

6.2　Soft-AP 配网 135
　　6.2.1　Soft-AP 配网简介 135
　　6.2.2　Soft-AP 配网的常用函数 136
　　6.2.3　实践：基于 Soft-AP 的 Wi-Fi 配网 136

6.3　BluFi 配网 143
　　6.3.1　BluFi 配网简介 143
　　6.3.2　BluFi 的常用函数 144
　　6.3.3　实践：基于 BluFi 的 Wi-Fi 配网 144

6.4　Wi-Fi 配网失败的常见问题与解决办法 153
　　6.4.1　Wi-Fi 配网失败的常见问题 154
　　6.4.2　实践：Wi-Fi 连接失败的解决办法 155
　　6.4.3　实践：距离 Wi-Fi 接入点太远的解决办法 157
　　6.4.4　实践：不支持 5GHz 的解决办法 159
　　6.4.5　实践：找不到 Wi-Fi 接入点的解决办法 160
　　6.4.6　实践：Wi-Fi 密码错误的解决办法 162

第 7 章　蓝牙通信 165

7.1　蓝牙基础知识 165
　　7.1.1　ESP Bluetooth 架构 165
　　7.1.2　ESP Bluetooth Controller 简介 165
　　7.1.3　ESP Bluetooth Hosts 简介 166
　　7.1.4　ESP Bluetooth Profiles 简介 167
　　7.1.5　ESP Bluetooth Application 简介 167
　　7.1.6　ESP Bluetooth 初始化流程 167

7.2　信标 168
　　7.2.1　信标箱简介 168
　　7.2.2　蓝牙广播和扫描的常用函数 169
　　7.2.3　实践：基于 Beacon 技术实现室内定位功能 169
　　7.2.4　实践：基于 Beacon 技术实现电子围栏功能 171

7.3　GAP 通用访问控制 175
　　7.3.1　GAP 简介 175
　　7.3.2　GAP 的常用函数 176

7.3.3　实践：基于 GAP 实现蓝牙请求配对连接 176

7.4　GATT 通用属性控制 182

7.4.1　GATT 简介 182

7.4.2　GATT 的常用函数 183

7.4.3　实践：基于 GATT 实现蓝牙通信 183

第 3 篇　网络编程

第 8 章　网络传输 194

8.1　网络接口简介 194

8.1.1　Socket 简介 194

8.1.2　Sockets API 的常用函数 194

8.2　IP 地址 196

8.2.1　IP 地址简介 197

8.2.2　ESP-NETIF 的常用函数 197

8.2.3　实践：通过 IP 事件处理程序获取 IP 地址 199

8.2.4　实践：通过 ESP-NETIF 接口获取 IP 地址 199

8.2.5　实践：在 Station 模式下通过 ESP-NETIF 接口设置 IP 地址 200

8.2.6　实践：在 Soft-AP 模式下通过 ESP-NETIF 接口设置 IP 地址 203

8.2.7　实践：修改 Soft-AP 模式下默认的 IP 地址 206

8.3　TCP 通信 208

8.3.1　TCP 简介 208

8.3.2　TCP Sockets 的常用函数 209

8.3.3　实践：ESP32 作为 TCP 客户端与服务端通信 210

8.3.4　实践：ESP32 作为 TCP 服务端与客户端通信 215

8.4　UDP 通信 220

8.4.1　UDP 简介 220

8.4.2　UDP Sockets 的常用函数 220

8.4.3　实践：基于 ESP32 实现 UDP 通信和数据传输 221

第 9 章　网络应用 226

9.1　HTTP/HTTPS 客户端应用 226

9.1.1　HTTP/HTTPS 简介 226

9.1.2　HTTP/HTTPS 客户端的常用函数 227

9.1.3　实践：基于 esp_http_client 实现 HTTP 客户端请求 228

9.1.4　实践：基于 esp_http_client 实现 HTTPS 客户端请求 234

9.2　MQTT 客户端应用 234

9.2.1　MQTT 简介 234

9.2.2　MQTT 客户端的常用函数 235

9.2.3　实践：基于 ESP32 实现 MQTT 客户端连接 MQTT 代理服务器 236

9.3 OTA 应用 ··· 243
　　9.3.1　OTA 简介 ··· 243
　　9.3.2　HTTPS OTA 的常用函数 ··· 243
　　9.3.3　实践：基于 esp_https_ota 实现远程固件升级 ······························ 245
　　9.3.4　实践：基于 esp_https_ota 和 HTTP/HTTPS 实现设备主动升级 ····· 248
　　9.3.5　实践：基于 esp_https_ota 和 MQTT 实现云端触发升级 ················ 252

第 4 篇　项目实战

第 10 章　基于 Wi-Fi 技术的智能灯泡项目实战 ································ 258
10.1　智能灯泡的实现步骤 ··· 259
　　10.1.1　阿里云物联网平台准备工作 ··· 259
　　10.1.2　ESP32 固件烧录并运行程序 ·· 263
10.2　智能灯泡功能演示 ·· 264
　　10.2.1　BluFi 配网演示 ··· 264
　　10.2.2　在阿里云物联网平台上在线调试设备演示 ·································· 265
　　10.2.3　通过微信小程序调试设备演示 ·· 267
　　10.2.4　其他功能演示 ··· 269
10.3　智能灯泡的 ESP32 程序源码解析 ·· 269
　　10.3.1　智能灯泡的系统架构 ·· 270
　　10.3.2　阿里云物联网设备身份安全认证 ··· 270
　　10.3.3　使用 MQTT 接入阿里云物联网平台 ·· 271
　　10.3.4　属性上报云端 ··· 273
　　10.3.5　云端远程控制 ··· 274
　　10.3.6　彩色灯泡控制与断电记忆 ·· 275
　　10.3.7　按键的长按和短按 ··· 276
　　10.3.8　其他功能源码解析 ··· 277
10.4　企业项目管理与量产 ··· 277
　　10.4.1　企业项目管理 ··· 277
　　10.4.2　开发调试环节的固件烧录 ·· 278
　　10.4.3　小批量内测环节的固件烧录 ·· 279
　　10.4.4　大批量生产环节的固件烧录 ·· 279

第 11 章　基于蓝牙技术的指纹密码锁项目实战 ································ 281
11.1　指纹密码锁实现步骤 ··· 282
　　11.1.1　硬件原理和接线方式 ·· 282
　　11.1.2　指纹密码锁的使用说明 ··· 284
　　11.1.3　ESP32 固件烧录并运行程序 ·· 286
11.2　指纹密码锁功能演示 ··· 286
　　11.2.1　键盘功能演示 ··· 286

		11.2.2 指纹功能演示	289
		11.2.3 微信小程序功能演示	289
		11.2.4 其他功能演示	291
11.3	指纹密码锁的 ESP32 程序源码解析		291
		11.3.1 系统架构	291
		11.3.2 矩阵键盘扫描	292
		11.3.3 指纹模块管理	294
		11.3.4 场景切换处理	300
		11.3.5 蓝牙钥匙功能	301
		11.3.6 其他功能解析	303

第 1 篇
基础知识

本篇介绍 ESP32 的相关知识，首先介绍 ESP32 系列之间的差异，其中，ESP32-C3 系列具有性价比高的优势，适用于市面上绝大多数的 IoT 应用。因此，我们选用 ESP32-C3-DEVKITM-1 开发板作为本书中的所有开发实践案例和综合实战演示的核心硬件。

在具备硬件基础后，我们将介绍软件开发方式，学习如何搭建 Visual Studio Code 开发环境，如何通过 Visual Studio Code 构建工程、编译源码、下载固件、运行程序。

最后，我们从 ESP32 外设驱动控制入手，结合 FreeRTOS 系统知识，充分发挥 ESP32-C3 搭载的 RISC-V 32 位单核处理器的性能。即使忽略 Wi-Fi 和蓝牙的相关功能，ESP32-C3 在处理器的性能上也优于市面上绝大多数 MCU（微控制单元）。

- ▶▶ 第 1 章　ESP32 硬件概述
- ▶▶ 第 2 章　搭建开发环境
- ▶▶ 第 3 章　外设驱动控制
- ▶▶ 第 4 章　RTOS 入门

第 1 章　ESP32 硬件概述

本章首先对 ESP32 芯片系列进行对比，从而让读者对 ESP32 有一个全面的了解。随后将着重介绍 ESP32-C3，了解 ESP32-C3 开发板的硬件知识，为后续章节的开发实践做好准备。

1.1　ESP32 系列对比

ESP32 通常是指乐鑫科技（Espressif Systems）推出的 32 位物联网芯片，该芯片包括 ESP8266、ESP32、ESP32-C2、ESP32-C3、ESP32-S2、ESP32-S3、ESP32-H2 等多个系列。ESP32 系列对比如表 1.1 所示。

- ESP8266 系列：2.4 GHz Wi-Fi，是乐鑫科技在 2014 年发布的一款经典的单 Wi-Fi 产品，以高性能、低售价和便利的开发环境迅速占领市场，成为广泛使用的 Wi-Fi 芯片之一。然而，任何产品都有其生命周期，近 10 年的时间，ESP8266 已经接近生命周期的尽头，因此乐鑫科技也建议正在使用 ESP8266 的客户升级至 ESP32-C2。
- ESP32 系列：2.4 GHz Wi-Fi & BT/Bluetooth LE，是乐鑫科技在 2016 年发布的革命性 Wi-Fi+Bluetooth SoC。不仅采用 Xtensa LX6 双核处理器进一步提高了性能，而且增加了 BT/Bluetooth LE 功能，使得用户可以通过蓝牙通信进行 Wi-Fi 配网，大大提升 Wi-Fi 配网的速度和用户体验，使其更加适用于 IoT 应用。
- ESP32-S2 系列：2.4 GHz Wi-Fi，单 Wi-Fi 芯片，Xtensa LX7 单核处理器，主频高达 240MHz，I/O 功能丰富，是性能更强、安全可靠的 Wi-Fi SoC。
- ESP32-S3 系列：2.4 GHz Wi-Fi & Bluetooth 5 (LE)，Xtensa LX7 双核处理器，额外增加用于加速神经网络计算和信号处理等工作的向量指令，是功能强大的 AI SoC，主打算力更高的应用场景，也适用于 HMI（Human-Machine Interface，人机界面）应用。
- ESP32-H2 系列：Bluetooth 5 (LE) & IEEE 802.15.4，采用 RISC-V 单核处理器，主频仅 96 MHz，是低功耗且安全的单 Bluetooth（蓝牙）芯片。
- ESP32-C2 系列：2.4 GHz Wi-Fi & Bluetooth 5 (LE)，采用 RISC-V 单核处理器，主频高达 120MHz，具有小尺寸和低成本的优点，适用于简单的 IoT（Inernet or Things，物联网）应用。
- ESP32-C3 系列：2.4 GHz Wi-Fi & Bluetooth 5 (LE)，采用 RISC-V 单核处理器，四级流水线架构，主频高达 160 MHz。尺寸相对 C2 较大，但是 I/O 功能丰富，性价比高，适用于市面上绝大多数的 IoT 应用。
- ESP32-C6 系列：2.4 GHz Wi-Fi 6 & Bluetooth 5 (LE) & IEEE 802.15.4，在 ESP32-C3

的基础上功能更进一步，支持 Wi-Fi 6 协议，低功耗的 Wi-Fi 6 SoC，具备增强的连接性能，更快的传输速率。

表 1.1 ESP32 系列对比

特性	内核	核数	主频	Wi-Fi	蓝牙	SRAM	ROM	管脚
ESP8266	32-bit Xtensa L106	单核	160MHz	2.4GHz	×	N/A	N/A	32
ESP32	32-bit Xtensa LX6	双核	240MHz	2.4GHz	Bluetooth LE	520KB	448KB	48
ESP32-S2	32-bit Xtensa LX7	单核	240MHz	2.4GHz	×	320KB	128KB	56
ESP32-S3	32-bit Xtensa LX7	双核	240MHz	2.4GHz	Bluetooth 5 (LE)	512KB	384KB	56
ESP32-H2	32-bit RISC-V MCU	单核	96MHz	×	Bluetooth 5 (LE)	320KB	128KB	32
ESP32-C2	32-bit RISC-V MCU	单核	120MHz	2.4GHz	Bluetooth 5 (LE)	272KB	876KB	24
ESP32-C3	32-bit RISC-V MCU	单核	160MHz	2.4GHz	Bluetooth 5 (LE)	400KB	384KB	32
ESP32-C6	32-bit RISC-V MCU	单核	160MHz	2.4GHz & Wi-Fi 6	Bluetooth 5 (LE)	512KB	320KB	40

1.2 ESP32-C3 简介

推荐使用 ESP32-C3 作为 ESP32 入门的硬件基础，ESP32-C3 芯片功能如图 1.1 所示，它具有以下主要特性：

- ❏ CPU：采用 RISC-V 32 位单核处理器，四级流水线架构，主频高达 160 MHz。
- ❏ 内存：内置 384KB ROM，400KB SRAM，支持外部 QSPI 闪存，最高 16MB。
- ❏ 连接：支持 2.4GHz Wi-Fi 802.11 b/g/n、HT40、低功耗蓝牙 5.0、Wi-Fi 和 BLE Mesh，具备行业领先的低功耗性能和射频性能。
- ❏ 安全：具备完善的安全机制，包括基于 RSA-3072 算法的安全启动、基于 AES-128-XTS 算法的 Flash 加密、创新的数字签名和 HMAC 模块，支持加密算法的硬件加速器，以确保数据的安全和完整性。
- ❏ 外围设备：拥有 22 个 I/O，支持 UART、SPI、I^2C、I2S、PWM、ADC、TWA 等多种通信接口，可满足各种应用场景及复杂的应用。

ESP32-C3 不仅性能强大、功能齐全，而且价格亲民。这得益于 ESP32-C3 搭载乐鑫科技自研的基于开源指令集的 RISC-V 的 32 位处理器，这是乐鑫科技底层自研技术积累的结晶，使得 ESP32-C3 堪称性价比之王。

当然，如果需要实现人脸识别、语音识别等 AI 功能，那么 ESP32-C3 可能无法胜任，可以选择 ESP32-S3 芯片来开发；如果只是实现远程控制 LED 和锁等简单的 IoT 应用，并且希望在成本和性能之间寻求最佳平衡，那么 ESP32-C2 是更好的选择。除此之外，对于绝大多数物联网产品开发来说，ESP32-C3 无疑是首选。因此，笔者推荐使用 ESP32-C3 作为 ESP32 入门的硬件基础。

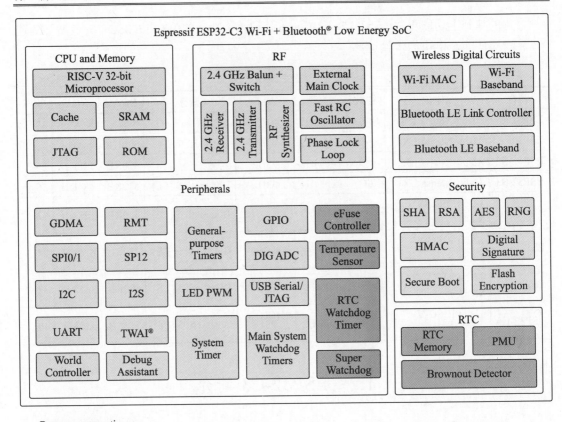

图 1.1 ESP32-C3 芯片功能示意

1.3 ESP32-C3 开发板简介

本节将重点介绍 ESP32-C3-DEVKITM-1 开发板，我们的所有开发实例演示都将以该开发板为核心。通过使用这款开发板，读者能够深入了解并掌握 ESP32 的开发技能。

如图 1.2 所示，ESP32-C3-DevKitM-1 开发板集成了 ESP32-C3-MINI-1 模组，而 ESP32-C3-MINI-1 模组上集成了 ESP32-C3FN4 芯片，使用 ESP32-C3-MINI-1 模组会使我们的开发更加便捷和高效。但是在企业中的实际量产项目中，通常会直接使用 ESP32-C3FN4 芯片进行电路板设计，虽然这样做更有挑战性，更复杂，但是能够更好地控制成本。

ESP32-C3-MINI 模组功能如图 1.3 所示，该模组集成了 ESP32-C3FN4 芯片、40MHz 晶振、板载 PCB 天线，并引出了除 Flash 的 SPI 总线之外所有可用的 GPIO 管脚（15 个）。

ESP32-C3-DevKitM-1 开发板功能如图 1.4 所示，该开发板集成了 ESP32-C3-MINI 模组、USB 转 UART 模块、LDO 线性电源模块、RGB LED、Boot 按键和 RST 按键，并将所有可用的管脚引出至两侧排针，方便开发人员通过杜邦线或者面包板来连接外围设备和电路，从而快速构建原型产品。

图 1.2　ESP32-C3-DevKitM-1 开发板、ESP32-C3-MINI-1 模组和 ESP32-C3- C3FN4 芯片

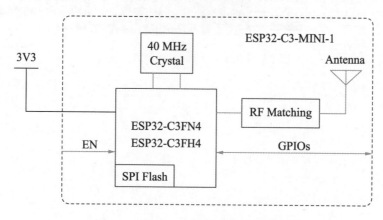

图 1.3　ESP32-C3-MINI 模组功能示意

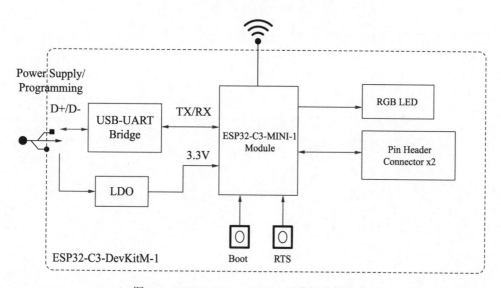

图 1.4　ESP32-C3-DevKitM-1 开发板功能示意

ESP32-C3-DevKitM-1 的详细管脚示意如图 1.5 所示，开发板的尺寸很小，自由度很高，

但是可用板载资源较少。一个 RGB_LED 可通过 GPIO8 控制,一个 BOOT 按键可通过 GPIO9 读取。其余可用的 GPIO 都需要通过两侧排针外接到外围设备或外围电路上使用。

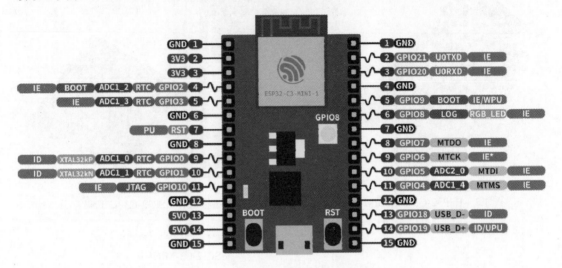

图 1.5　ESP32-C3-DevKitM-1 管脚示意

第 2 章　搭建开发环境

本章首先介绍 ESP32 开发的三种方式，让读者对 ESP32 开发有一个初步的了解。然后着重介绍 ESP-IDF（Espressif IoT Development Framework）开发框架，并手把手指导读者在 Windows 操作系统上搭建 Visual Studio Code 开发环境，学习通过 Visual Studio Code 构建工程、编译源码、下载固件、运行程序等基本操作。

2.1　开发方式对比

ESP32 开发主要有三种方式：ESP-IDF、Arduino、MicroPython。
- ESP-IDF：乐鑫科技推出的开源物联网开发框架（Espressif IoT Development Framework），它基于 C/C++ 语言提供了一个自给自足的 SDK，支持 Eclipse 和 Visual Studio Code 等 IDE，帮助开发者充分利用 ESP32 芯片的性能，高效地开发物联网应用程序。
- Arduino：欧洲开发团队推出的开源电子原型平台，通过 Arduino 编程语言（基于 Wiring）在 Arduino 开发环境（基于 Processing）中编写程序代码，然后编译下载到 ESP32 电路板上。Arduino 的第一个优点是简单、直观、好上手，不需要太多编程基础、单片机基础和硬件基础，就能够快速入门；第二个优点是社区活跃，用户较多，资料和第三库丰富。
- MicroPython：剑桥大学教授推出的基于 Python 3 的开源编程语言，具有 Python 的大部分特性、语法和库，并且经过优化，能够在类似 ESP32 的微处理器上运行。MicroPython 作为脚本语言，简单易学，适合初学者和快速进行原型开发。如果开发者有 Python 基础，可以快速上手 MicroPython，结合 Python 配套的数学计算库，开发者可以在 ESP32 上轻松实现各种算法。但是相比 Arduino，MicroPython 的社区不够活跃，用户不够多，资料和第三库较少。

Arduino 和 MicroPython 对初学者都比较友好，有简单易学的编程语言和丰富齐全的第三方库，从而简化了开发和学习的过程，不需要开发者深入了解硬件细节及其控制性能，就可以快速开发相应的功能并完成需求。因此，Arduino 和 MicroPython 这两种开发方式不仅适合创新和实验性的项目，它适合原型验证阶段的简单物联网项目，还可以成为青少年编程学习的起点。但是，如果是有量产需求的大型的复杂项目，Arduino 和 MicroPython 可能就不适合了，这时候就需要更加专业、功能更强大的开发框架，比如 ESP-IDF。

ESP-IDF 相比 Arduino 和 MicroPython 而言入门门槛较高，需要具备 C/C++语言编程基础、单片机基础和网络通信基础。但是在熟悉和掌握 ESP-IDF 开发之后，开发者能够更加高效地开发 ESP32 软件程序，并且这些程序的稳定性和可靠性也远超 Arduino 和

MicroPython。ESP-IDF 有如下几个优势：

- ESP-IDF 发布的每个版本均经过乐鑫科技官方严格的测试流程，以确保版本的稳定性和可靠性。
- ESP-IDF 集成了大量的软件组件，如图 2.1 所示，包括 RTOS、外设驱动程序、网络栈和多种协议实现技术等。
- ESP-IDF 在 GitHub 和 Gitee 上完全免费开源，遵循 Apache 2.0 许可协议。开发者可以自由地使用和修改 ESP-IDF，无论个人用途还是商业用途，都不受限制。

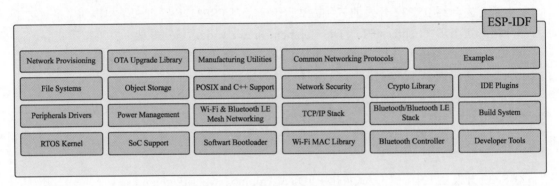

图 2.1 ESP-IDF 的组件和功能

在笔者撰写本书期间，ESP-IDF 的稳定版本有 v4.3、v4.4、v5.0、v5.1、v5.2、v5.3，支持的芯片有 ESP32、ESP32-P4、ESP32-H2、ESP32-C2、ESP32-C3、ESP32-C5、ESP32-C6、ESP32-S2、ESP32-S3。经过慎重考虑，笔者选择了最新的 ESP-IDF 稳定版 v5.1，虽然 v5.x 和 v4.x 的版本差异很大，选择 v5.x 版本会使得很多基于 v4.x 的 SDK 和示例代码无法直接使用，需要进行有一定难度和工作量的移植工作，但是为了长远考虑，我们仍然选择最新的稳定版本。

2.2 搭建 ESP-IDF 开发环境

ESP-IDF 是乐鑫科技官方推出的物联网开发框架，支持 Visual Studio Code（VS Code）IDE 插件和 Eclipse IDE 插件，也支持 Windows、Linux、macOS 等操作系统上的交叉编译和下载烧录，为开发者提供了更多的选择。笔者推荐在 Linux 操作系统上基于 Visual Studio Code IDE 使用 ESP-IDF 插件开发 ESP32-C3。

推荐 Linux 操作系统，是因为在 Linux 系统中进行 ESP-IDF 源码编译的速度最快，如果习惯使用 Windows 或者 macOS 操作系统也没关系，如今的计算机的性能都很好，没必要为了加快几秒的编译时间而改变自己的习惯。而且 Visual Studio Code IDE 同样支持在 Windows 和 macOS 操作系统上运行，为开发者提供了统一的开发环境，不用担心操作系统带来的限制。Visual Studio Code 是一款强大、开源的代码编辑器，具有轻量快速启动、智能感知和提示、高效代码编辑和补全等功能，并且拥有庞大的插件生态系统，通过安装插件，开发者可以扩展 Visual Studio Code IDE 的功能，提高开发效率。

下面介绍如何搭建基于 Visual Studio Code IDE 的 ESP-IDF 开发环境。

2.2.1 安装 Visual Studio Code

如图 2.2 所示，从 Visual Studio Code 官网（https://code.visualstudio.com/）上下载并安装最新版本的 Visual Studio Code。

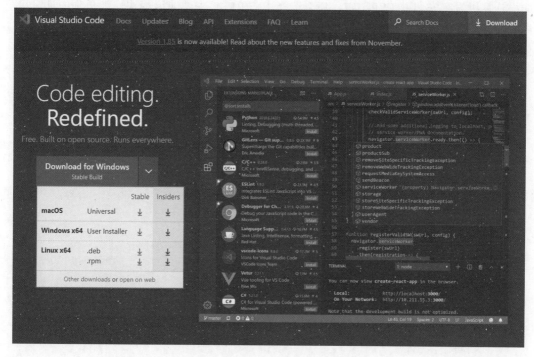

图 2.2　下载 Visual Studio Code

2.2.2 安装 Espressif IDF

首先打开左侧扩展栏（Extensions），输入 espress 进行搜索，然后选择 Espressif IDF，单击 Install 按钮进行安装，如图 2.3 所示。

图 2.3　安装 Espressif IDF

2.2.3 配置 ESP-IDF

在 Visual Studio Code IDE 窗口中按 F1 按键，在下拉列表框中选择 ESP-IDF: Configure ESP-IDF extension，如图 2.4 所示。在 ESP-IDF Setup 窗口中选择 EXPRESS，如图 2.5 所示。如果计算机没有安装过 ESP-IDF，那么选择 EXPRESS 安装速度最快。如果你的计算机已经安装了 ESP-IDF 工具，那么可以选择 USE EXISTING SETUP 选项。

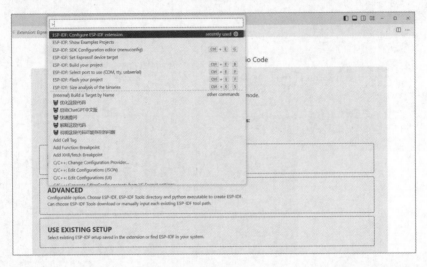

图 2.4 配置 ESP-IDF

图 2.5 ESP-IDF Setup 窗口

2.2.4 安装 ESP-IDF

ESP-IDF 的安装过程如图 2.6 至图 2.8 所示，具体安装步骤如下：

（1）选择下载源 Espressif，在国内网络环境，Espressif 比 GitHub 速度快。

（2）ESP-IDF 版本选择"v5.1.2"稳定版本。
（3）ESP-IDF container 和 ESP-IDF Tools 安装路径自定义即可。
（4）单击 Install 按钮，等待安装完成。

安装完成后，重启 Visual Studio Code IDE 即可使用。

如果在安装过程中由于网络或者其他原因导致安装中断，则 Visual Studio Code IDE 会自动返回到图 2.6 所示的窗口。这时候需要删除 ESP-IDF container 和 ESP-IDF Tools 安装路径下的文件夹，再单击 Install 按钮重新安装。

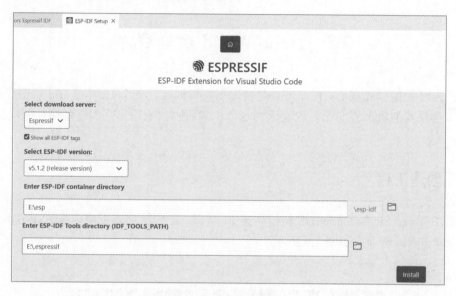

图 2.6　安装 ESP-IDF

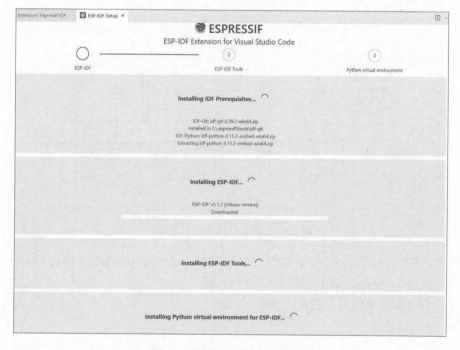

图 2.7　等待 ESP-IDF 安装完成

图 2.8　ESP-IDF 安装完成

2.3　Hello World 示例程序

在开发环境搭建完成后，程序员总是会迫不及待地运行一个 Hello World 示例程序。即便是有多年经验的资深程序员，也会因为这个步骤而感到激动，因为这是通往新世界的第一步。

2.3.1　创建工程

（1）在 Visual Studio Code IDE 窗口中按 F1 按键，在下拉列表框中选择 ESP-IDF: Show Examples Projects 选项，如图 2.9 所示。

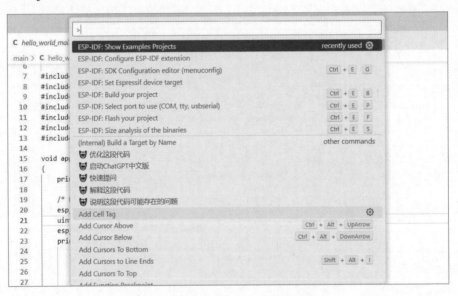

图 2.9　ESP-IDF 示例工程展示

（2）ESP-IDF 的示例工程非常丰富，选择 get-started→hello_world，单击 Create project using example hello_world 按钮，如图 2.10 所示。

（3）选择工程存储的文件夹，完成工程创建。

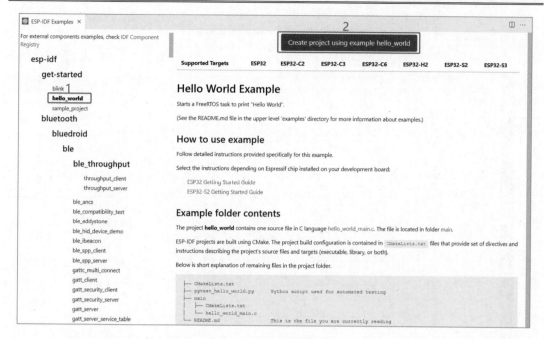

图 2.10　选择 ESP-IDF 示例工程 hello_world

2.3.2　配置工程

1. 选择串口号

将 ESP32-C3-DevKitM-1 开发板通过 MicroUSB 线与计算机连接，如图 2.11 所示。

图 2.11　将 ESP32-C3-DevKitM-1 开发板与计算机连接

在 Visual Studio Code IDE 窗口中，单击下方的 按钮，然后选择与计算机连接的开发板的串口号，如图 2.12 所示。

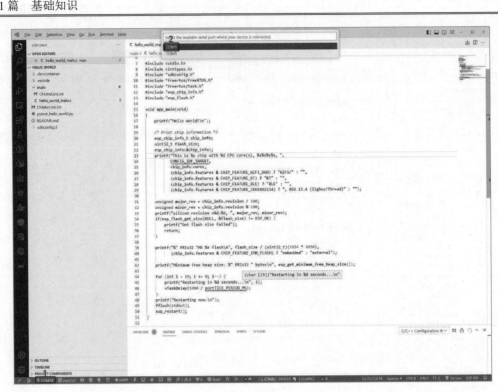

图 2.12 选择串口号

2. 选择目标芯片

在 Visual Studio Code IDE 左下角单击 图 按钮，然后选择 esp32c3，如图 2.13 所示。

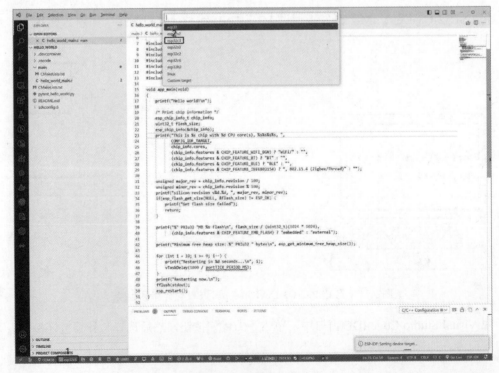

图 2.13 选择目标芯片

3. 项目文件夹

在 Visual Studio Code IDE 窗口中，单击下方的 按钮，可以查看当前项目文件夹的路径，如图 2.14 所示。

图 2.14　Visual Studio Code IDE 项目文件夹

4. SDK Configuration（menuconfig）

在 Visual Studio Code IDE 窗口中，单击下方的 按钮，进入 SDK 配置编辑窗口。Hello World 示例程序比较简单，不需要修改 SDK 配置参数，此处直接略过，如图 2.15 所示。

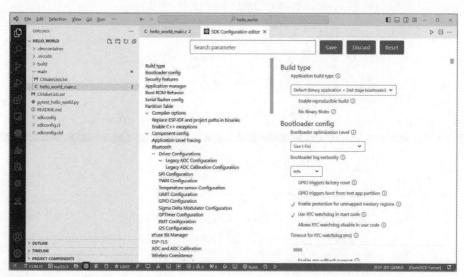

图 2.15　SDK 配置编辑窗口

2.3.3　编译源码

在 Visual Studio Code IDE 窗口中，单击下方的 按钮即可编译整个工程源码，编译生成的二进制文件在当前项目文件夹的 build 文件夹下，如图 2.16 所示。

图 2.16　选择编译源码

2.3.4 下载固件

首先需要确认下载方式，当前是不是串口下载。如果不是，则在 Visual Studio Code IDE 窗口中，单击下方的 ☆ 按钮，选择 UART 下载方式，如图 2.17 所示。再单击 ⚡ 按钮，即可将固件下载到 ESP32-C3 芯片上，如图 2.18 所示。

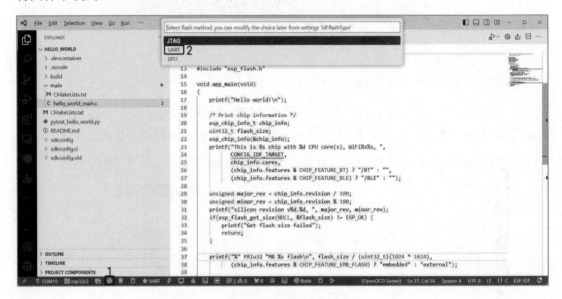

图 2.17　选择下载方式

图 2.18　下载固件

对于开发者来说，通过 Visual Studio Code IDE 编写程序、编译代码、下载固件非常方便。但是对于测试工程师和生产人员而言，他们只需要下载固件这个简单功能，因此需要安装快捷、功能简单的软件工具，推荐乐鑫科技推出的 Flash 下载工具，下载地址为 https://www.espressif.com.cn/zh-hans/support/download/other-tools，如图 2.19 所示。

单击下载按钮下载安装文件，然后双击"flash_download_tool_3.9.5.exe"安装文件，弹出的对话框如图 2.20 所示。

- 芯片类型（ChipType）选择 ESP32-C3。
- 工作模式（WorkMode）选择 Develop。除此之外还有 Factory 模式可供生产人员使用，可以多路串口同时下载。
- 下载模式（LoadMode）选择 UART。

第 2 章 搭建开发环境

图 2.19 Flash 下载工具

最后，单击 OK 按钮进入下载界面，如图 2.21 所示。
（1）选择 bin 文件，再输入 bin 文件对应的地址。
（2）选择 COM 号，再单击 START 按钮开始下载，等待固件下载完成。
（3）固件下载完成后，会提示"FINISH 完成"。

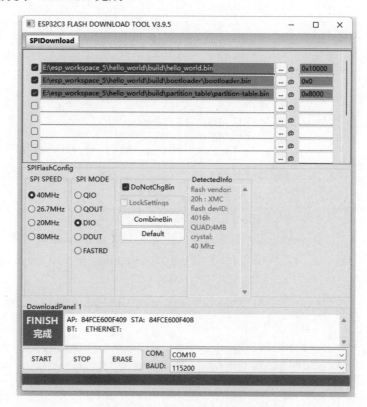

图 2.20 Flash 下载工具设置对话框　　　　图 2.21 完成 Flash 工具的下载

2.3.5 日志分析

在 Visual Studio Code IDE 窗口中，单击下方的■按钮，打开日志窗口，如图 2.22 所示。如果想要关闭日志输出，按组合键 Ctrl+]即可关闭日志输出。日志分析是 ESP32 开发的主要调试手段。例如，通过日志判断程序运行是否正常，如果出现异常，则异常点在哪。

图 2.22　日志窗口

日志主要分为三种：一级 bootloader 日志、二级 bootloader 日志和用户程序日志。

一级 bootloader 日志：无法关闭，日志信息包括芯片内部固化的 ROM 代码版本信息、芯片重启原因、芯片 Boot 模式信息等。

```
ESP-ROM:esp32c3-api1-20210207
Build:Feb  7 2021
rst:0x1 (POWERON),boot:0xd (SPI_FAST_FLASH_BOOT)
SPIWP:0xee
mode:DIO, clock div:1
load:0x3fcd5820,len:0x16a8
load:0x403cc710,len:0x968
load:0x403ce710,len:0x2e78
SHA-256 comparison failed:
Calculated: 5fbffd552927b4aaa48c75e7f8ded66da904b53dc4615928607be0179d7c0a7c
Expected: ffffffffffffffffffffffffffffffffffffffffffffffffffffffffffffffff
Attempting to boot anyway...
entry 0x403cc710
```

二级 bootloader 日志：可以通过 SDK Configuration 关闭，日志信息包括 ESP-IDF 版本信息、应用程序编译时间、Flash 大小、Flash 模式、Flash 速率、系统分区和堆栈分配信息等。

```
I (48) boot: ESP-IDF v5.1.2 2nd stage bootloader
I (49) boot: compile time Dec 30 2023 00:11:50
I (49) boot: chip revision: v0.4
I (52) boot.esp32c3: SPI Speed      : 80MHz
I (56) boot.esp32c3: SPI Mode       : DIO
I (61) boot.esp32c3: SPI Flash Size : 4MB
I (66) boot: Enabling RNG early entropy source...
I (71) boot: Partition Table:
```

```
I (75) boot: ## Label                  Usage          Type ST Offset   Length
I (82) boot:  0 nvs                    WiFi data       01 02 00009000 00006000
I (90) boot:  1 phy_init               RF data         01 01 0000f000 00001000
I (97) boot:  2 factory                factory app     00 00 00010000 00100000
I (104) boot: End of partition table
I (109) esp_image: segment 0: paddr=00010020 vaddr=3c020020 size=08728h
( 34600) map
I (120) esp_image: segment 1: paddr=00018750 vaddr=3fc8a800 size=01120h
(  4384) load
I (126) esp_image: segment 2: paddr=00019878 vaddr=40380000 size=067a0h
( 26528) load
I (137) esp_image: segment 3: paddr=00020020 vaddr=42000020 size=15710h
( 87824) map
I (150) esp_image: segment 4: paddr=00035738 vaddr=403867a0 size=03e70h
( 15984) load
I (156) boot: Loaded app from partition at offset 0x10000
I (157) boot: Disabling RNG early entropy source...
I (174) cpu_start: Unicore app
I (174) cpu_start: Pro cpu up.
I (183) cpu_start: Pro cpu start user code
I (183) cpu_start: cpu freq: 160000000 Hz
I (183) cpu_start: Application information:
I (186) cpu_start: Project name:     hello_world
I (191) cpu_start: App version:      1
I (195) cpu_start: Compile time:     Dec 30 2023 00:11:37
I (202) cpu_start: ELF file SHA256:  091cd2e6770eb577...
I (208) cpu_start: ESP-IDF:          v5.1.2
I (212) cpu_start: Min chip rev:     v0.3
I (217) cpu_start: Max chip rev:     v0.99
I (222) cpu_start: Chip rev:         v0.4
I (227) heap_init: Initializing. RAM available for dynamic allocation:
I (234) heap_init: At 3FC8C770 len 00033890 (206 KiB): DRAM
I (240) heap_init: At 3FCC0000 len 0001C710 (113 KiB): DRAM/RETENTION
I (247) heap_init: At 3FCDC710 len 00002950 (10 KiB): DRAM/RETENTION/STACK
I (255) heap_init: At 50000010 len 00001FD8 (7 KiB): RTCRAM
I (262) spi_flash: detected chip: generic
I (266) spi_flash: flash io: dio
I (270) sleep: Configure to isolate all GPIO pins in sleep state
I (276) sleep: Enable automatic switching of GPIO sleep configuration
I (284) app_start: Starting scheduler on CPU0
I (289) main_task: Started on CPU0
I (289) main_task: Calling app_main().
```

用户程序日志：可以通过 SDK Configuration 控制日志输出等级，日志信息包括 printf 和 ESP_LOG 函数输出的所有信息。Hello World 示例程序日志输出的内容有 Hello world! 字符串、芯片信息、剩余堆栈大小、10s 重启倒计时等。

```
Hello world!
This is esp32c3 chip with 1 CPU core(s), WiFi/BLE, silicon revision v0.4,
4MB external flash
Minimum free heap size: 330660 bytes
Restarting in 10 seconds...
Restarting in 9 seconds...
Restarting in 8 seconds...
Restarting in 7 seconds...
Restarting in 6 seconds...
```

2.3.6 快捷按钮

开发者每次修改程序之后，需要进行功能验证和测试复，基础操作包括编译代码、下载固件和查看日志。步骤略微烦琐，但是 Visual Studio Code IDE 提供了非常实用的功能，在 Visual Studio Code IDE 窗口中单击下方的🔥按钮（ESP-IDF Build, Flash and Monitor），可以按顺序执行上面的 3 个操作，这个功能很大程度上提高了开发者的开发效率，改善了开发体验。

第 3 章 外设驱动控制

ESP32-C3 和外围设备构成了感知控制层，感知控制层位于物联网系统结构的第一层，极其重要。外围设备包括传感模块和执行模块。

- ❏ 传感模块：包括温湿度/光敏/压力传感器、按键、限位开关和触摸屏等，负责感知和获取外界的信息并转换成 ESP32-C3 能接收的数字信号。
- ❏ 执行模块：包括继电器、电机、LED、显示屏等，负责接收 ESP32-C3 传递过来的数字信号并执行对应的指令动作。

ESP32-C3 通过各种通信接口跟外围设备进行交互，ESP32-C3 拥有 22 个 I/O，支持 UART、SPI、I^{2}C、I^{2}S、PWM、ADC、TWA 等多种通信接口，满足各种应用场景及复杂的应用。

本章主要介绍 ESP32-C3 的 GPIO、ADC、UART、I^{2}C、SPI 等接口的基础知识和常用函数，并编写程序使用这 5 个接口驱动和控制外围设备。

3.1 GPIO 应用

本节介绍 GPIO 的基础知识及其常用函数，并通过两个动手实践项目帮助读者掌握 GPIO 的相关知识点。

3.1.1 GPIO 简介

GPIO（General-Purpose Input/Output，通用型输入、输出接口），是嵌入式系统中最常用的接口。GPIO 可以读取外部设备的电平状态（高电平或者低电平），输出高电平或者低电平控制外部设备，还可以通过控制时序来软件模拟 UART、SPI、I^{2}C 等通用接口。

不同型号的 ESP32 芯片具有不同的 GPIO 管脚数，如表 3.1 所示，每个 GPIO 管脚都可以作为一个通用 I/O，通过 GPIO 交换矩阵和 I/O MUX，可配置任何一个 GPIO 管脚。

表 3.1 ESP32 系列芯片的GPIO管脚

芯片	管脚数	管脚号
ESP32	34	GPIO0~GPIO19、GPIO21~GPIO23、GPIO25~GPIO27和GPIO32~GPIO39
ESP32-S2	43	GPIO0~GPIO21和GPIO26~GPIO46
ESP32-S3	45	GPIO0~GPIO21和GPIO26~GPIO48
ESP32-C2	21	GPIO0~GPIO20
ESP32-C3	22	GPIO0~GPIO21

续表

芯　片	管脚数	管　脚　号
ESP32-C6	31	GPIO0~GPIO30
ESP32-H2	28	GPIO0~GPIO27
ESP32-P4	55	GPIO0~GPIO54

3.1.2 GPIO 的常用函数

GPIO 的常用函数如表 3.2 所示，其中，gpio_config()是使用 GPIO 实现输入/输出功能不可或缺的核心配置函数，该函数的入参和返回值如下：

```
/**
 * @brief 配置 GPIO 参数。
 *
 * @param[gpio_config_t *] pGPIOConfig: GPIO 配置参数，该结构体见代码 3.1。
 *
 * @return
 *      - ESP_OK, 成功。
 *      - ESP_FAIL, 失败。
 */
esp_err_t gpio_config(const gpio_config_t *pGPIOConfig);
```

表 3.2　GPIO 的常用函数

属性/函数	说　明
gpio_config()	配置 GPIO 的参数（模式、上拉、下拉和中断类型等）
gpio_reset_pin()	重置 GPIO 为默认状态
gpio_set_direction()	设置 GPIO 的输入、输出方向
gpio_set_pull_mode()	设置 GPIO 的上拉、下拉模式
gpio_set_intr_type()	设置 GPIO 的中断触发类型
gpio_intr_enable()	启用 GPIO 中断服务
Gpio_intr_disable()	禁用 GPIO 中断服务
gpio_install_isr_service()	安装 GPIO 中断服务
gpio_isr_handler_add()	添加 GPIO 中断事件处理函数
gpio_isr_handler_remove()	移除 GPIO 中断事件处理函数
gpio_set_level()	GPIO 输出高低电平
gpio_get_level()	GPIO 读取高低电平

代码 3.1　GPIO 配置结构体

```
/**
 * 说明：GPIO 配置参数
 */
typedef struct {
    uint64_t pin_bit_mask;              /*!< GPIO 引脚选择：按位映射           */
    gpio_mode_t mode;                   /*!< GPIO 模式：设置输入/输出模式       */
    gpio_pullup_t pull_up_en;           /*!< GPIO 上拉使能                    */
    gpio_pulldown_t pull_down_en;       /*!< GPIO 下拉使能                    */
    gpio_int_type_t intr_type;          /*!< GPIO 中断类型                    */
} gpio_config_t;
```

3.1.3 实践：通过 GPIO 监听按键

【ESP32 源码路径：tutorial-esp32c3-getting-started/tree/master/peripheral/button】

本节主要利用前面介绍的 GPIO 知识点和 GPIO 的常用函数进行实践：通过 GPIO 实现监听按键被按下的功能。

1. 操作步骤

（1）准备一个 ESP32-C3 开发板，按照表 3.3 所示的按键接线说明做好硬件准备。

（2）通过 Visual Studio Code 开发工具编译 button 工程源码，生成相应的固件，再将固件下载到 ESP32-C3 开发板上。

（3）ESP32-C3 运行程序后，按 BOOT 按键或者放开 BOOT 按键，会打印当前触发的 GPIO 引脚号和该引脚当前的电平状态，程序运行日志如图 3.1 所示。

```
I (197) cpu_start: ESP-IDF:              v5.1.2-dirty
I (203) cpu_start: Min chip rev:         v0.3
I (207) cpu_start: Max chip rev:         v0.99
I (212) cpu_start: Chip rev:             v0.3
I (217) heap_init: Initializing. RAM available for dynamic allocation:
I (224) heap_init: At 3FC8CA50 len 000335B0 (205 KiB): DRAM
I (230) heap_init: At 3FCC0000 len 0001C710 (113 KiB): DRAM/RETENTION
I (238) heap_init: At 3FCDC710 len 00002950 (10 KiB): DRAM/RETENTION/STACK
I (245) heap_init: At 50000010 len 00001FD8 (7 KiB): RTCRAM
I (252) spi_flash: detected chip: generic
I (256) spi_flash: flash io: dio
I (260) sleep: Configure to isolate all GPIO pins in sleep state
I (267) sleep: Enable automatic switching of GPIO sleep configuration
I (274) app_start: Starting scheduler on CPU0
I (00:00:00.107) main_task: Started on CPU0
I (00:00:00.112) main_task: Calling app_main()
I (00:00:00.117) gpio: GPIO[8]| InputEn: 1| OutputEn: 0| OpenDrain: 0| Pullup: 1| Pulldown: 0| Intr:3
I (00:00:00.127) gpio: GPIO[9]| InputEn: 1| OutputEn: 0| OpenDrain: 0| Pullup: 1| Pulldown: 0| Intr:3
I (00:00:01.007) button: GPIO[9] 中断触发，当前电平: 0
I (00:00:01.157) button: GPIO[9] 中断触发，当前电平: 1
```

图 3.1 实现按键功能的程序运行日志

2. 按键介绍和接线说明

ESP32-C3-DevKitM-1 开发板上有两个按键，即 RESET 按键和 BOOT 按键。RESET 按键用于硬件复位，BOOT 按键用于启动模式切换（不按 BOOT 按键复位，ESP32-C3 正常启动；按住 BOOT 按键再复位，ESP32-C3 进入固件下载模式）。ESP32-C3 正常启动后，GPIO9 可以作为普通的 GPIO 使用，BOOT 按键可以作为普通按键使用。除此之外，我们再外接一组按键到 GPIO8 上。

BOOT 按键原理如图 3.2 所示，SW1 是 BOOT 按键，SW2 是 RESET 按键。SW1 的 1 脚接 GND，SW1 的 3 脚接 GPIO9，当 BOOT 按键未按下时，GPIO9 悬空高电平。当 BOOT 按键被按下时，SW1 的 1 和 3 脚短接，GPIO9 短接 GND 低电平。

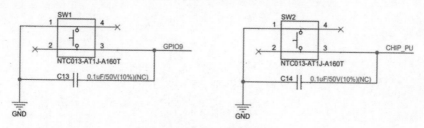

图 3.2 BOOT 按键原理

按键接线说明如表 3.3 所示,两个按键,板载 BOOT 按键连接 GPIO9,外部按键模块连接 GPIO8。

表 3.3 按键接线说明

外围设备引脚	ESP32-C3 开发板引脚	说　　明
VCC	VCC	电源正极
GND	GND	电源负极(地)
板载按键BOOT,SW1-3引脚	GPIO9	ESP32-C3 GPIO输入
外部按键模块	GPIO8	ESP32-C3 GPIO输入

3. 程序源码解析

程序源码从 app_main()函数开始,首先完成 GPIO 初始化并创建一个名为 button_queue 的队列。关于任务和队列的知识点在第 4 章详细介绍,本次实践的要点在于 GPIO 输入初始化和按键功能的实现。

GPIO 输入初始化函数见代码 3.2,使用 gpio_config()配置 GPIO 输入参数,使用 gpio_isr_handler_add()函数添加中断事件处理程序。GPIO 配置结构体见代码 3.1,其中包含引脚选择、引脚模式(输入/输出)、上拉使能、下拉使能、中断触发类型(上升沿/下降沿)等配置。

代码 3.2　GPIO初始化

```c
// 宏定义GPIO输入的引脚号
#define GPIO_INPUT_BOOT         9
#define GPIO_INPUT_EXTER        8
#define GPIO_INPUT_PIN_SEL  ((1ULL<<GPIO_INPUT_BOOT) | (1ULL<<GPIO_INPUT_EXTER))
#define ESP_INTR_FLAG_DEFAULT   0

/**
 * 说明:GPIO 初始化
 */
void gpio_init(void)
{
    gpio_config_t io_conf = {};
    //设置I/O引脚:在宏定义中修改
    io_conf.pin_bit_mask = GPIO_INPUT_PIN_SEL;
    //设置I/O方向:输入
    io_conf.mode = GPIO_MODE_INPUT;
    //设置I/O上拉:使能
    io_conf.pull_up_en = 1;
    //设置I/O中断类型:上升沿中断和下降沿
    io_conf.intr_type = GPIO_INTR_ANYEDGE;
    //配置GPIO参数
    gpio_config(&io_conf);

    //安装GPIO中断服务
    gpio_install_isr_service(ESP_INTR_FLAG_DEFAULT);
    //添加GPIO_INPUT_BOOT 中断事件处理函数
    gpio_isr_handler_add(GPIO_INPUT_BOOT, gpio_isr_handler, (void*) GPIO_INPUT_BOOT);
    //添加GPIO_INPUT_EXTER 中断事件处理函数
```

```
    gpio_isr_handler_add(GPIO_INPUT_EXTER, gpio_isr_handler, (void*)
GPIO_INPUT_EXTER);
}
```

本次实践的程序流程如图 3.3 所示，初始化完成后程序进入一个循环，堵塞读取 button_queue 队列数据，一旦队列存在数据，就将数据读取出来并打印日志。

当 BOOT 按键和外部按键被按下时，会触发中断并进入中断事件处理函数，在中断事件处理函数中向 button_queue 队列写入当前触发中断的 GPIO 引脚号。这时候堵塞读取 button_queue 队列的任务，就可以将数据打印出来。

⚠ 注意：在中断事件处理函数中不能做延时和堵塞的操作，并且不能显示日志打印。

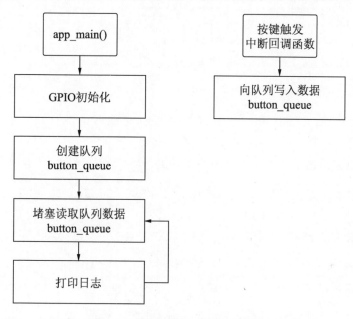

图 3.3　实现按键功能的程序流程

3.1.4　实践：通过 GPIO 控制 LED 亮灭

【ESP32 源码路径：tutorial-esp32c3-getting-started/tree/master/peripheral/led】

本节主要利用前面介绍的 GPIO 知识点和 GPIO 的常用函数进行实践：通过 GPIO 输入实现控制 LED 亮灭的功能。

1. 操作步骤

（1）准备一个 ESP32-C3 开发板，按照表 3.4 所示的发光 LED 模块接线说明做好硬件准备。

表 3.4　发光 LED 模块接线说明

外围设备引脚	ESP32-C3 开发板引脚	说　　明
VCC	VCC	电源正极
GND	GND	电源负极（地）
OUT	GPIO7	ESP32-C3 GPIO 输出

（2）通过 Visual Studio Code 开发工具编译 led 工程源码，生成相应的固件，再将固件下载到 ESP32-C3 开发板上。

（3）ESP32-C3 运行程序后，按 BOOT 按键，GPIO 输出高电平控制 LED 点亮。

（4）按外部按键，GPIO 输出低电平控制 LED 熄灭，程序运行日志如图 3.4 所示。

```
I (193) cpu_start: ESP-IDF:          v5.1.2
I (198) cpu_start: Min chip rev:     v0.3
I (202) cpu_start: Max chip rev:     v0.99
I (207) cpu_start: Chip rev:         v0.3
I (212) heap_init: Initializing. RAM available for dynamic allocation:
I (219) heap_init: At 3FC8C9A0 len 00033660 (205 KiB): DRAM
I (226) heap_init: At 3FCC0000 len 0001C710 (113 KiB): DRAM/RETENTION
I (233) heap_init: At 3FCDC710 len 00002950 (10 KiB): DRAM/RETENTION/STACK
I (240) heap_init: At 50000010 len 00001FD8 (7 KiB): RTCRAM
I (247) spi_flash: detected chip: generic
I (251) spi_flash: flash io: dio
I (255) sleep: Configure to isolate all GPIO pins in sleep state
I (262) sleep: Enable automatic switching of GPIO sleep configuration
I (269) app_start: Starting scheduler on CPU0
I (274) main_task: Started on CPU0
I (274) main_task: Calling app_main()
I (274) gpio: GPIO[8]| InputEn: 1| OutputEn: 0| OpenDrain: 0| Pullup: 1| Pulldown: 0| Intr:1
I (284) gpio: GPIO[9]| InputEn: 1| OutputEn: 0| OpenDrain: 0| Pullup: 1| Pulldown: 0| Intr:1
I (294) gpio: GPIO[7]| InputEn: 0| OutputEn: 1| OpenDrain: 0| Pullup: 1| Pulldown: 0| Intr:0
I (3524) led: GPIO[9] intr, val: 1
I (3524) led: led on
I (6314) led: GPIO[8] intr, val: 1
I (6314) led: led off
```

图 3.4 控制 LED 的程序运行日志

2．LED 介绍和接线

发光 LED 模块如图 3.5 所示，工作电压为 3.3~5V，工作温度为-40℃~80℃，由发光二极管驱动，高电平点亮，低电平熄灭。

发光 LED 模块接线说明如表 3.4 所示，ESP32-C3 的 GPIO7 作为输出，控制 LED 的亮灭。

3．程序源码解析

本次实践工程的源码结构如图 3.6 所示，包含 led.c、led.h、button.c、button.h 和 main.c 几个源文件。对比上一个实践只有一个源文件，本次实践源码模块解耦分离开，代码更加清晰易懂，提升了代码的扩展性和可读性，方便后续的开发和维护。

图 3.5 发光 LED 模块

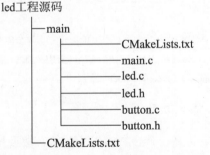

图 3.6 控制 LED 功能的工程源码结构

❑ main.c：主程序流程如图 3.7 所示，在应用程序的入口 app_main()函数中完成按键初始化和 LED 初始化，然后创建一个名为 button_queue 的队列，最后进入一个循环，堵塞读取 button_queue 队列数据，等待按键按下触发中断向队列写入数据。一旦队列存在数据，就将数据读取出来，转换成 GPIO 引脚号，然后判断如果是 BOOT

按键按下，则 GPIO 输出高电平控制 LED 点亮。当外部按键按下时，GPIO 输出低电平控制 LED 熄灭。具体实现可参考代码 3.3。
- led.c 和 led.h：声明和实现 LED 初始化函数，使用 gpio_config() 配置 GPIO 输出参数，具体实现可参考代码 3.4。
- button.c 和 button.h：实现按键初始化函数和按键触发中断事件处理函数，详情可查阅 3.1.3 节。

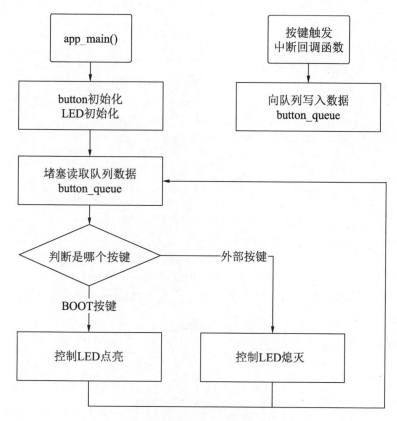

图 3.7　控制 LED 功能的程序流程

代码 3.3　按键控制LED亮灭的关键代码

```
void app_main(void)
{
    uint32_t io_num;

    //按键初始化
    button_init();

    //led初始化
    led_init();

    while(true) {
        // 堵塞读取队列中的数据
        if(xQueueReceive(button_queue, &io_num, portMAX_DELAY)) {
            // 如果读取成功，则打印出 GPIO 引脚号和当前的电平
            ESP_LOGI(TAG, "GPIO[%ld] 触发中断, 当前电平: %d", io_num, gpio_get_level(io_num));
```

```
            if(io_num==GPIO_INPUT_BOOT) {
                ESP_LOGI(TAG, "led on");
                gpio_set_level(GPIO_OUT_LED, 1);
            } else if(io_num==GPIO_INPUT_EXTER) {
                ESP_LOGI(TAG, "led off");
                gpio_set_level(GPIO_OUT_LED, 0);
            }
        }
    }
}
```

代码 3.4　LED初始化函数

```
/**
 * @brief led 初始化
 */
void led_init(void)
{
    gpio_config_t io_conf = {0};
    //设置 I/O 引脚：在宏定义中修改
    io_conf.pin_bit_mask = GPIO_OUT_PIN_SEL;
    //设置 I/O 方向：输出
    io_conf.mode = GPIO_MODE_OUTPUT;
    //设置 I/O 上拉：使能
    io_conf.pull_up_en = 1;
    //配置 GPIO 参数
    gpio_config(&io_conf);
}
```

由于添加了 led.c 和 button.c 两个源文件，所以需要在 CMakeLists.txt 配置文件中添加，见代码 3.5，否则 ESP-IDF 在构建系统时不会将 led.c 和 button.c 文件加入编译。

代码 3.5　CMakeLists.txt

```
idf_component_register(SRCS "main.c" "led.c" "button.c"
                INCLUDE_DIRS ".")
```

3.2　ADC 应用

本节介绍 ADC 的基础知识及其常用函数，并通过一个动手实践项目帮助读者掌握 ADC 读取模拟信号的相关知识点。

3.2.1　ADC 简介

ADC（Analog-to-Digital Converter）是将模拟量转换成数字量的模数转换器。如表 3.5 所示，ESP32-C3 集成了 2 个 12 位 ADC 单元，共支持 6 个通道的模拟信号检测，其主要特性如下：

- ❑ 12 位采样分辨率；
- ❑ 提供 6 个引脚的模拟电压采集转换；
- ❑ 提供两个滤波器，滤波系数可配；
- ❑ 提供 DMA，可高效获取 ADC 转换结果；

- 支持单次转换模式和多通道扫描模式；
- 支持在多通道扫描模式下，自定义扫描通道顺序；
- 支持阈值监控，当采样值大于设置的高阈值或小于设置的低阈值时将产生中断。

表 3.5　ESP32-C3 ADC通道

引　　脚	通道编号引脚	ADC选择
GPIO0	0	SAR ADC1
GPIO1	1	SAR ADC1
GPIO2	2	SAR ADC1
GPIO3	3	SAR ADC1
GPIO4	4	SAR ADC1
GPIO5	0	SAR ADC2
内部电压	n/a	SAR ADC2

ADC 转换模拟信号时，转换分辨率（12 位）电压（mV）范围为 0 ~V_{ref}。其中，V_{ref} 为 ADC 内部参考电压。因此，转换结果 (data) 可以使用以下公式转换成模拟电压输出 V_{data}：

$$V_{\text{data}} = \frac{V_{\text{ref}}}{4095} \times \text{data}$$

如果需要转换大于 V_{ref} 的电压，则在信号输入 ADC 前可进行衰减。衰减可配置为0dB、2.5 dB、6 dB 和 12 dB。

最后需要注意的是，ESP32-C3 的 ADC2 无法正常工作，建议使用 ADC1，详见 ESP32-C3 系列芯片勘误表。

3.2.2　ADC 的常用函数

ADC 的常用函数分为 ADC 单次转换类别函数和 ADC 连续转换类别函数，用来满足不同应用场景的需求，如表 3.6 所示。

表 3.6　ADC的常用函数

属性/函数	说　　明
adc_oneshot_new_unit()	创建ADC单次转换句柄
adc_oneshot_config_channel()	设置ADC单次转换模式的参数
adc_oneshot_read()	获取ADC单次转换的原始结果
adc_oneshot_get_calibrated_result()	获取校准结果（mV）的快捷函数。相当于adc_oneshot_read()和adc_cali_raw_to_voltage()
adc_oneshot_del_unit()	删除ADC单次转换的句柄
adc_cali_create_scheme_curve_fitting()	创建ADC校准曲线拟合方案句柄
adc_cali_raw_to_voltage()	将原始结果转换成校准结果（mV）
adc_cali_delete_scheme_curve_fitting()	删除ADC校准曲线拟合方案句柄
adc_continuous_new_handle()	创建ADC连续转换句柄
adc_continuous_config()	设置ADC连续转换模式的参数

属性/函数	说明
adc_continuous_register_event_callbacks()	ADC连续转换事件注册回调函数
adc_continuous_start()	开始ADC连续转换
adc_continuous_read()	读取ADC连续转换结果
adc_continuous_stop()	停止ADC连续转换
adc_continuous_deinit()	取消ADC连续转换初始化
adc_continuous_flush_pool()	刷新ADC连续转换缓冲区

3.2.3 实践：通过 ADC 读取实现光线强度检测

【ESP32 源码路径：tutorial-esp32c3-getting-started/tree/master/peripheral/adc】

本节主要利用前面介绍的 ADC 知识点和 ADC 的常用函数进行实践：通过 ADC 读取光敏传感器的输出电压，实现光线强度检测。

1. 操作步骤

（1）准备一个 ESP32-C3 开发板，按照表 3.7 所示的光敏电阻传感器模块接线说明做好硬件准备。

（2）通过 Visual Studio Code 开发工具编译 adc 工程源码，生成相应的固件，再将固件下载到 ESP32-C3 开发板上。

（3）ESP32-C3 运行程序后，在 ADC 初始化校准之后，就不断读取光敏传感器输出的电压值，这时候拿手机闪光灯持续靠近光敏传感器，光敏传感器受到强光影响，输出的电压值将不断降低，程序运行日志如图 3.8 所示。

```
I (203) cpu_start: ESP-IDF:            v5.1.2
I (207) cpu_start: Min chip rev:       v0.3
I (212) cpu_start: Max chip rev:       v0.99
I (217) cpu_start: Chip rev:           v0.3
I (222) heap_init: Initializing. RAM available for dynamic allocation:
I (229) heap_init: At 3FC8C840 len 000337C0 (205 KiB): DRAM
I (235) heap_init: At 3FCC0000 len 0001C710 (113 KiB): DRAM/RETENTION
I (242) heap_init: At 3FCDC710 len 00002950 (10 KiB): DRAM/RETENTION/STACK
I (250) heap_init: At 50000014 len 00001FD4 (7 KiB): RTCRAM
I (257) spi_flash: detected chip: generic
I (261) spi_flash: flash io: dio
I (265) sleep: Configure to isolate all GPIO pins in sleep state
I (271) sleep: Enable automatic switching of GPIO sleep configuration
I (279) app_start: Starting scheduler on CPU0
I (284) main_task: Started on CPU0
I (284) main_task: Calling app_main()
I (284) gpio: GPIO[2]| InputEn: 0| OutputEn: 0| OpenDrain: 0| Pullup: 0| Pulldown: 0| Intr:0
I (294) ADC: Calibration Success
I (304) ADC: ADC1 Channel[2] Raw Data: 4014, Cali Voltage: 2892 mV
I (1304) ADC: ADC1 Channel[2] Raw Data: 4095, Cali Voltage: 2942 mV
I (2304) ADC: ADC1 Channel[2] Raw Data: 3727, Cali Voltage: 2708 mV
I (3304) ADC: ADC1 Channel[2] Raw Data: 1421, Cali Voltage: 1062 mV
I (4304) ADC: ADC1 Channel[2] Raw Data: 991, Cali Voltage: 744 mV
I (5304) ADC: ADC1 Channel[2] Raw Data: 477, Cali Voltage: 361 mV
I (6304) ADC: ADC1 Channel[2] Raw Data: 288, Cali Voltage: 219 mV
I (7304) ADC: ADC1 Channel[2] Raw Data: 1454, Cali Voltage: 1087 mV
I (8304) ADC: ADC1 Channel[2] Raw Data: 153, Cali Voltage: 117 mV
```

图 3.8 通过 ADC 读取实现光线强度检测的程序运行日志

2. 光敏传感器介绍和接线

光敏电阻传感器模块如图 3.9 所示，其对环境光线最敏感，一般用来检测周围环境光线的亮度。光敏电阻传感器模块的工作电压为 3.3~5V，板载电位器可以调整光线检测的阈值。

模块输出有两种形式：DO（Digital Output，数字输出信号）输出高电平或者低电平，当环境光线亮度超过阈值时，DO 输出低电平，否则输出高电平；AO（Analog Output，模拟输出信号）输出电压值，该电压值在一定程度上反映了当前的环境光线强度，如果想要得到具体的转换公式，可以通过测量不同光强（发光强度）下的电压值数据，利用数学建模的方法，推导出电压到光强的准确公式。

图 3.9　光敏电阻传感器模块

光敏电阻传感器模块接线说明如表 3.7 所示，光敏电阻传感器模块的 DO 悬空不接，AO 接 ESP32-C3 开发板的 GPIO0 做 ADC 采集。

表 3.7　光敏电阻传感器模块接线说明

外围设备引脚	ESP32-C3 开发板引脚	说　　明
VCC	VCC	电源正极3.3~5V
GND	GND	电源负极（地）
DO	×	数字信号（高电平或者低电平）
AO	GPIO2	模拟信号（电压值）

3．程序源码解析

本次实践的程序流程如图 3.10 所示，使用 ADC 单次转换模式，首先完成总共 3 个步骤的 ADC 单次转换初始化操作，最后程序进入一个循环，间隔 1s 循环读取 ADC 转换的原始数据，再将原始数据转换成校准电压数据（单位为 mV，毫伏）。

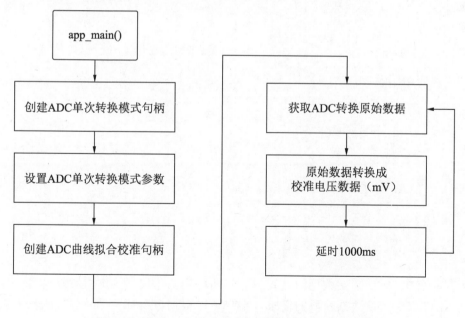

图 3.10　通过 ADC 读取实现光线强度检测的程序流程

ADC 单次转换初始化关键代码如代码 3.6 所示。ADC 单次转换初始化操作包含创建 ADC 单次转换模式句柄、设置 ADC 单次转换模式参数和创建 ADC 曲线拟合校准句柄，主要工作包括选定 ADC 单元和通道、设定 ADC 转换结果的位宽以及配置 ADC 的衰减参数。

代码 3.6　ADC单次转换初始化关键代码

```
// ADC 单次转换模式句柄
adc_oneshot_unit_handle_t adc1_handle;
// ADC 单次转换模式驱动初始化参数
adc_oneshot_unit_init_cfg_t init_config1 = {
    // ADC 单元
    .unit_id = ADC_UNIT_1,
};
// 创建 ADC 单次转换模式句柄
adc_oneshot_new_unit(&init_config1, &adc1_handle);

// ADC 通道配置参数
adc_oneshot_chan_cfg_t config = {
    // ADC 转换结果位宽
    .bitwidth = ADC_BITWIDTH_DEFAULT,
    // ADC 衰减
    .atten = ADC_ATTEN_DB_11,
};
// 设置 ADC 单次转换模式的参数
adc_oneshot_config_channel(adc1_handle, ADC_CHANNEL_2, &config);

// ADC 校准句柄
adc_cali_handle_t adc1_cali_handle = NULL;
// ADC 曲线拟合校准方案配置参数
adc_cali_curve_fitting_config_t cali_config = {
    // ADC 单元
    .unit_id = ADC_UNIT_1,
    // ADC 通道
    .chan = ADC_CHANNEL_2,
    // ADC 衰减
    .atten = ADC_ATTEN_DB_11,
    // ADC 原始数据输出位宽
    .bitwidth = ADC_BITWIDTH_DEFAULT,
};
// 创建 ADC 曲线拟合校准方案句柄
esp_err_t ret = adc_cali_create_scheme_curve_fitting(&cali_config,
&adc1_cali_handle);
if (ret == ESP_OK) {
    ESP_LOGI(TAG, "Calibration Success");
} else if (ret == ESP_ERR_NOT_SUPPORTED) {
    ESP_LOGW(TAG, "eFuse not burnt, skip software calibration");
} else {
    ESP_LOGE(TAG, "Invalid arg or no memory");
}
```

在获取 ADC 单次转换数据的过程中，有两种高效且灵活的方案。这两种方案均能够满足 ADC 单次转换数据获取的需求，用户可以根据自身项目的具体需求选择合适的方案。

❑ 方案一：见代码 3.7，首先调用 adc_oneshot_read()函数直接读取 ADC 单次转换的原始数据。然后使用 adc_cali_raw_to_voltage()函数将这些原始数据转换成校准后的电压值（以 mV 为单位）。这种方案可以直接访问原始数据，并且允许用户根据需要进行后续的校准处理。
- 方案二：见代码 3.8，ESP-IDF 提供了一个更为便捷的函数 adc_oneshot_get_calibrated_result()，它作为一个快捷组合函数，能够一步到位地直接返回校准后的电压数据（以 mV 为单位）。在这个函数中，实际上已经隐含地执行了 adc_oneshot_read()函数和 adc_cali_raw_to_voltage()函数的操作，从而简化了用户的操作流程，提高了数据获取的效率。

代码 3.7　ADC单次转换获取数据的方案一
```
adc_oneshot_read(adc1_handle, ADC_CHANNEL_2, &adc_raw);
adc_cali_raw_to_voltage(adc1_cali_handle, adc_raw, &voltage);
```

代码 3.8　ADC单次转换获取数据的方案二
```
adc_oneshot_get_calibrated_result(adc1_handle, adc1_cali_handle,
ADC_CHANNEL_2, &voltage);
```

在结束 ADC 数据获取的操作后，为了确保资源有效利用以及系统的稳定性，务必记得回收 ADC 单元句柄和相关资源。可以使用相应的函数来释放 ADC 单元所占用的资源，见代码 3.9。

代码 3.9　ADC单元回收的关键代码
```
// 删除 ADC 单次转换的句柄
adc_oneshot_del_unit(adc1_handle);
// 删除 ADC 校准曲线拟合方案句柄
adc_cali_delete_scheme_curve_fitting(adc1_cali_handle);
```

3.3　RTC 应用

本节主要介绍 RTC 的基础知识和常用函数，然后通过一个动手实践项目让读者掌握 RTC 读取和设置的相关知识点。

3.3.1　RTC 简介

RTC（Real Time Clock，实时时钟）是现代集成电路中必备的模块，为系统提供稳定的时间基准。ESP32-C3 集成了一个 RTC 定时器，具有高精度、低功耗、睡眠模式也能保持系统时间等特点。不过，值得注意的是，ESP32-C3 上电复位时会导致 RTC 定时器重置，所以在实际应用中，为了确保时间准确，建议结合 NTP（Network Time Protocol，网络时间协议）使用。

3.3.2　RTC 的常用函数

RTC 的常用函数如表 3.8 所示，使用标准 C 函数或者 POSIX（Portable Operating System Interface）函数可以设置和获取当前时间。

第1篇 基础知识

表 3.8 RTC 的常用函数

属性/函数	说 明
time()	返回从1970年1月1日到当前时间的秒数
localtime()	将从1970年1月1日到当前时间的秒数转换成时间/日期结构
mktime()	将时间/日期结构转换成从1970年1月1日到当前时间的秒数
settimeofday()	设置时间和时区
gettimeofday()	获取时间和时区

其中有两个关键数据类型需要了解：
- time_t：从 1970 年 1 月 1 日到当前时间的秒数，见代码 3.10。
- struct tm：用来保存时间、日期和时区的结构体，见代码 3.11。

代码 3.10 从 1970 年 1 月 1 日到当前时间的秒数

```
typedef _TIME_T_   time_t;
#define _TIME_T_ long
```

代码 3.11 用来保存时间、日期和时区的结构体 tm

```
struct tm
{
  int    tm_sec;
  int    tm_min;
  int    tm_hour;
  int    tm_mday;
  int    tm_mon;
  int    tm_year;
  int    tm_wday;
  int    tm_yday;
  int    tm_isdst;
#ifdef __TM_GMTOFF
  long   __TM_GMTOFF;
#endif
#ifdef __TM_ZONE
  const char *__TM_ZONE;
#endif
};
```

最后来看一下 time_t 和 struct tm 这两个关键数据类型的转换方法，如图 3.11 所示，time_t 通过 localtime() 函数转换成 struct tm，struct tm 通过 mktime() 函数转换成 time_t。

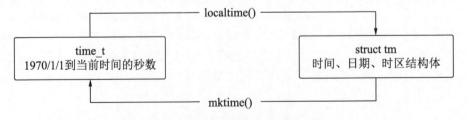

图 3.11 RTC 关键数据类型转换方法

3.3.3 实践：设置和获取 RTC 时间

【ESP32 源码路径：tutorial-esp32c3-getting-started/tree/master/peripheral/rtc】

本节主要利用前面介绍的 RTC 知识点和 RTC 的函数进行实践：读取和设置 RTC 系统时间。

1. 操作步骤

（1）准备一个 ESP32-C3 开发板，通过 Visual Studio Code 开发工具编译 button 工程源码，生成相应的固件，再将固件下载到 ESP32-C3 开发板上。

（2）ESP32-C3 运行程序后，主程序每秒打印一次当前的时间，按 BOOT 键，设置 2024/01/10 00:00:00 时间到系统时间，程序运行结果如图 3.12 所示。

```
I (197) cpu_start: ESP-IDF:              v5.1.2-dirty
I (203) cpu_start: Min chip rev:         v0.3
I (207) cpu_start: Max chip rev:         v0.99
I (212) cpu_start: Chip rev:             v0.3
I (217) heap_init: Initializing. RAM available for dynamic allocation:
I (224) heap_init: At 3FC8CA50 len 000335B0 (205 KiB): DRAM
I (231) heap_init: At 3FCC0000 len 0001C710 (113 KiB): DRAM/RETENTION
I (238) heap_init: At 3FCDC710 len 00002950 (10 KiB): DRAM/RETENTION/STACK
I (245) heap_init: At 50000010 len 00001FD8 (7 KiB): RTCRAM
I (252) spi_flash: detected chip: generic
I (256) spi_flash: flash io: dio
I (260) sleep: Configure to isolate all GPIO pins in sleep state
I (267) sleep: Enable automatic switching of GPIO sleep configuration
I (274) app_start: Starting scheduler on CPU0
I (00:00:00.107) main_task: Started on CPU0
I (00:00:00.112) main_task: Calling app_main()
I (00:00:00.117) gpio: GPIO[8]| InputEn: 1| OutputEn: 0| OpenDrain: 0| Pullup: 1| Pulldown: 0| Intr: 1
I (00:00:00.127) gpio: GPIO[9]| InputEn: 1| OutputEn: 0| OpenDrain: 0| Pullup: 1| Pulldown: 0| Intr: 1
I (00:00:00.137) rtc: The current time is: 1970/01/01 00:00:00
I (00:00:01.137) rtc: The current time is: 1970/01/01 00:00:01
I (00:00:02.137) rtc: The current time is: 1970/01/01 00:00:02
I (00:00:03.137) rtc: The current time is: 1970/01/01 00:00:03
I (00:00:03.617) rtc: GPIO[9] 触发中断，当前电平: 1
I (00:00:00.519) rtc: The current time is: 2024/01/10 00:00:00
I (00:00:01.519) rtc: The current time is: 2024/01/10 00:00:01
I (00:00:02.519) rtc: The current time is: 2024/01/10 00:00:02
I (00:00:03.519) rtc: The current time is: 2024/01/10 00:00:03
I (00:00:04.519) rtc: The current time is: 2024/01/10 00:00:04
```

图 3.12 读取和设置 RTC 系统时间的程序运行日志

2. 程序源码解析

本次实践工程的源码结构如图 3.13 所示，包含 rtc.c、rtc.h、button.c、button.h 和 main.c 几个源文件。由于增加了 rtc.c 和 button.c 两个源文件，所以需要在 CMakeLists.txt 配置文件中通过 idf_component_register 将源文件添加到构建系统中。

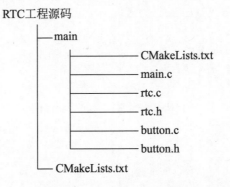

图 3.13 读取和设置 RTC 系统时间的工程源码结构

- main.c：程序流程如图 3.14 所示，app_main()函数是应用程序的入口，app_main()函数主要完成按键初始化和创建 rtcTask 任务。
  - app_main()函数随后进入一个循环，堵塞读取 button_queue 队列数据，等待按键按下触发中断向队列写入数据，一旦队列存在数据，就将 2024/01/10 00:00:00 设置为当前的系统时间。
  - rtcTask 任务也进入一个循环，以 1s 的间隔持续打印当前的系统时间。
- rtc.c 和 rtc.h：声明并设置系统时间（见代码 3.12）然后读取系统时间（见代码 3.13）。
- button.c 和 button.h：实现按键初始化函数和按键触发中断事件处理函数，详情可查阅 3.1.3 节。

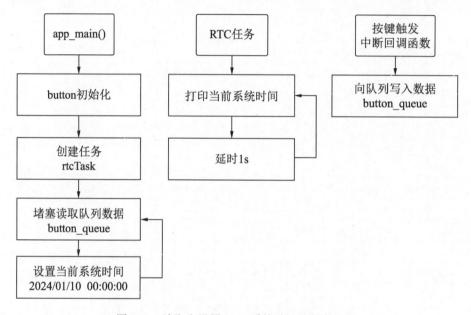

图 3.14 读取和设置 RTC 系统时间的程序流程

代码 3.12 RTC设置系统时间

```
/**
 * @brief 设置系统时间
 *
 * @param[struct tm] 设置的时间参数
 */
void set_time(struct tm datetime)
{
    time_t second = mktime(&datetime);
    struct timeval val = { .tv_sec = second, .tv_usec = 0 };
    settimeofday(&val, NULL);
}
```

代码 3.13 RTC读取系统时间

```
/**
 * @brief 读取当前系统时间
 *
 * @param[struct tm*] 读取的系统时间
 */
void get_time(struct tm* datetime)
```

```
{
    struct tm* temp;
    time_t second;
    time(&second);
    temp = localtime(&second);

    datetime->tm_sec = temp->tm_sec;
    datetime->tm_min = temp->tm_min;
    datetime->tm_hour = temp->tm_hour;
    datetime->tm_mday = temp->tm_mday;
    datetime->tm_mon = temp->tm_mon;
    datetime->tm_year = temp->tm_year;
    datetime->tm_wday = temp->tm_wday;
    datetime->tm_yday = temp->tm_yday;
    datetime->tm_isdst = temp->tm_isdst;
}
```

3.4 UART 通信

本节主要介绍 UART 的基础知识及其常用函数，并通过一个实践项目帮助读者掌握 UART 串口通信的相关知识点。

3.4.1 UART 简介

UART（Universal Asynchronous Receiver/Transmitter，通用异步收发器）是实现不同设备之间短距离通信的一种常用且经济的方式，最简单的连接方式如图 3.15 所示，只需要 3 根线，分别是串行输出线（TX）、串行输入线（RX）、地线（GND）。

ESP32-C3 芯片集成了两个 UART，每个 UART 都可以独立配置波特率、数据位长度、位顺序、停止位、奇偶校验位等参数。

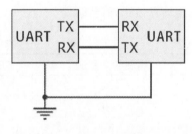

图 3.15 UART 串行通信连接方式

3.4.2 UART 的常用函数

UART 的常用函数如表 3.9 所示，其中 uart_param_config() 是实现 UART 串口通信功能不可或缺的核心配置函数，该函数的入参和返回值如下：

```
/**
 * @brief 设置 UART 参数。
 *
 * @param[uart_port_t] uart_num: UART 端口号。
 * @param[uart_config_t *] uart_config: UART 配置参数。
 *
 * @return
 *     - ESP_OK, 成功。
 *     - ESP_FAIL, 失败。
```

```
*/
esp_err_t uart_param_config(uart_port_t uart_num, const uart_config_t 
*uart_config);
```

表 3.9　UART的常用函数

属性/函数	说　　明
uart_driver_install()	为UART驱动程序分配ESP32-C3资源
uart_param_config()	设置UART参数（波特率、数据位、停止位等）
uart_set_pin()	设置UART通信的管脚
uart_write_bytes()	UART发送数据
uart_flush_input()	清空UART环形接收缓冲区的数据
uart_read_bytes()	UART接收数据

3.4.3　实践：通过 UART 串口与计算机通信

【ESP32 源码路径：tutorial-esp32c3-getting-started/tree/master/peripheral/uart】

本节主要利用前面介绍的 UART 知识点和 UART 的常用函数进行实践：通过 UART 串口实现 ESP32-C3 与计算机之间的通信。

1. 操作步骤

（1）准备一个 ESP32-C3 开发板，按照表 3.10 所示做好硬件准备，并确保 ESP32-C3 与计算机正确连接。

表 3.10　USB转UART模块接线说明

外围设备引脚	ESP32-C3 开发板引脚	说　　明
VCC	VCC	电源正极3.3~5V
GND	GND	电源负极（地）
TX	RX(GPIO5)	模块TX接ESP32-C3的RX
RX	TX(GPIO4)	模块RX接ESP32-C3的TX

（2）通过 Visual Studio Code 开发工具编译 uart 工程源码，生成相应的固件，再将固件下载到 ESP32-C3 开发板上。

（3）在计算机上打开"串口调试工具"，按 ESP32-C3 开发板上的 BOOT 键，会触发串口发送数据 hello，在"串口调试工具"上将会显示"hello"数据。

（4）通过串口调试工具发送数据给 ESP32-C3，ESP32-C3 会将接收到的串口信息打印出来，程序运行日志如图 3.16 所示。

2. USB转UART模块接线说明

由于计算机没有 UART 接口，因此需要借助 USB 转 UART 模块进行信号中转。具体连接方式如表 3.10 所示。USB 转 UART 模块的 TX 端连接 ESP32-C3 开发板的 RX 端，USB 转 UART 模块的 RX 端接 ESP32-C3 开发板的 TX 端。

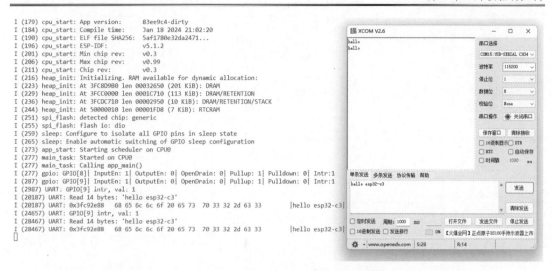

图 3.16　通过 UART 串口实现与计算机通信的程序运行日志

3．程序源码解析

本次实践工程的源码结构如图 3.17 所示，包含 uart.c、uart.h、button.c、button.h 和 main.c。注意，由于添加了 rmt_ws2812.c 源文件，为确保项目的正确编译和链接，需要在 CMakeLists.txt 配置文件中进行相应的配置。

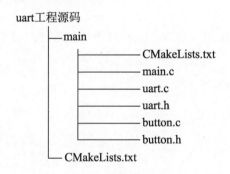

图 3.17　通过 UART 串口实现与计算机通信的工程源码结构

- main.c：程序流程如图 3.18 所示，在应用程序的入口 app_main() 函数中完成按键初始化、串口初始化和创建 uartRxTask 任务。
  - app_main() 函数最后进入一个循环，堵塞读取 button_queue 队列数据，等待按键按下后触发中断向队列写入数据。一旦队列存在数据，就将数据读取出来并转换成 GPIO 引脚号，然后判断如果是 BOOT 按键触发，则串口发送数据 hello。关键代码如代码 3.14 所示。
  - uartRxTask 任务也进入一个循环，堵塞接收串口数据，如果接收到串口数据，则通过日志将接收的数据打印出来。关键代码如代码 3.15 所示。
- uart.c 和 uart.h：声明并实现 UART 初始化函数，关键代码如代码 3.16 所示。
- button.c 和 button.h：实现按键初始化函数和按键触发中断事件处理函数，详情可查阅 3.1.3 节。

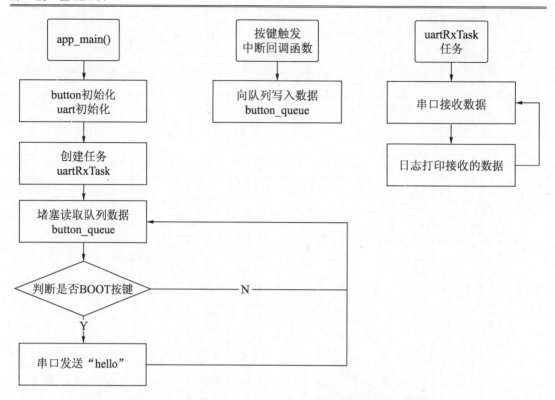

图 3.18　通过 UART 串口实现与计算机通信的程序流程

代码 3.14　通过UART串口实现与计算机通信主循环程序的关键代码

```
void app_main(void)
{
    uint32_t io_num;

    //按键初始化
    button_init();

    //串口初始化
    uart_init();

    //创建串口数据接收任务,堆栈大小为4096,最大优先级
    xTaskCreate(uartRxTask, "uartRxTask", 4096, NULL, configMAX_PRIORITIES, NULL);

    while(true) {
        // 堵塞读取队列中的数据
        if(xQueueReceive(button_queue, &io_num, portMAX_DELAY)) {
            // 如果读取成功,则打印出 GPIO 引脚号和当前的电平
            ESP_LOGI(TAG, "GPIO[%ld] 触发中断,当前电平: %d", io_num, gpio_get_level(io_num));
            if(io_num==GPIO_INPUT_BOOT) {
                uart_write_bytes(UART_NUM_1, "hello\r\n", strlen("hello\r\n"));
            }
        }
    }
}
```

代码 3.15　通过UART数据接收任务的关键代码

```c
/**
 * @brief UART 数据接收任务
 */
static void uartRxTask(void *arg)
{
    uint8_t* data = (uint8_t*) malloc(2048);
    while (1) {
        const int rxBytes = uart_read_bytes(UART_NUM_1, data, 2048, pdMS_TO_TICKS(1000));
        if (rxBytes > 0) {
            data[rxBytes] = 0;
            ESP_LOGI(TAG, "Read %d bytes: '%s'", rxBytes, data);
            ESP_LOG_BUFFER_HEXDUMP(TAG, data, rxBytes, ESP_LOG_INFO);
        }
    }
    free(data);
}
```

代码 3.16　UART初始化函数

```c
/**
 * @brief uart 初始化
 */
void uart_init(void) {
    // UART 配置参数
    const uart_config_t uart_config = {
        // 波特率
        .baud_rate = 115200,
        // 数据位
        .data_bits = UART_DATA_8_BITS,
        // 奇偶校验
        .parity = UART_PARITY_DISABLE,
        // 停止位
        .stop_bits = UART_STOP_BITS_1,
        // 硬件流控模式
        .flow_ctrl = UART_HW_FLOWCTRL_DISABLE,
        // 时钟选择
        .source_clk = UART_SCLK_DEFAULT,
    };
    // 接口缓冲区 2048, 发送缓冲区 0, 事件队列 0
    uart_driver_install(UART_NUM_1, 2048, 0, 0, NULL, 0);
    // 设置 UART 参数
    uart_param_config(UART_NUM_1, &uart_config);
    // 设置 UART 硬件引脚
    uart_set_pin(UART_NUM_1, TXD_PIN, RXD_PIN, UART_PIN_NO_CHANGE, UART_PIN_NO_CHANGE);
}
```

3.5　I^2C 通信

本节介绍 I^2C 的基础知识和 I^2C 的常用函数，然后通过一个动手实践项目让读者掌握 I^2C 通信的相关知识点。

3.5.1 I²C 简介

I²C（Inter-Integrated Circuit，集成电路总线）是一种近距离、串行、同步、多设备、半双工的两线制串行总线，由荷兰 PHILIPS 公司发明。如图 3.19 所示，I²C 允许一个主设备和多个从设备在同一个总线上共存。I²C 仅使用串行数据线（SDA）和串行时钟线（SCL）两条通信线。

ESP32-C3 集成了一个 I²C 控制器，既可以作为主控制器，也可以作为从控制器。ESP32-C3 同时支持 I²C 标准模式和快速模式，可分别达到 100kHz 和 400kHz 的通信速率。

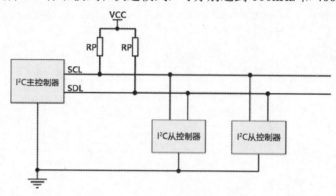

图 3.19　I²C 总线通信

3.5.2 I²C 的常用函数

I²C 的常用函数如表 3.11 所示，其中，i2c_param_config()是实现 I²C 通信不可或缺的核心配置函数，该函数的入参和返回值如下：

```
/**
 * @brief 配置I2C参数。
 *
 * @param[i2c_port_t] i2c_num: I2C端口号。
 * @param[i2c_config_t *] i2c_conf: I2C配置参数。
 *
 * @return
 *     - ESP_OK，成功。
 *     - ESP_FAIL，失败。
 */
esp_err_t i2c_param_config(i2c_port_t i2c_num, const i2c_config_t *i2c_conf);
```

表 3.11　I²C的常用函数

属性/函数	说　　明
i2c_driver_install()	安装I²C总线驱动
i2c_param_config()	设置I²C总线参数
i2c_master_write_to_device()	对连接到I²C总线的设备执行写操作
i2c_master_write_read_device()	对连接到I²C总线的设备执行读操作
i2c_driver_delete()	删除I²C总线驱动

3.5.3　实践：通过 I²C 接口实现温度和湿度检测

【ESP32 源码路径：tutorial-esp32c3-getting-started/tree/master/peripheral/i2c】

本节主要利用前面介绍的 I²C 知识点和 I²C 的常用函数进行实践：通过 I²C 接口读取 AHT10 传感器的温度和湿度数据。

1. 操作步骤

（1）准备一个 ESP32-C3 开发板，按照表 3.12 所示做好硬件准备。

表 3.12　AHT10 温度和湿度模块接线说明

外围设备引脚	ESP32-C3 开发板引脚	说　　明
VCC	VCC	电源正极 3.3~5V
GND	GND	电源负极（地）
SCL	GPIO5	串行时钟线
SDA	GPIO4	串行数据线

（2）通过 Visual Studio Code 开发工具编译 i2c 工程源码，生成相应的固件，再将固件下载到 ESP32-C3 开发板上。

（3）ESP32-C3 运行程序后，在 I²C 初始化之后，会不断读取 AHT10 传感器的温度和湿度数据，这时候如果对 AHT10 哈口气，则温度和湿度数据飙升，片刻后才慢慢下降，这说明 AHT10 对环境的温度和湿度的灵敏度很高。程序运行日志如图 3.20 所示。

```
I (199) cpu_start: ESP-IDF:           v5.1.2
I (204) cpu_start: Min chip rev:      v0.3
I (209) cpu_start: Max chip rev:      v0.99
I (213) cpu_start: Chip rev:          v0.3
I (218) heap_init: Initializing. RAM available for dynamic allocation:
I (225) heap_init: At 3FC8DDC0 len 00032240 (200 KiB): DRAM
I (232) heap_init: At 3FCC0000 len 0001C710 (113 KiB): DRAM/RETENTION
I (239) heap_init: At 3FCDC710 len 00002950 (10 KiB): DRAM/RETENTION/STACK
I (246) heap_init: At 50000010 len 00001FD8 (7 KiB): RTCRAM
I (253) spi_flash: detected chip: generic
I (257) spi_flash: flash io: dio
I (261) sleep: Configure to isolate all GPIO pins in sleep state
I (268) sleep: Enable automatic switching of GPIO sleep configuration
I (275) app_start: Starting scheduler on CPU0
I (280) main_task: Started on CPU0
I (280) main_task: Calling app_main()
I (3880) I2C: 温度 = 23.301697 ℃, 湿度 = 77.439880 %
I (6880) I2C: 温度 = 23.301697 ℃, 湿度 = 77.439880 %
I (9880) I2C: 温度 = 23.222542 ℃, 湿度 = 76.603699 %
I (12880) I2C: 温度 = 26.470566 ℃, 湿度 = 99.998474 %
I (15880) I2C: 温度 = 26.788139 ℃, 湿度 = 99.998474 %
I (18880) I2C: 温度 = 26.916122 ℃, 湿度 = 99.998474 %
I (21880) I2C: 温度 = 26.911163 ℃, 湿度 = 99.998474 %
I (24880) I2C: 温度 = 26.963806 ℃, 湿度 = 99.998474 %
I (27880) I2C: 温度 = 27.001762 ℃, 湿度 = 99.998474 %
I (30880) I2C: 温度 = 27.488899 ℃, 湿度 = 99.998474 %
I (33880) I2C: 温度 = 28.153992 ℃, 湿度 = 84.727478 %
I (36880) I2C: 温度 = 27.796364 ℃, 湿度 = 69.432068 %
```

图 3.20　通过 I²C 接口实现温度和湿度检测的程序运行日志

2. 温度和湿度传感器接线

温度和湿度传感器采用 AHT10 芯片，如图 3.21 所示。AHT10 是一款经过出厂标定校准的高精度的贴片封装的温度和湿度传感芯片，集成了一个改进型的 MEMS 半导体电容式湿度传感器和一个标准的片上温度传感器原件，适用于空调和除湿器等温度和湿度控制领域的检测。

图 3.21　AHT10 温度和湿度传感器模块

AHT10 的工作特性如下：
- 工作电压：1.8～3.6V；
- 工作温度：−40℃～80℃；
- 湿度精度：±2%（典型值）；
- 湿度分辨率：0.024%（典型值）；
- 温度精度：±0.3℃（典型值）；
- 温度分辨率：0.01℃（典型值）；
- 接口类型：I^2C；
- 接线说明：如表 3.12 所示，ESP32-C3 作为 I^2C 主机，AHT10 作为 I^2C 从机。

3. 程序源码解析

本次实践的程序流程如图 3.22 所示，从 app_main() 入口函数开始，完成 I^2C 初始化、AHT10 开机和 AHT10 校准。最后程序进入一个循环，间隔 3s 循环通过 I^2C 读取 AHT10 原始数据，再将原始数据转换成温度和湿度，见代码 3.17。

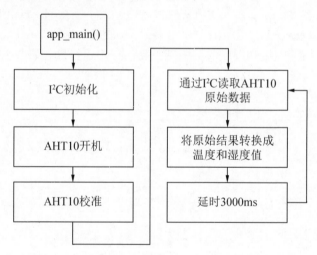

图 3.22　通过 I^2C 接口实现温度和湿度检测的程序流程

ESP32 通过 I^2C 接口与 AHT10 温度和湿度模块进行通信时，首先需要正确初始化 I^2C 接口。初始化过程涉及配置一系列关键参数，这些参数包括 I^2C 的工作模式、SDA（串行数据）引脚、SCL（串行时钟）引脚及时钟频率等。I^2C 初始化函数参见代码 3.17。

代码 3.17　I^2C 初始化函数

```
/**
 * @brief I2C 初始化
 */
esp_err_t i2c_init(void)
{
```

```
    // I²C 配置参数
    i2c_config_t conf = {
        // I²C 模式，主机模式或者从机模式
        .mode = I2C_MODE_MASTER,
        // SDA 引脚
        .sda_io_num = 4,
        // SCL 引脚
        .scl_io_num = 5,
        // SDA 引脚上拉使能
        .sda_pullup_en = GPIO_PULLUP_ENABLE,
        // SCL 引脚上拉使能
        .scl_pullup_en = GPIO_PULLUP_ENABLE,
        // I²C 主机模式下的时钟频率
        .master.clk_speed = 400000,
    };

    // 设置 I²C 总线参数
    i2c_param_config(I2C_MASTER_NUM, &conf);
    // 安装 I²C 总线驱动
    return i2c_driver_install(I2C_MASTER_NUM, conf.mode, 0, 0, 0);
}
```

ESP32 完成 I²C 接口初始化后，即可通过 I²C 与 AHT10 温度和湿度模块建立通信。首先向 AHT10 写入开机命令，并等待其正常开机。接着再向 AHT10 写入校准命令，等待其校准完成。最后进入循环过程，不断地向 AHT10 写入读取数据命令，然后从 AHT10 中读取温度和湿度原始数据，具体实现可参考代码 3.18。

代码 3.18　通过 I²C 接口读写 AHT10 温度和湿度模块的关键代码

```
// 对 AHT10 写入开机命令
aht10_register_write_byte(AHT10_CMD_NORMAL, data, 2);
vTaskDelay(pdMS_TO_TICKS(300));

// 对 AHT10 写入校准命令
aht10_register_write_byte(AHT10_CMD_CALIBRATION, data, 2);
vTaskDelay(pdMS_TO_TICKS(300));

while (1) {
    // 对 AHT10 写入读取数据命令
    aht10_register_write_byte(AHT10_CMD_GET_DATA, data, 2);

    // 延时 3000ms
    vTaskDelay(pdMS_TO_TICKS(3000));

    // 从 AHT10 中读取原始数据
    aht10_register_read(AHT10_CMD_GET_DATA, data, 6);

    // 将原始数据转换成温度和湿度数据
    temperature = ((data[3] & 0x0F) << 16 | data[4] << 8 | data[5]) * 200.0 / (1 << 20) - 50;
    humidity = ((data[1]) << 12 | data[2] << 4 | data[3] & 0xF0)) * 100.0 / (1 << 20);

    ESP_LOGI(TAG, "温度 = %f ℃ , 湿度 = %f %%", temperature, humidity);

}
```

3.6 SPI 通信

本节介绍 SPI 的基础知识及其常用函数，然后通过一个动手实践项目让读者掌握 SPI 通信的相关知识点。

3.6.1 SPI 简介

SPI（Serial Peripheral interface，串行外围设备接口）是一种近距离、同步、多设备、全双工的四线制串行总线，由美国 MOTORLA 公司发明。如图 3.23 所示，SPI 允许一个主设备和多个从设备在同一个总线上共存，SPI 使用四线通信线：串行时钟线（SCLK）、主机输入/从机输出数据线（MISO）、主机输出/从机输入数据线（MOSI）和从机选择线（CS）。SPI 与 I^{2}C 的显著差异表现在以下几个方面：

- 数据线：SPI 的数据线有两根（MISO 和 MOSI），而 I^{2}C 的数据线仅有一根（SDA），所以 SPI 支持全双工通信，而 I^{2}C 只能支持半双工通信。
- 从机选择线：SPI 配备了从机选择线（CS），而 I^{2}C 则没有。SPI 通过控制 CS 线（低电平有效），可以快速确定跟哪个从机进行通信。而 I^{2}C 主机需要通过寻址，才能确定跟哪个从机通信。故相比之下，SPI 更加便捷和高速。

ESP32-C3 集成了 3 个 SPI 控制器，其中，SPI0 和 SPI1 控制器主要供内部访问 Flash 使用。因此对于常规用途，我们一般只能使用 SPI2 控制器。SPI2 的特性如下：

- 模式支持：支持主机模式和从机模式。
- 传输模式：支持 CPU 控制的传输模式和 DMA 控制的传输模式。
- 时钟频率：在主机模式下，时钟频率可达 80MHz；在从机模式下，时钟频率可达 60MHz。
- 信号总线：配备一条独立的信号总线，该总线有 6 条从机选择线（CS）。

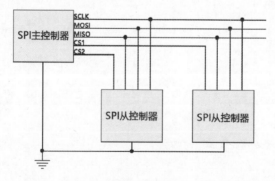

图 3.23 SPI 总线通信示意

3.6.2 SPI 的常用函数

SPI 的常用函数如表 3.13 所示。在通过 SPI 进行数据传输之前，需要在 SPI 总线上初始化 SPI 从机设备，步骤如下：

（1）使用 spi_bus_initialize()函数初始化 SPI 总线上设备间共用的资源，如分配内存、初始化数据线 I/O、设置 DMA 和中断函数等。

（2）使用 spi_bus_add_device()函数将 SPI 添加设备到总线上，初始化该 SPI 设备的资源，如分配内存、初始化 CS I/O 等。

SPI 初始化完成之后，通过 SPI 进行数据传输有两种方式：

❑ 使用 spi_device_transmit()函数以中断形式传输数据。
❑ 使用 spi_device_polling_transmit()函数以轮询形式传输数据。

如果某个 SPI 设备的优先级较高，需要提高该 SPI 设备的传输效率，那么可以请求占用 SPI 总线，步骤如下：

（1）使用 spi_device_acquire_bus()函数请求占用 SPI 总线，以确保在该 SPI 设备使用过程中没有其他 SPI 设备干扰。

（2）使用 spi_device_release_bus()函数释放占用的 SPI 总线，使其重新可供其他设备使用。

完成 SPI 数据传输后，需要释放相关资源，以优化系统性能，步骤如下：

（1）使用 spi_bus_remove_device()函数在 SPI 总线上移除设备，并释放该 SPI 设备所占用的内存和资源。

（2）使用 spi_bus_free()函数释放 SPI 总线，移除总线上的所有设备，并释放 SPI 总线的所有资源。

表 3.13　SPI的常用函数

属性/函数	说　　明
spi_bus_initialize()	SPI总线初始化
spi_bus_free()	释放SPI总线，移除总线上的所有设备
spi_bus_add_device()	添加SPI总线上的设备
spi_bus_remove_device()	移除SPI总线上的设备
spi_device_transmit()	以中断形式传输数据
spi_device_polling_transmit()	以轮询方式传输数据
spi_device_acquire_bus()	请求占用SPI总线，使设备可以进行传输
spi_device_release_bus()	释放占用的SPI总线，使其他设备可以进行传输

3.6.3　实践：通过 SPI 接口实现外部存储模块的读写

【ESP32 源码路径：tutorial-esp32c3-getting-started/tree/master/peripheral/spi_w25qxx】

本节主要利用前面介绍的 SPI 知识点及其常用函数进行项目实践：通过 SPI 接口对 W25QXX 进行数据读写。

1．操作步骤

（1）准备一个 ESP32-C3 开发板，按照表 3.14 所示做好硬件准备。
（2）通过 Visual Studio Code 开发工具编译 spi_w25qxx 工程源码，生成相应的固件，再将固件下载到 ESP32-C3 开发板上。

表 3.14　W25QXX 存储模块接线说明

外围设备引脚	ESP32-C3 开发板引脚	说　　明
VCC	VCC	电源正极 3.3~5V
GND	GND	电源负极（地）
MISO	GPIO2	主机输入/从机输出数据线
MOSI	GPIO7	主机输出/从机输入数据线
SCK	GPIO6	串行时钟线
CS	GPIO10	从机选择线

（3）ESP32-C3 运行程序后，在 SPI 初始化之后，向 W25Q16 写入"hello 小康师兄"数据，然后读取出来。程序运行日志如图 3.24 所示。

```
I (196) cpu_start: ESP-IDF:          v5.1.2-dirty
I (202) cpu_start: Min chip rev:     v0.3
I (206) cpu_start: Max chip rev:     v0.99
I (211) cpu_start: Chip rev:         v0.4
I (216) heap_init: Initializing. RAM available for dynamic allocation:
I (223) heap_init: At 3FC8F0A0 len 00030F60 (195 KiB): DRAM
I (229) heap_init: At 3FCC0000 len 0001C710 (113 KiB): DRAM/RETENTION
I (236) heap_init: At 3FCDC710 len 00002950 (10 KiB): DRAM/RETENTION/STACK
I (244) heap_init: At 50000010 len 00001FD8 (7 KiB): RTCRAM
I (251) spi_flash: detected chip: generic
I (255) spi_flash: flash io: dio
I (259) sleep: Configure to isolate all GPIO pins in sleep state
I (266) sleep: Enable automatic switching of GPIO sleep configuration
I (273) app_start: Starting scheduler on CPU0
I (278) main_task: Started on CPU0
I (278) main_task: Calling app_main()
I (278) gpio: GPIO[10]| InputEn: 0| OutputEn: 1| OpenDrain: 0| Pullup: 0| Pulldown: 0| Intr:0
I (288) SPI_W25QXX: id=0xEF14
I (588) SPI_W25QXX: W25QXX_Write: hello 小康师兄
I (588) SPI_W25QXX: W25QXX_Read : hello 小康师兄
```

图 3.24　通过 SPI 接口读写外部 Flash 存储模块的程序运行日志

2．外部 Flash 存储模块接线

外部 Flash 存储模块采用的是 W25QXX 芯片，如图 3.25 所示。W25Qxx 系列是一种低成本、小型化、使用简单的非易失性存储器，常应用于数据存储、字库存储、固件程序存储等场景。W25QXX 的工作特性如下：

- ❏ 存储介质：Nor Flash（闪存）；
- ❏ 存储容量：见表 3.15；
- ❏ 工作电压：2.7～3.6V；
- ❏ 时钟频率：80MHz、160MHz（Dual SPI）、320MHz（Quad SPI）；
- ❏ 接口类型：SPI；
- ❏ 接线说明：如表 3.15 所示，ESP32-C3 作为 SPI 主机，W25QXX 作为 SPI 从机。

图 3.25　W25QXX 存储模块

表 3.15　W25QXX型号与容量对应表

型　号	容　量
W25Q40	4Mbit / 512 KB
W25Q80	8Mbit / 1MB
W25Q16	16Mbit / 2MB
W25Q32	32Mbit / 4MB
W25Q64	64Mbit / 8MB
W25Q128	128Mbit / 16MB
W25Q256	256Mbit / 32MB

3．程序源码解析

本次实践的程序流程如图 3.26 所示，从 app_main() 入口函数开始，首先初始化 W25QXX，然后向 W25QXX 写入数据，最后从 W25QXX 中读取数据，参见代码 3.19。

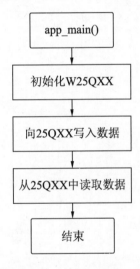

图 3.26　通过 SPI 接口读写 W25QXX 的程序流程

代码 3.19　SPI接口读写W25QXX主程序的关键代码

```
void app_main(void)
{
    uint8_t temp[256] = {0};
    uint8_t TEXT_Buffer[] = {"hello 小康师兄"};

    // 初始化 W25QXX
    W25QXX_Init();

    // 向 W25QXX 写入数据
    W25QXX_Write(TEXT_Buffer, 0, sizeof(TEXT_Buffer));
    ESP_LOGI(TAG, "W25QXX_Write: %s", TEXT_Buffer);

    // 从 W25QXX 中读取数据
    W25QXX_Read(temp, 0, sizeof(TEXT_Buffer));
    ESP_LOGI(TAG, "W25QXX_Read : %s", temp);
}
```

ESP32 通过 SPI 接口与 W25QXX 存储模块进行通信时,需要执行一系列初始化步骤。首先初始化 CS(片选)引脚,设置为 GPIO 输出模式。其次初始化 SPI 总线,确定 MISO、MOSI 和 SCLK 等引脚。然后初始化 SPI 设备并将其添加到 SPI 总线上,以便 ESP32 能够识别并与 W25QXX 存储模块建立通信。最后读取 W25QXX 模块型号,确保后续通信的兼容性。关键代码请参见代码 3.20。

代码 3.20　W25QXX 初始化的关键代码

```c
#define SPI_HOST            SPI2_HOST
#define PIN_NUM_CS          10
#define PIN_NUM_MISO        2
#define PIN_NUM_MOSI        7
#define PIN_NUM_CLK         6

#define W25QXX_CS_L         gpio_set_level(PIN_NUM_CS, 0);
#define W25QXX_CS_H         gpio_set_level(PIN_NUM_CS, 1);

/**
 * @brief W25QXX 初始化
 */
void W25QXX_Init(void)
{
    // CS 引脚 GPIO 输出初始化
    gpio_config_t io_conf;
    // 设置 I/O 方向为输出
    io_conf.mode = GPIO_MODE_OUTPUT;
    // 设置 I/O 引脚
    io_conf.pin_bit_mask = (1ULL << PIN_NUM_CS);
    //设置 I/O 上拉:使能
    io_conf.pull_up_en = 1;
    //配置 GPIO 参数
    gpio_config(&io_conf);

    // 取消片选
    W25QXX_CS_H;

    // SPI 总线配置参数
    spi_bus_config_t buscfg = {
        .miso_io_num = PIN_NUM_MISO,
        .mosi_io_num = PIN_NUM_MOSI,
        .sclk_io_num = PIN_NUM_CLK,
    };
    // SPI 设备接口参数
    spi_device_interface_config_t devcfg = {
        // 时钟频率
        .clock_speed_hz = 20 * 1000 * 1000,
        // SPI 模式(CPOL, CPHA)
        .mode = 0,
        // 传输队列大小
        .queue_size = 6,
    };

    // SPI 总线初始化
    spi_bus_initialize(SPI_HOST, &buscfg, 0);
    // 添加 SPI 总线设备
    spi_bus_add_device(SPI_HOST, &devcfg, &g_spi);
```

```
//读取 FLASH ID
uint16_t W25QXX_TYPE = 0;
W25QXX_TYPE = W25QXX_ReadID();
ESP_LOGI(TAG, "id=0x%X", W25QXX_TYPE);

if(W25QXX_TYPE==W25Q256)
{
    // 读取状态寄存器 3，判断地址模式
    uint8_t temp=W25QXX_ReadSR(3);
    // 如果不是 4 字节地址模式，则进入 4 字节地址模式
    if((temp&0X01)==0)
    {
        // 片选使能
        W25QXX_CS_L;
        // 发送进入 4 字节地址模式的指令
        SPI_ReadWriteByte(W25X_Enable4ByteAddr);
        // 取消片选
        W25QXX_CS_H;
    }
}
```

封装一个 SPI 接口的读写函数，使用 spi_device_transmit()函数并通过中断方式在 SPI 总线上传输数据。该函数的关键在于配置 spi_transaction_t 结构体，指定发送和接收数据的缓冲区，每次仅传输一个字节。函数参数是需要发送的数据，函数返回值是接收到的数据。该函数简化了 SPI 通信的复杂性，使得后续通过 SPI 接口对 W25QXX 等设备进行读写操作变得更加便捷和高效，参见代码 3.21。

代码 3.21　通过SPI接口读写的关键函数

```
/**
 * @brief SPI 读写一个字节
 *
 * @param[uint8_t] TxData：要写入的字节
 *
 * @return[uint8_t] 读取到的字节
 */
uint8_t SPI_ReadWriteByte(uint8_t TxData)
{
    uint8_t Rxdata;
    // SPI 传输事务结构体
    spi_transaction_t t;
    memset(&t, 0, sizeof(t));
    t.length = sizeof(uint8_t) * 8;
    t.rxlength = sizeof(uint8_t) * 8;
    t.tx_buffer = &TxData;
    t.rx_buffer = &Rxdata;
    // 以中断形式在 SPI 总线上传输数据
    spi_device_transmit(g_spi, &t);
    //返回收到的数据
    return Rxdata;
}
```

从 W25QXX 存储模块中读取数据相对简单、直接，无须额外的使能步骤或特殊操作，也没有页的限制。数据读取完成后，存储模块不会进入忙状态，但请确保在存储模块非忙状态时进行读取操作，以避免潜在的数据冲突。关键代码请参见代码 3.22。

代码 3.22　从W25QXX存储模块中读取数据的关键代码

```
/**
 * @brief 读取 SPI FLASH,从指定地址开始读取指定长度的数据
 *
 * @param[uint8_t *] pBuffer: 数据存储区
 * @param[uint32_t] ReadAddr: 开始读取的地址(24bit)
 * @param[uint16_t] NumByteToRead: 要读取的字节数(最大 65535)
 */
void W25QXX_Read(uint8_t *pBuffer, uint32_t ReadAddr, uint16_t NumByteToRead)
{
    uint32_t i;
    // 片选使能
    W25QXX_CS_L;
    //发送读取命令
    SPI_ReadWriteByte(W25X_ReadData);
    //发送24bit 地址
    SPI_ReadWriteByte((uint8_t)((ReadAddr) >> 16));
    SPI_ReadWriteByte((uint8_t)((ReadAddr) >> 8));
    SPI_ReadWriteByte((uint8_t)ReadAddr);
    for (i = 0; i < NumByteToRead; i++)
    {
        //循环读数
        pBuffer[i]=SPI_ReadWriteByte(0XFF);
    }
    // 取消片选
    W25QXX_CS_H;
}
```

向 W25QXX 存储模块写入数据时，为了确保数据的安全性和准确性，需要注意以下几点：

- 写使能（写保护解除）：在写入数据之前，先执行写使能操作。这是为了保护存储模块，避免因意外写入造成的数据损失。
- 擦除操作：由于 Flash 存储区的写入特性，每个数据位只能从 1 改写为 0，而不能从 0 改写为 1。因此，在写入新数据之前，必须对目标存储区域进行擦除操作，即将该区域的所有数据位设置为 1（即 0xFF），表示 Flash 中的空白状态。擦除操作必须按照最小的擦除单元（通常为 4KB 的扇区）进行，即使需要擦除的数据小于一个扇区，也必须对整个扇区进行擦除。
- 写入限制：当连续写入多字节数据时，每次最多只能写入一页数据（如 4096 字节）。如果写入的数据量超过一页，则会从页首开始覆盖写入，因此需要根据写入的地址和数据量分多次写入。
- 状态检查：写入操作完成后，存储芯片会进入忙状态，此时不响应新的读写请求。为了确定芯片是否已准备好以便进行后续操作，需要检查其状态寄存器。只有当状态寄存器的值为 0 时，才表示芯片已不处于忙状态，可以进行下一步操作。

W25QXX 存储模块写入数据的关键代码见代码 3.23。

代码 3.23　向W25QXX存储模块写入数据的关键代码

```
/**
 * @brief 写 SPI FLASH,从指定地址开始写入指定长度的数据
 *
```

```c
 * @param[uint8_t *] pBuffer: 数据存储区
 * @param[uint32_t] WriteAddr: 开始写入的地址(24bit)
 * @param[uint16_t] NumByteToWrite: 要写入的字节数(最大65535)
 */
uint8_t W25QXX_BUFFER[4096];
void W25QXX_Write(uint8_t *pBuffer, uint32_t WriteAddr, uint16_t NumByteToWrite)
{
    uint32_t secpos;
    uint16_t secoff;
    uint16_t secremain;
    uint16_t i;
    // 扇区地址，一个扇区为4096字节
    secpos = WriteAddr / 4096;
    // 在扇区内的偏移
    secoff = WriteAddr % 4096;
    // 扇区剩余空间大小
    secremain = 4096 - secoff;

    if (NumByteToWrite <= secremain)
        secremain = NumByteToWrite;

    while (1) {
        // 读出整个扇区的内容
        W25QXX_Read(W25QXX_BUFFER, secpos * 4096, 4096);
        for (i = 0; i < secremain; i++) {
            // 校验数据
            if (W25QXX_BUFFER[secoff + i] != 0XFF)
                break;
        }
        if (i < secremain) {
            // 需要擦除这个扇区
            W25QXX_Erase_Sector(secpos);
            for (i = 0; i < secremain; i++) {
                // 复制补充需要写入的数据
                W25QXX_BUFFER[i + secoff] = pBuffer[i];
            }
            // 写入整个扇区
            W25QXX_Write_NoCheck(W25QXX_BUFFER, secpos * 4096, 4096);
        } else {
            // 不需要擦除，直接写入
            W25QXX_Write_NoCheck(pBuffer, WriteAddr, secremain);
        }
        if (NumByteToWrite == secremain) {
            // 写入结束
            break;
        } else {
            // 扇区地址增1
            secpos++;
            // 偏移位置为0
            secoff = 0;

            // 需要写入的数据存储+已写入的字节数
            pBuffer += secremain;
            // 写入地址+已写入的字节数
            WriteAddr += secremain;
            // 需要写入的字节数-已经写入的字节数
            NumByteToWrite -= secremain;
```

```
            if (NumByteToWrite > 4096) {
                //下一个扇区还是写不完
                secremain = 4096;
            } else {
                //下一个扇区可以写完了
                secremain = NumByteToWrite;
            }
        }
    }
}
```

3.7 RMT 应用

本节介绍 RMT 的基础知识及其常用函数，然后通过一个动手实践项目帮助读者掌握 RMT 接口的相关知识点。

3.7.1 RMT 简介

RMT（Remote Control Transceiver，遥控收发器）通常被设计为红外发射器和红外接收器。由于其出色的灵活性，经常被进一步扩展成通用收发器，用于发送和接收多种类型的信号。

在发射器模式下，RMT 可以根据用户数据生成相应的波形。首先由 RMT 驱动程序将用户数据编码为 RMT 数据格式，随后由 RMT 发射器根据编码生成相应的波形，可以选择性将其调制上高频载波信号，以增强信号的抗干扰能力，最后将波形通过 GPIO 引脚发送出去。

在接收器模式下，RMT 能够对输入信号进行高精度采样，并支持从高频调制信号中解调出原始信号，再将其转换为 RMT 数据格式，最后将数据存储在内存中。此外，RMT 接收器还支持信号分析，能够识别信号的停止条件，并有效过滤掉噪声信号，确保接收数据的准确性和可靠性。

ESP32 的 RMT 外设具备多个独立通道，每个通道均可独立配置为发射器或接收器。这一特性使得 RMT 能够同时处理多个信号任务，大大提高了系统的并行处理能力。此外，RMT 还支持发送或接收任何使用 IR 协议的红外信号，如 NEC+协议，还可以作为通用序列发生器。

只要实现了适当的编码器，RMT 外围设备几乎可以生成任何波形。RMT 编码器用于将用户数据（如 RGB 像素）编码为可由硬件识别的格式。

3.7.2 RMT 的常用函数

在 ESP-IDF 5.x 版本中，RMT 驱动程序有较大的更新，在核心概念和主要使用方法上存在显著的变化。因为新版本的 RMT 驱动程序变化较大且使用更加复杂，而旧版本的 RMT 驱动程序仍然可用，所以在 driver/rmt.h 头文件路径中保留。本节将继续介绍和使用旧版本的 RMT 驱动程序，其常用函数如表 3.16 所示。

表 3.16　RMT旧版本中的常用函数

属性/函数	说　明
rmt_config()	配置RMT参数
rmt_driver_install()	初始化RMT驱动程序
rmt_write_sample()	将整数数组的用户数据转换成RMT符号再发送出去
rmt_wait_tx_done()	等待RMT发送完成
rmt_translator_init()	初始化RMT编码器，并注册用户数据转为RMT符号的函数
rmt_driver_uninstall()	卸载RMT驱动程序

3.7.3　实践：通过 RMT 接口实现 RGB LED 灯带控制

【ESP32 源码路径：tutorial-esp32c3-getting-started/tree/master/peripheral/led_strip】

本节主要利用前面介绍的 RMT 知识点和常用函数进行项目实践：通过 RMT 接口控制 SK68XXMINI-HS　RGB LED 灯带的颜色亮灭。

1．操作步骤

（1）准备一个 ESP32-C3 开发板，通过 Visual Studio Code 开发工具编译 led_strip 工程源码，生成相应的固件，再将固件下载到 ESP32-C3 开发板上。

（2）ESP32-C3 运行程序后，灯带实物运行效果如图 3.27 所示，间隔 3s 轮流显示红色、绿色和蓝色。

图 3.27　通过 RMT 接口实现彩色 LED 灯带控制的效果图

2．RGB LED接线

ESP32-C3 开发板上集成了 SK68XXMINI-HS 型号的 RGB LED，硬件原理如图 3.28 所示，通过一个 GPIO 就能实现对 RGB LED 颜色和亮度的精准控制。

SK68XXMINI 是一款集控制电路与发光电路于一体的智能外控 LED 光源。每个光源灯珠均包含一个像素点，每个像素点都能实现三基色颜色的 256 级亮度显示。LED 支持单线数据传输的串行级联接口，仅需一根信号线就能完成数据的接收和解码，并且支持无限级联，极大地简化了布线工作。此外，LED 内置的信号整形电路确保了信号在经过每个像素点后都能保持稳定的波形，有效避免了波形畸变的累加，保证了信号的传输质量和稳定性。

在同类产品中，除了 SK68XXMINI 外，还有 WS2812B 可供选择，并且两者的用法完全一致。

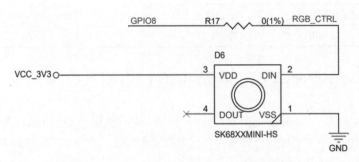

图 3.28　SK68XXMINI-HS 彩色 LED 的硬件原理

3．程序源码解析

本次实践工程的源码结构如图 3.29 所示，其核心源码包括 rmt_ws2812.c、rmt_ws2812.h 和 main.c 文件。为了实现对 RMT 驱动 WS2812 模块的深度封装，我们创建了 rmt_ws2812 源文件集，这不仅简化了 main.c 的复杂度，还显著提高了代码的可读性和可维护性。通过这个封装过程，成功地将 RMT 功能模块化，极大地简化了 RGB LED 控制流程。这使得开发者能够更加专注于业务逻辑的实现，无须深入了解底层硬件的细节。

注意，由于添加了 rmt_ws2812.c 源文件，为了确保项目的正确编译和链接，需要在 CMakeLists.txt 配置文件中进行相应的配置。

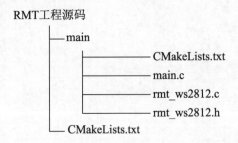

图 3.29　通过 RMT 接口实现 RGB LED 灯带控制的工程源码结构

❑ main.c：见代码 3.24，程序流程如图 3.30 所示，在应用程序的入口 app_main() 函数中完成 WS2812 初始化，然后间隔 3s 循环控制 RGB LED 显示红色、绿色和蓝色。
❑ 在 rmt_ws2812.c 和 rmt_ws2812.h 中主要实现了如下几个函数。
　➢ ws2812_init()：初始化 RMT 驱动程序并创建 WS2812 结构体。
　➢ ws2812_deinit()：卸载 RMT 驱动程序，并释放 WS2812 结构体占用的内存资源。
　➢ ws2812_set_pixel()：设置 RGB 数值到 WS2812 结构体的内存。
　➢ ws2812_refresh()：刷新灯带上各个 LED 的颜色状态，将 WS2812 结构体内存中的数据通过 RMT 发送到各个 LED 中。
- ws2812_clear()：关闭灯带上的所有 LED。

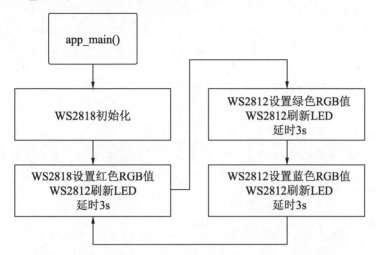

图 3.30　通过 RMT 接口实现 RGB LED 灯带控制的程序流程

代码 3.24　通过 RMT 接口实现 RGB LED 灯带控制的主程序代码

```
#include "esp_log.h"
#include "rmt_ws2812.h"

// RGB LED 灯带个数
#define     LED_STRIP_NUMBER            1
// RMT 发射信号引脚
#define     RMT_TX_GPIO                 8

// 全局常量字符串，用于日志打印的标签
const static char* TAG = "RMT";

void app_main(void)
{
    // 初始化 RMT 驱动程序，并创建 WS2812 结构体
    ws2812_t *ws2812 = ws2812_init(RMT_CHANNEL_0, RMT_TX_GPIO, LED_STRIP_NUMBER);
    while (true) {
        // 在 WS2812 结构体的内存中设置红色的 RGB 数值
        ws2812_set_pixel(ws2812, 0, 255, 0, 0);
        // 通过 RMT 将 WS2812 结构体内存中的数据发送到各个 LED 中
        ws2812_refresh(ws2812, 50);
        // 延时 3s
        vTaskDelay(pdMS_TO_TICKS(3000));

        // 在 WS2812 结构体的内存中设置绿色的 RGB 数值
        ws2812_set_pixel(ws2812, 0, 0, 255, 0);
        //通过 RMT 将 WS2812 结构体内存中的数据发送到各个 LED 中

        ws2812_refresh(ws2812, 50);
        // 延时 3s
        vTaskDelay(pdMS_TO_TICKS(3000));

        // 设置绿色的 RGB 数值到 WS2812 结构体的内存中
```

```
        ws2812_set_pixel(ws2812, 0, 0, 0, 255);
        // 通过 RMT 将 WS2812 结构体内存中的数据发送到各个 LED 中
        ws2812_refresh(ws2812, 50);
        // 延时 3s
        vTaskDelay(pdMS_TO_TICKS(3000));
    }
}
```

3.8 NVS 应用

本节介绍 NVS 的基础知识及其常用函数，然后通过两个动手实践项目帮助读者掌握 NVS 存储的相关知识点。

3.8.1 NVS 简介

NVS（Non-Volatile Storage，非易失性存储）的主要形式是在 Flash 中存储键值对格式的数据，为开发者提供数据持久化保存的功能。在实际产品项目开发中，该功能的重要性不言而喻，设备配置参数和用户偏好设置等数据都需要持久化保存。NVS 可以确保设备在遭遇断电、重启或者其他异常情况时关键数据不会丢失，从而保证了设备的稳定性和用户体验的连续性。

NVS 的操作对象为键值对，其中，键是 ASCII 字符串，当前支持的最大键长为 15 个字符。值可以为以下几种类型：

- 整数型：uint8_t、int8_t、uint16_t、int16_t、uint32_t、int32_t、uint64_t 和 int64_t；
- 字符串：以 0 结尾的字符串，字符串长度上限 4000B，包括结束符；
- 二进制大对象：即 BLOB（Binary Large Object），是可变长度的二进制数据，其大小限制为 508,000 字节或分区大小的 97.6%减去 4000 字节，取二者中的较低值。

每个键在 NVS 中必须是唯一的，并且在进行读写操作时，会严格检查数据类型的一致性。如果读取或写入的数据类型与存储的数据类型不匹配，则系统返回错误。

3.8.2 NVS 的常用函数

NVS 常用函数如表 3.17 所示，系统初始化的第一步通常是使用 nvs_flash_init()函数初始化 NVS 分区，如果失败，则需要使用 nvs_flash_erase()函数擦除 NVS 分区，再使用 nvs_flash_init()函数初始化 NVS 分区。这一系列操作可以确保能够正确地使用 NVS 分区并进行数据读写操作。

表 3.17 NVS的常用函数

属性/函数	说　　明
nvs_flash_init()	初始化默认的NVS分区
nvs_flash_erase()	擦除默认的NVS分区
nvs_open()	从默认的NVS分区中打开指定名称的存储空间

续表

属性/函数	说　　明
nvs_get_i8()	获取指定键的int8_t值
nvs_set_i8()	设置指定键的int8_t值
nvs_get_u8()	获取指定键的uint8_t值
nvs_set_u8()	设置指定键的uint8_t值
nvs_get_i16()	获取指定键的int16_t值
nvs_set_i16()	设置指定键的int16_t值
nvs_get_u16()	获取指定键的uint16_t值
nvs_set_u16()	设置指定键的uint16_t值
nvs_get_i32()	获取指定键的int32_t值
nvs_set_i32()	设置指定键的int32_t值
nvs_get_u32()	获取指定键的uint32_t值
nvs_set_u32()	设置指定键的uint32_t值
nvs_get_i64()	获取指定键的int64_t值
nvs_set_i64()	设置指定键的int64_t值
nvs_get_u64()	获取指定键的uint64_t值
nvs_set_u64()	设置指定键的uint64_t值
nvs_get_str()	获取指定键的字符串值
nvs_set_str()	设置指定键的字符串值
nvs_get_blob()	获取指定键的blob值
nvs_set_blob()	设置指定键的blob值
nvs_commit()	将所有的更改写入存储空间
nvs_close()	关闭存储空间并释放所有分配的内存资源

3.8.3　实践：从 NVS 中读写 8 位有符号的整数

【ESP32 源码路径：tutorial-esp32c3-getting-started/tree/master/peripheral/nvs_int8】

本节主要利用前面介绍的 NVS 知识点和函数进行项目实践：读取和设置 NVS 中 int8_t 类型的值。

1. 操作步骤

（1）准备一个 ESP32-C3 开发板，通过 Visual Studio Code 开发工具编译 nvs_int8 工程源码，生成相应的固件，再将固件下载到 ESP32-C3 开发板上。

（2）ESP32-C3 运行程序后，程序每 3s 向 NVS 中写入一个随机数，然后读取出来。程序运行结果如图 3.31 所示。

2. 程序源码解析

本次实践的程序流程如图 3.32 所示，程序从 app_main()入口函数开始首先进行 NVS 初始化。一旦初始化完成，程序随即进入一个循环，该循环每 3s 运行一次。在每次循环中，程序会执行两个关键操作：首先，将一个 8 位有符号整数设置到 NVS 中；然后从 NVS 中读取这个 8 位有符号整数的值。通过这种方式，程序实现对 NVS 中的数据周期性更新和读取。具体实现代码可参考代码 3.25。

```
I (200) cpu_start: ESP-IDF:              v5.1.2-dirty
I (206) cpu_start: Min chip rev:         v0.3
I (210) cpu_start: Max chip rev:         v0.99
I (215) cpu_start: Chip rev:             v0.4
I (220) heap_init: Initializing. RAM available for dynamic allocation:
I (227) heap_init: At 3FC8D0D0 len 00032F30 (203 KiB): DRAM
I (233) heap_init: At 3FCC0000 len 0001C710 (113 KiB): DRAM/RETENTION
I (240) heap_init: At 3FCDC710 len 00002950 (10 KiB): DRAM/RETENTION/STACK
I (248) heap_init: At 50000010 len 00001FD8 (7 KiB): RTCRAM
I (255) spi_flash: detected chip: generic
I (259) spi_flash: flash io: dio
I (263) sleep: Configure to isolate all GPIO pins in sleep state
I (270) sleep: Enable automatic switching of GPIO sleep configuration
I (277) app_start: Starting scheduler on CPU0
I (00:00:00.107) main_task: Started on CPU0
I (00:00:00.112) main_task: Calling app_main()
I (00:00:00.121) nvs_int8: set_value = 33
I (00:00:00.122) nvs_int8: get_value = 33
I (00:00:00.126) nvs_int8: ------------------
I (00:00:03.137) nvs_int8: set_value = 43
I (00:00:03.138) nvs_int8: get_value = 43
I (00:00:03.138) nvs_int8: ------------------
I (00:00:06.147) nvs_int8: set_value = 62
I (00:00:06.148) nvs_int8: get_value = 62
```

图 3.31　从 NVS 中读写 8 位有符号整数的程序运行日志

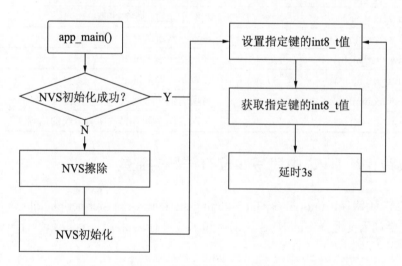

图 3.32　从 NVS 中读写 8 位有符号整数的程序流程

代码 3.25　从 NVS 中读写 8 位有符号整数主程序的关键代码

```
void app_main(void)
{
    int8_t value = 0;
    // 初始化默认的 NVS 分区
    esp_err_t err = nvs_flash_init();
    if (err == ESP_ERR_NVS_NO_FREE_PAGES || err == ESP_ERR_NVS_NEW_VERSION_FOUND) {
        // NVS 分区异常需要擦除或者格式化
        nvs_flash_erase();
        // 重试初始化默认的 NVS 分区
```

```
        nvs_flash_init();
    }

    while(1)
    {
        // 设置 0~100 的 int8_t 值到 NVS 的 demo_key 键中
        set_i8("demo_key", rand()%100);
        // 从 NVS 的 demo_key 键中读取 int8_t 值
        get_i8("demo_key", &value);
        ESP_LOGI(TAG, "get_value = %d", value);
        ESP_LOGI(TAG, "————————————");
        // 延时 3s
        vTaskDelay(pdMS_TO_TICKS(3000));
    }
}
```

程序的关键在于 NVS 读操作（获取指定键的 int8_t 值）和 NVS 写操作（设置指定键的 int8_t 值）。获取指定键的 int8_t 值的具体实现可参考代码 3.26，代码实现流程如下：

（1）通过 nvs_open("nvs", NVS_READONLY, &handle) 函数以只读的形式，从默认的 NVS 分区中打开指定名称的存储空间。

（2）通过 nvs_get_i8(handle, key, out_value) 获取指定键的 int8_t 值。

（3）通过 nvs_close(handle) 关闭存储空间并释放所有分配的内存资源。

代码 3.26　从NVS中获取指定键值的 8 位有符号整数的关键函数

```
/**
 * @brief 获取指定键的 int8_t 值
 *
 * @param[in]  key: 键
 * @param[out] out_value: 值
 */
esp_err_t get_i8(const char* key, int8_t* out_value)
{
    nvs_handle_t handle;
    // 以只读的形式，从默认的 NVS 分区打开指定名称的存储空间
    esp_err_t err = nvs_open("nvs", NVS_READONLY, &handle);
    if (err != ESP_OK) {
        ESP_LOGE(TAG, "nvs_open, error: %s", esp_err_to_name(err));
        return err;
    }

    // 获取指定键的 int8_t 值
    err = nvs_get_i8(handle, key, out_value);
    if(err!=ESP_OK) {
        ESP_LOGE(TAG, "get_value, error: %s", esp_err_to_name(err));
        return err;
    }

    // 关闭存储空间并释放所有分配的内存资源
    nvs_close(handle);
    return ESP_OK;
}
```

设置指定键的 int8_t 值的具体实现可参考代码 3.27，代码实现流程如下：

（1）通过 nvs_open("nvs", NVS_READWRITE, &handle) 函数以读写的形式，从默认的 NVS 分区打开指定名称的存储空间。

（2）通过 nvs_set_i8(handle, key, out_value) 函数设置指定键的 int8_t 值。

（3）通过 nvs_commit(handle) 函数将所有更改写入存储空间。

（4）通过 nvs_close(handle) 函数关闭存储空间并释放所有分配的内存资源。

代码 3.27　从NVS中设置指定键值的 8 位有符号整数的关键函数

```
/**
 * @brief 设置指定键的 int8_t 值
 *
 * @param[in]   key: 键
 * @param[out]  value: 值
 */
esp_err_t set_i8(const char* key, int8_t value)
{
    nvs_handle_t handle;
    // 以读写的形式，从默认的 NVS 分区打开指定名称的存储空间
    esp_err_t err = nvs_open("nvs", NVS_READWRITE, &handle);
    if (err != ESP_OK) {
        ESP_LOGE(TAG, "nvs_open, error: %s", esp_err_to_name(err));
        return err;
    }

    // 设置指定键的 int8_t 值
    err = nvs_set_i8(handle, key, value);
    if(err!=ESP_OK) {
        ESP_LOGE(TAG, "set_value, error: %s", esp_err_to_name(err));
        return err;
    }

    // 将所有的更改写入存储空间
    err = nvs_commit(handle);
    if(err!=ESP_OK) {
        ESP_LOGE(TAG, "nvs_commit, error: %s", esp_err_to_name(err));
        return err;
    }

    ESP_LOGI(TAG, "set_value = %d", value);
    // 关闭存储空间并释放所有分配的内存资源
    nvs_close(handle);
    return ESP_OK;
}
```

3.8.4　实践：从 NVS 中读写自定义结构体

【ESP32 源码路径：tutorial-esp32c3-getting-started/tree/master/peripheral/nvs_blob】

本节主要前面介绍的 NVS 知识点和函数做一次项目实践：读取和设置 NVS 中的 blob 值，其中，blob 值是一个自定义结构体的值。

在实际产品项目开发过程中，需要持久化保存的参数和数据肯定不止一个，如果每个参数和数据都要单独进行读写操作，不仅效率低下，而且管理起来也较为烦琐。通过定义一个结构体来封装所有的参数和数据，可以实现所有参数的同步更新和便捷读写。

1. 操作步骤

（1）准备一个 ESP32-C3 开发板，通过 Visual Studio Code 开发工具编译 nvs_blob 工程

源码，生成相应的固件，再将固件下载到 ESP32-C3 开发板上。

（2）ESP32-C3 运行程序后，程序每 3s 向 NVS 中写入一个随机数构成的结构体，然后将其读取出来。程序运行结果如图 3.33 所示。

```
I (200) cpu_start: ESP-IDF:              v5.1.2-dirty
I (206) cpu_start: Min chip rev:         v0.3
I (210) cpu_start: Max chip rev:         v0.99
I (215) cpu_start: Chip rev:             v0.3
I (220) heap_init: Initializing. RAM available for dynamic allocation:
I (227) heap_init: At 3FC8D0D0 len 00032F30 (203 KiB): DRAM
I (233) heap_init: At 3FCC0000 len 0001C710 (113 KiB): DRAM/RETENTION
I (241) heap_init: At 3FCDC710 len 00002950 (10 KiB): DRAM/RETENTION/STACK
I (248) heap_init: At 50000010 len 00001FD8 (7 KiB): RTCRAM
I (255) spi_flash: detected chip: generic
I (259) spi_flash: flash io: dio
I (263) sleep: Configure to isolate all GPIO pins in sleep state
I (270) sleep: Enable automatic switching of GPIO sleep configuration
I (277) app_start: Starting scheduler on CPU0
I (00:00:00.107) main_task: Started on CPU0
I (00:00:00.112) main_task: Calling app_main()
I (00:00:00.128) nvs_blob: set_value = {a=33, b=43, c=62, x=529, y=700}
I (00:00:00.129) nvs_blob: get_value = {a=33, b=43, c=62, x=529, y=700}
I (00:00:00.132) nvs_blob: ————————
I (00:00:03.148) nvs_blob: set_value = {a=8, b=52, c=56, x=256, y=119}
I (00:00:03.149) nvs_blob: get_value = {a=8, b=52, c=56, x=256, y=119}
I (00:00:03.152) nvs_blob: ————————
```

图 3.33　从 NVS 中读写自定义结构体的程序运行日志

2．程序源码解析

本次实践的程序源码基本参照了 3.8.3 节的程序源码，只是在 NVS 读写时进行了针对性的调整。在 NVS 中读写 8 位有符号整数时使用 nvs_get_i8()和 nvs_set_i8()函数，而在 NVS 中读写自定义结构体时使用 nvs_get_blob()和 nvs_set_blob()函数。除此之外，开发者还可以根据 NVS 提供的函数库，轻松地读写多种类型的数据，包括但不限于 8 位无符号整数、16 位有符号整数以及字符串等，为项目开发提供灵活且高效的数据存储解决方案。

第 4 章 RTOS 入门

RTOS（Real Time Operating System，实时操作系统）是嵌入式软件中不可或缺的一部分。特别是对于复杂、多任务的项目开发，RTOS 的使用非常有帮助。通过 RTOS 可以很方便地管理多个任务，根据优先级进行任务调度，在限定时间内及时对外部事件做出响应，不仅能提高系统的可靠性和稳定性，还能提高开发者的开发效率。

市面上有很多种 RTOS 可供选择，如 FreeRTOS、μC/OS-II、RT-Thread 等。ESP-IDF 以组件的形式集成了 v10.5.1 版本的 FreeRTOS，因为该版本的 FreeRTOS 仅支持单核 CPU，为了支持多核的 ESP32 芯片，ESP-IDF 的 FreeRTOS 组件在此基础上做了大量的修改和优化。

本章主要介绍 FreeRTOS 的基本原理及其在 ESP32-C3 上的应用实例，因为 ESP32-C3 是单核 MCU，所以 ESP-IDF 版本的 FreeRTOS 在用法上和原始版本的 FreeRTOS 没有区别。

4.1 FreeRTOS 概述

FreeRTOS 版本的 FreeRTOS 针对 ESP 系统芯片优化，集成于 ESP-IDF 开发框架中，提供了丰富的 API 和组件支持，不仅能充分发挥 ESP 芯片性能，而且可以方便开发者从其他项目顺畅地切换到 ESP-IDF 项目。

4.1.1 FreeRTOS 简介

FreeRTOS 是一款开源的实时操作系统，适用于微控制器和小型微处理器。FreeRTOS 的主要优势如下：

- ❑ 可移植：提供单一、独立的解决方案，适配各种不同的架构和开发工具。只需要移植 3 个源文件和 1 个微控制器专用的源文件，即可轻松完成移植。
- ❑ 安全性：FreeRTOS 的衍生版本 SafeRTOS 在医疗、汽车和工业等领域都通过了安全认证，可以满足不同场景的安全需求。FreeRTOS 和 SafeRTOS 的基础代码库完全相同，API 也大部分一致。基于 FreeRTOS 可以无缝衔接到 SafeRTOS。
- ❑ 轻量级：具有最小的 ROM、RAM 和处理开销，RTOS 内核的镜像通常只有 6~12KB。
- ❑ 功能丰富：具备任务管理、协程管理、时间管理、内存管理、软件定时器、消息队列、信号量等功能。开源库还支持 TCP、MQTT、HTTP 等网络协议栈。
- ❑ 专业支持：专业的集成服务商 WITTENSTEIN，以 OpenRTOS 的形式提供商业许可、专业支持和移植服务。
- ❑ 开源和免费：遵循 MIT 开源许可证，允许商业应用，并且完全免费。

- 社区和文档：拥有庞大的用户群，提供优秀、活跃、免费的技术支持论坛及丰富的文档。

4.1.2 ESP-IDF 版本的 FreeRTOS

ESP-IDF 集成的 FreeRTOS 是基于原始 v10.5.1 版本的 FreeRTOS 实现的，但是两者存在一些差异：
- 内核配置：原始的 FreeRTOS 可以通过 FreeRTOSConfig.h 进行内核配置。而在 ESP-IDF 中，FreeRTOSConfig.h 文件不可修改，因为 ESP-IDF 版本的 FreeRTOS 的很多内核参数是设定好的，不得修改，而能修改的参数都被移植到 Component Config/FreeRTOS/Kernel 下的 menuconfig 中。
- 系统启动：原始 FreeRTOS 需要手动调用 vTaskStartScheduler()来启动系统。而在 ESP-IDF 中会自动启动 FreeRTOS 系统，从 start_cpu 开始创建 main_task 任务，然后调用 vTaskStartScheduler()来启动 FreeRTOS 系统，在 main_task 任务中再执行 app_main()，到了 app_main()才是用户应用程序的入口。
- 内存管理：ESP-IDF 和原始的 FreeRTOS 各有一套内存管理机制，ESP-IDF 版本的 FreeRTOS 的选择是不使用原始 FreeRTOS 的内存管理机制，使用自身的内存管理机制，主要处理方法是将 FreeRTOS 内存管理函数（pvPortMalloc()和 pvPortFree()）映射到 ESP-IDF 的内存管理函数中（heap_caps_malloc()和 heap_caps_free()）。
- 附加功能：ESP-IDF 版本的 FreeRTOS 附加了一些新功能，如环形缓冲区、Tick 和 Idle 的钩子函数等。

4.2 任 务 管 理

本节介绍创建任务的相关知识和任务管理的常用函数，然后通过一个动手实践项目帮助读者掌握任务管理的相关知识点。

4.2.1 任务管理简介

任务调度管理是 FreeRTOS 的核心功能，它可以将复杂的应用程序分解成多个独立的任务，从而实现解耦代码，简化了软件开发工作，降低了软件开发的难度和工作量。任务是 RTOS 的基本组成单元，其特性如下：
- 独立性：每个任务包含独立的堆栈空间，当任务调出时，执行上下文保存到任务堆栈中，以保证任务在调出时能够准确地恢复执行上下文。这样的设计使得每个任务之间相互独立，不依赖系统的其他部分。
- 实时性：根据每个任务的优先级和时间约束，调度和执行任务。同时，较低的上下文切换和中断响应延时，确保任务能够实时响应和及时完成。
- 并发性：虽然单核 CPU 因为物理限制在任何时间点只能执行一个任务，但是多核 CPU 在 FreeRTOS 调度器的协调和管理下能够并发执行多个任务，提高了系统的处理能力。

4.2.2 任务状态简介

任务在切换调度的过程中，如图 4.1 所示，有如下几种状态：
- 运行：任务执行时的状态。
- 准备：没有堵塞，没有挂起，已经准备就绪，但是因为优先级问题，等待 FreeRTOS 调度执行的状态。
- 堵塞：任务主动调用会造成堵塞的函数，导致任务进入堵塞状态。会造成堵塞的函数如 vTaskDelay()、等待队列、等待信号量等。高优先级任务需要在工作完成的间隙主动堵塞自身状态，将 CPU 时间让给低优先级任务执行。
- 挂起：用户主动调用 vTaskSuspend()函数挂起任务，被挂起的任务无法被 FreeRTOS 调度。只有调用 xTaskResume()函数恢复任务后，其状态才会切换为"准备"状态。

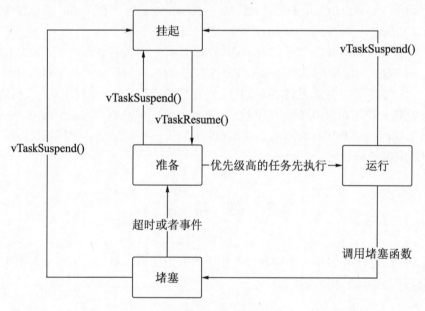

图 4.1 任务状态切换

4.2.3 任务管理的常用函数

任务管理的常用函数如表 4.1 所示。

表 4.1 任务管理的常用函数

属性/函数	说明
xTaskCreate()	创建一个任务
vTaskDelete()	删除一个任务
vTaskSuspend()	挂起一个任务
vTaskResume()	恢复一个任务

4.2.4 实践：任务挂起和恢复

【ESP32 源码路径：tutorial-esp32c3-getting-started/tree/master/rtos/suspend_resume】

本节主要利用前面介绍的任务管理的相关知识及其函数进行项目实践：通过按键控制 task 任务挂起和恢复运行。

1．操作步骤

（1）准备一个 ESP32-C3 开发板，通过 Visual Studio Code 开发工具编译 suspend_resume 工程源码，生成相应的固件，再将固件下载到 ESP32-C3 开发板上。

（2）ESP32-C3 运行程序后，按 BOOT 按键，task 任务挂起；放开 BOOT 按键，task 任务恢复运行。程序运行日志如图 4.2 所示。

```
I (196) cpu_start: ESP-IDF:           v5.1.2
I (201) cpu_start: Min chip rev:      v0.3
I (206) cpu_start: Max chip rev:      v0.99
I (210) cpu_start: Chip rev:          v0.3
I (215) heap_init: Initializing. RAM available for dynamic allocation:
I (222) heap_init: At 3FC8CC30 len 000333D0 (204 KiB): DRAM
I (229) heap_init: At 3FCC0000 len 0001C710 (113 KiB): DRAM/RETENTION
I (236) heap_init: At 3FCDC710 len 00002950 (10 KiB): DRAM/RETENTION/STACK
I (243) heap_init: At 50000010 len 00001FD8 (7 KiB): RTCRAM
I (250) spi_flash: detected chip: generic
I (254) spi_flash: flash io: dio
I (258) sleep: Configure to isolate all GPIO pins in sleep state
I (265) sleep: Enable automatic switching of GPIO sleep configuration
I (272) app_start: Starting scheduler on CPU0
I (277) main_task: Started on CPU0
I (277) main_task: Calling app_main()
I (277) gpio: GPIO[8]| InputEn: 1| OutputEn: 0| OpenDrain: 0| Pullup: 1| Pulldown: 0| Intr:3
I (287) gpio: GPIO[9]| InputEn: 1| OutputEn: 0| OpenDrain: 0| Pullup: 1| Pulldown: 0| Intr:3
I (297) rtos: task running, the current time is: 00:00:00.
I (1307) rtos: task running, the current time is: 00:00:01.
I (2307) rtos: task running, the current time is: 00:00:02.
I (3307) rtos: task running, the current time is: 00:00:03.
I (4307) rtos: task running, the current time is: 00:00:04.
I (5307) rtos: task running, the current time is: 00:00:05.
I (5817) rtos: GPIO[9] 中断触发, level: 0
I (10787) rtos: GPIO[9] 中断触发, level: 1
I (10787) rtos: task running, the current time is: 00:00:10.
I (11787) rtos: task running, the current time is: 00:00:11.
I (12787) rtos: task running, the current time is: 00:00:12.
I (13787) rtos: task running, the current time is: 00:00:13.
```

图 4.2　任务挂起和恢复的程序运行日志

2．系统运行过程

- 系统运行在第 5s 之前：task 任务运行，每秒打印一次当前时间。
- 当系统运行到第 5s 时：BOOT 按键被按下，task 任务被挂起，无法打印当前时间。
- 当系统运行在 6～10s 之间时：BOOT 按键保持被按下的状态，task 任务被挂起保持暂停状态。
- 当系统运行到第 10s 时：BOOT 按键被放开，task 任务恢复运行。

3．程序源码解析

本次实践工程的源码结构如图 4.3 所示，包含 util.c、util.h、button.c、button.h 和 main.c。由于添加了 util.c 和 button.c 两个源文件，为了确保项目正确编译和链接，需要在 CMakeLists.txt 配置文件中进行相应的配置。

- main.c：C 语言源文件，见代码 4.1，在应用程序的入口 app_main() 函数中完成按键初始化和串口初始化，创建 task 任务，最后进入一个循环，堵塞读取 button_queue 队列数据。一旦队列存在数据，就将数据读取出来并转换成 GPIO 引脚号；然后判断如果是 BOOT 按键被按下，则挂起 task 任务，否则恢复 task 任务。而 task 任务则间隔 1s 循环打印当前系统时间。程序流程如图 4.4 所示。

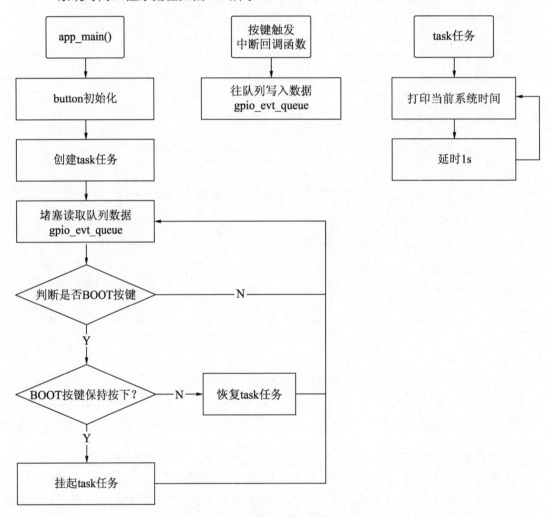

图 4.3　任务挂起和恢复的工程源码结构

图 4.4　任务挂起和恢复的程序流程

- util.c 和 util.h：源文件和头文件，在这两个文件中实现毫秒级延时函数、设置系统时间函数和获取系统时间函数。设置和获取系统时间的知识点请查阅 3.3.2 节。
- button.c 和 button.h：源文件和头文件，实现按键初始化函数和按键触发中断事件处理函数，详情可查阅 3.1.3 节。

代码 4.1　任务挂起和恢复的主程序代码

```c
#include <stdio.h>
#include <string.h>
#include <stdlib.h>
#include <inttypes.h>
#include "freertos/FreeRTOS.h"
#include "freertos/task.h"
#include "freertos/queue.h"
#include "esp_system.h"
#include "esp_log.h"
#include <sys/time.h>
#include "util.h"
#include "button.h"

// 全局常量字符串，用于日志打印的标签
const static char* TAG = "rtos";
// 全局变量，也是任务句柄
static TaskHandle_t pxTask1;

// 任务，循环打印当前时间
static void task(void* arg)
{
    struct tm datetime;
    while(1) {
        get_time(&datetime);
        ESP_LOGI(TAG, "task running, the current time is: %02d:%02d:%02d.", datetime.tm_hour, datetime.tm_min, datetime.tm_sec);
        delay_ms(1000);
    }
}

// 应用程序入口
void app_main(void)
{
    uint32_t io_num;

    //GPIO 初始化
    gpio_init();

    //创建一个队列，队列长度为 10，队列项为 uint32_t
    button_queue = xQueueCreate(10, sizeof(uint32_t));

    //创建一个任务，堆栈大小为 4096，优先级为 10
    xTaskCreate(task, "task", 4096, NULL, 10, &pxTask1);

    while(true) {
        // 堵塞读取队列中的数据
        if(xQueueReceive(button_queue, &io_num, portMAX_DELAY)) {
            // 如果读取成功，则打印 GPIO 引脚号和当前的电平
            ESP_LOGI(TAG, "GPIO[%ld] 中断触发, level: %d", io_num, gpio_get_level(io_num));
            if(io_num==GPIO_INPUT_BOOT)
            {
                if(gpio_get_level(io_num))
                {
                    vTaskResume(pxTask1);            //恢复任务
                }else
                {
                    vTaskSuspend(pxTask1);           //挂起任务
```

```
            }
         }
      }
   }
}
```

4.3 任务的优先级和调度

本节介绍任务优先级和调度的基础知识,然后通过一个动手实践项目帮助读者理解不同优先级任务的调度策略。

4.3.1 任务的优先级简介

FreeRTOS 的任务优先级决定每个任务被执行的优先顺序,具有如下特性:
- 当有多个任务处于"准备"状态时,FreeRTOS 调度器优先执行优先级较高的任务。
- 任务优先级的范围:0~(configMAX_PRIORITIES-1),configMAX_PRIORITIES 在 FreeRTOSConfig.h 中定义,空闲任务的优先级为 0。
- 相同优先级的"准备"状态任务,将使用时间切片轮询调度方案共享可用的 CPU 处理时间。

4.3.2 任务的调度策略简介

FreeRTOS 的任务调度策略(单核)默认使用固定优先级的抢占式调度策略。
- 固定优先级:每个任务创建时需要设置该任务的优先级,FreeRTOS 调度器不会更改任务的优先级。
- 抢占式调度:FreeRTOS 始终运行优先级最高且可运行的 RTOS 任务。举个例子:当前正在运行的是优先级为 2 的 B 任务,优先级为 3 的 A 任务因为调用了 vTaskDelay()函数正处于"堵塞"状态。等延时时间一到,A 任务的状态被 FreeRTOS 更改成"准备"状态,因为 A 任务的优先级比 B 任务高,FreeRTOS 会停止当前正在运行的 B 任务并启动更高优先级的 A 任务。这就是高优先级任务"抢占"低优先级任务的原理。
- 轮询调度:如果多个任务的优先级相同,那么 FreeRTOS 会将具有相同优先级的任务务轮流使用每个 Tick 的时间片。
- 修改调度策略:在 FreeRTOSConfig.h 中可以修改 configUSE_PREEMPTION 以关闭或打开抢占策略。修改 configUSE_TIME_SLICING 可以关闭或打开时间切片轮询调度策略。但是在 ESP-IDF 的 FreeRTOS 中这两项无法修改,被限定死了,不过这样也是符合绝大部分应用程序需求的。
- 多核调度策略:包含 AMP 和 SMP 两种。
  - AMP(Asymmetric Multi-Processing):非对称多处理器,指多核处理器的多核 CPU 并不完全相同或者并不共用相同的内存空间。在这种情况下,只能在每个核心 CPU 上单独运行一个 FreeRTOS 实例，FreeRTOS 实例之前的通信通过流缓冲区和消息缓冲区来实现。
- SMP（Symmetric Multi-Processing）：对称多处理器，指多核处理器必须完全相同并共用相同的内存空间。在这种情况下，一个 FreeRTOS 实例可以跨多核运行调度 RTOS 任务。ESP-IDF 版本的 FreeRTOS 使用的是 SMP 多核调度策略。

4.3.3 实践：高优先级任务抢占低优先级任务

【ESP32 源码路径：tutorial-esp32c3-getting-started/tree/master/rtos/priority】

本节主要利用前面介绍的任务管理相关知识进行项目实践：让一个高优先级任务持续长时间地抢占低优先级任务，导致低优先级任务陷入"饥饿"状态。

1. 操作步骤

（1）准备一个 ESP32-C3 开发板，通过 Visual Studio Code 开发工具编译 priority 工程源码，生成相应的固件，再将固件下载到 ESP32-C3 开发板上。

（2）ESP32-C3 运行程序后，高优先级任务先运行，不去调用任何堵塞函数，而是让它持续占用 CPU 时间，这样就会导致低优先级任务得不到 CPU 时间而无法运行。

（3）通过人为按下按键来控制高优先级任务的挂起暂停和恢复运行。当 BOOT 按键被按下的时候，高优先级任务挂起暂停，此时低优先级任务得以运行；当 BOOT 按键被放开的时候，高优先级任务恢复运行，抢占低优先级任务的 CPU 使用时间并再次完全占用 CPU 时间，使得低优先级任务迟迟无法运行，陷入不健康的"饥饿"状态。程序运行日志如图 4.5 所示。

```
I (196) cpu_start: ESP-IDF:              v5.1.2-dirty
I (201) cpu_start: Min chip rev:         v0.3
I (206) cpu_start: Max chip rev:         v0.99
I (211) cpu_start: Chip rev:             v0.3
I (215) heap_init: Initializing. RAM available for dynamic allocation:
I (223) heap_init: At 3FC8CBF0 len 00033410 (205 KiB): DRAM
I (229) heap_init: At 3FCC0000 len 0001C710 (113 KiB): DRAM/RETENTION
I (236) heap_init: At 3FCDC710 len 00002950 (10 KiB): DRAM/RETENTION/STACK
I (243) heap_init: At 50000010 len 00001FD8 (7 KiB): RTCRAM
I (250) spi_flash: detected chip: generic
I (254) spi_flash: flash io: dio
I (258) sleep: Configure to isolate all GPIO pins in sleep state
I (265) sleep: Enable automatic switching of GPIO sleep configuration
I (272) app_start: Starting scheduler on CPU0
I (277) main_task: Started on CPU0
I (277) main_task: Calling app_main()
I (277) gpio: GPIO[8]| InputEn: 1| OutputEn: 0| OpenDrain: 0| Pullup: 1| Pulldown: 0| Intr:3
I (287) gpio: GPIO[9]| InputEn: 1| OutputEn: 0| OpenDrain: 0| Pullup: 1| Pulldown: 0| Intr:3
I (297) rtos: highTask running, the current time is: 00:00:00.
I (1427) rtos: highTask running, the current time is: 00:00:01.
I (2557) rtos: highTask running, the current time is: 00:00:02.
I (3687) rtos: highTask running, the current time is: 00:00:03.
I (4047) rtos: GPIO[9] 中断触发, level: 0
I (4047) rtos: lowTask  running, the current time is: 00:00:03.
I (4047) main_task: Returned from app_main()
I (5047) rtos: lowTask  running, the current time is: 00:00:04.
I (6047) rtos: lowTask  running, the current time is: 00:00:05.
I (7047) rtos: lowTask  running, the current time is: 00:00:06.
I (8047) rtos: lowTask  running, the current time is: 00:00:07.
I (9047) rtos: lowTask  running, the current time is: 00:00:08.
I (9717) rtos: GPIO[9] 中断触发, level: 1
I (10477) rtos: highTask running, the current time is: 00:00:10.
I (11607) rtos: highTask running, the current time is: 00:00:11.
```

图 4.5 高优先级任务抢占低优先级任务的程序运行日志

2. 系统运行过程

- 当系统运行前 2s 时：高优先级任务 highTask 运行，每秒打印一次当前时间。由于 highTask 任务不调用任何堵塞函数，占用了所有 CPU 的时间，所以使得"准备"状态的低优先级任务 lowTask 无法运行。
- 当系统运行到第 3s 时：BOOT 按键被按下，highTask 任务被挂起暂停，此时 lowTask 任务才得以被 FreeRTOS 调度器执行。
- 当系统运行到第 4~8s 时：BOOT 按键保持按下状态，highTask 任务则保持挂起暂停状态。
- 当系统运行到第 9s 时：BOOT 按键被放开，highTask 任务恢复运行，高优先级任务立刻抢占了正在运行的低优先级 lowTask 任务的 CPU 时间并占用了所有的 CPU 时间，从而导致 lowTask 任务迟迟无法运行，陷入不健康的"饥饿"状态。

3. 程序源码解析

本次实践工程的源码结构如图 4.6 所示，包含 util.c、util.h、button.c、button.h 和 main.c 几个源文件。由于添加了 util.c 和 button.c 两个源文件，为了确保项目的正确编译和链接，需要在 CMakeLists.txt 配置文件中进行相应的配置。

```
高优先级任务抢占低优先级任务
工程源码
├── main
│   ├── CMakeLists.txt
│   ├── main.c
│   ├── util.c
│   ├── util.h
│   ├── button.c
│   └── button.h
└── CMakeLists.txt
```

图 4.6　任务挂起和恢复的工程源码结构

- main.c：程序源文件，程序流程如图 4.7 所示，在应用程序的入口 app_main() 函数中完成以下 3 个任务，具体实现可参考代码 4.2。
  - monitorTask：最高优先级，主要功能是堵塞等待按键按下时，挂起 highTask 任务。设置最高优先级是为了防止 CPU 时间被 highTask 长时间占据，从而无法及时响应按键，具体实现可参考代码 4.3。
  - highTask：高优先级，循环间隔 1s 打印当前系统时间，不调用 FreeRTOS 任何堵塞函数和延时函数，而是使用两个嵌套 for 循环硬延时并且完全占用 CPU 时间，具体实现可参考代码 4.4。
  - lowTask：低优先级，循环间隔 1s 打印当前系统时间，具体实现可参考代码 4.5。
- util.c 和 util.h：在这两个文件中实现毫秒级延时函数、设置系统时间函数和获取系统时间函数。
- button.c 和 button.h：在这两个文件中实现按键初始化函数和按键触发中断事件处理函数。

第 4 章 RTOS 入门

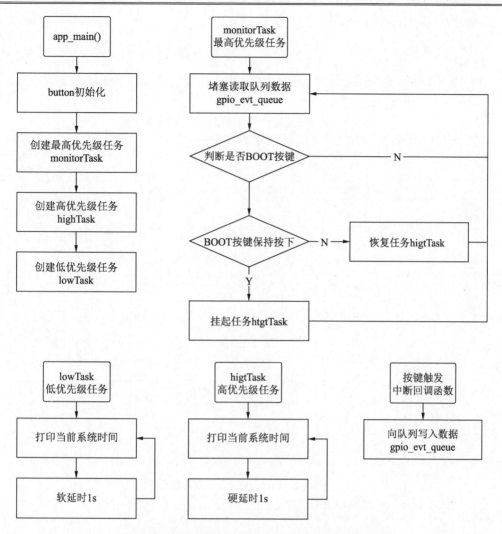

图 4.7 高优先级任务抢占低优先级任务的程序流程

代码 4.2 高优先级任务抢占低优先级任务的主程序代码

```
// 全局变量任务句柄，低优先级任务
static TaskHandle_t pxLowTask;
// 全局变量（也是任务句柄），用于高优先级任务
static TaskHandle_t pxHighTask;

// 应用程序入口
void app_main(void)
{
    //button 初始化
    button_init();

    //创建一个任务，堆栈大小为 4096，优先级为 7 级，数值越高则优先级越高，此为最高优先级任务
    xTaskCreate(monitorTask, "monitorTask", 4096, NULL, 10, NULL);

    //创建一个任务，堆栈大小为 4096，优先级为 6 级，数值越高则优先级越高，此为高优先级任务
```

```
    xTaskCreate(highTask, "highTask", 4096, NULL, 10, &pxHighTask);
    //创建一个任务，堆栈大小为 4096，优先级为 5 级，数值越高则优先级越高，此为低优先级任务
    xTaskCreate(lowTask, "lowTask",  4096, NULL, 5,  &pxLowTask);
}
```

代码 4.3　最高优先级任务（监视任务）的关键代码

```
// 最高优先级任务为监视任务，等待 BOOT 按键挂起 high 任务
static void monitorTask(void* arg)
{
    uint32_t io_num;
    while(true) {
        // 堵塞读取队列中的数据
        if(xQueueReceive(button_queue, &io_num, portMAX_DELAY)) {
            // 读取成功，则打印出 GPIO 引脚号和当前的电平
            ESP_LOGI(TAG, "GPIO[%ld] 中断触发, level: %d", io_num, gpio_get_level(io_num));
            if(io_num==GPIO_INPUT_BOOT)
            {
                if(gpio_get_level(io_num))
                {
                    vTaskResume(pxHighTask);            //恢复任务
                }else
                {
                    vTaskSuspend(pxHighTask);           //挂起任务
                }
            }
        }
    }
}
```

代码 4.4　高优先级抢占任务的关键代码

```
// 高优先级任务，循环打印当前时间
static void highTask(void* arg)
{
    struct tm datetime;
    while(1) {
        get_time(&datetime);
        ESP_LOGI(TAG, "highTask running, the current time is: %02d:%02d:%02d.", datetime.tm_hour, datetime.tm_min, datetime.tm_sec);
        delay_ms_cpu(1000);
    }
}
```

代码 4.5　低优先级被抢占低任务的关键代码

```
// 低优先级任务，循环打印当前时间
static void lowTask(void* arg)
{
    struct tm datetime;
    while(1) {
        get_time(&datetime);
        ESP_LOGI(TAG, "lowTask  running, the current time is: %02d:%02d:%02d.", datetime.tm_hour, datetime.tm_min, datetime.tm_sec);
        delay_ms(1000);
    }
}
```

4. 关闭任务看门狗定时器

本次实践中需要注意，通过设置 menuconfig 可以关闭任务看门狗定时器（Task Watchdog Timer），通过 menuconfig 设置，如图 4.8 所示。任务看门狗定时器主要用于监视每个 CPU 的空闲任务，检测是否有任务长时间运行而没有让出的情况。如果有，则提示 task_wdt: Task watchdog got triggered. The following tasks/users did not reset the watchdog in time，如图 4.9 所示。

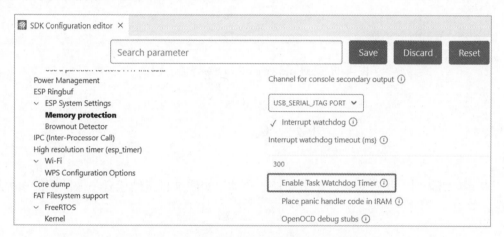

图 4.8　通过 menuconfig 关闭任务看门狗定时器

本次实践中的高优先级 highTask 任务就存在故意长时间运行、消耗 CPU 时间、不让出 CPU 时间给低优先级 lowTask 任务的情况。所以，如果不关闭任务看门狗定时器，则会报错，如图 4.9 所示。

```
E (85278) task_wdt: Task watchdog got triggered. The following tasks/users did not reset the watchdog in time:
E (85278) task_wdt:  - IDLE (CPU 0)
E (85278) task_wdt: Tasks currently running:
E (85278) task_wdt: CPU 0: highTask
E (85278) task_wdt: Print CPU 0 (current core) registers
Core  1 register dump:
MEPC    : 0x42007496  RA      : 0x420072ee  SP      : 0x3fc92510  GP      : 0x3fc8b400
0x42007496: delay_ms_cpu at E:/tutorial-esp32c3-getting-started/rtos/priority/main/util.c:11 (discriminator 3)

0x420072ee: highTask at E:/tutorial-esp32c3-getting-started/rtos/priority/main/main.c:39

TP      : 0x3fc89940  T0      : 0x00000000  T1      : 0x20000000  T2      : 0x00000000
S0/FP   : 0x00000000  S1      : 0x00000000  A0      : 0x000003e8  A1      : 0x3fc92128
A2      : 0x000003e8  A3      : 0x00000067  A4      : 0x000035d0  A5      : 0x0000752f
A6      : 0x60023000  A7      : 0x0000000a  S2      : 0x00000000  S3      : 0x00000000
S4      : 0x00000000  S5      : 0x00000000  S6      : 0x00000000  S7      : 0x00000000
S8      : 0x00000000  S9      : 0x00000000  S10     : 0x00000000  S11     : 0x00000000
T3      : 0x00000000  T4      : 0x00000000  T5      : 0x00000000  T6      : 0x00000000
MSTATUS : 0x00000000  MTVEC   : 0x00000000  MCAUSE  : 0x00000000  MTVAL   : 0x00000018
MHARTID : 0x00000001
```

图 4.9　任务看门狗定时器超时触发的报错日志

5. 编译优化等级

在本次实践中高优先级 highTask 任务存在硬延时（两个嵌套 for 循环）的代码，容易被编译器误认为是无用代码给优化掉，所以需要调整编译优化等级为 Debug without optimization，通过 menuconfig 进行设置，如图 4.10 所示。

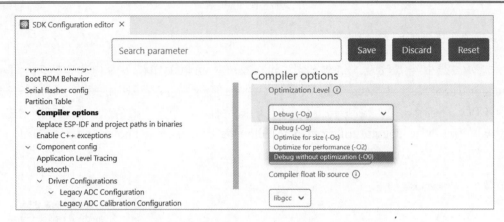

图 4.10　通过 menuconfig 设置编译优化等级

4.4 队　　列

本节介绍队列的基础知识，然后通过一个动手实践项目帮助读者掌握队列的相关知识点。

4.4.1 队列简介

使用 FreeRTOS 开发的应用程序通常有多个任务，虽然每个任务都是独立运行的，但是任务之间通常需要通信和进行数据传输。而队列虽然一种数据结构，但是在 FreeRTOS 中是任务和任务之间、任务和中断之间进行通信的主要形式，其具有如下特点：

- 应用方式：任务/中断可以向队列中读取/写入数据，实现任务和任务之间、任务和中断之间的数据传输。
- 数据传输：队列可以实现不固定长度的数据传输，如果是小数据量，可以直接复制数据本身；如果是大数据量，可以复制数据地址，通过数据地址读取数据。
- 先进先出：队列使用线程安全的先进先出的 FIFIO 缓冲区，也可以通过 xxx() 函数将数据插入/覆盖到队列前面。
- 读取堵塞：当队列数据为空时，可以设置堵塞时间，使整个任务进入"堵塞"状态，等待队列数据来临时再读取数据。当超过堵塞时间时，任务可以执行其他工作。
- 写入堵塞：当队列数据满载时，可以设置堵塞时间，使整个任务进入"堵塞"状态，等待队列有空位时再写入数据。当超过堵塞时间时，任务可以执行其他工作。

4.4.2 队列的常用函数

队列的常用函数如表 4.2 所示。

表 4.2 队列的常用函数

属性/函数	说　明
xQueueCreate()	创建一个队列
xQueueSend()	发送消息到队列尾部，用于任务中
xQueueSendToFront()	发送消息到队列头部，用于任务中
xQueueSendFromISR()	发送消息到队列尾部，用于中断中
xQueueSendToFrontFromISR()	发送消息到队列头部，用于中断中
xQueueReceive()	从队列中读取消息后删除该消息，用于任务中
xQueuePeek()	从队列中读取消息后不删除该消息，用于任务中
xQueueReceiveFromISR()	从队列中读取消息后删除该消息，用于中断中
xQueuePeekFromISR()	从队列中读取消息后不删除该消息，用于中断中
xQueueReset()	重置一个队列并清空该队列中的所有项
xQueueDelete()	删除一个队列

4.4.3 实践：基于队列的中断与任务间的通信

【ESP32 源码路径：tutorial-esp32c3-getting-started/tree/master/rtos/queue】

本节主要利用前面介绍的队列知识及其常用函数进行项目实践：触发按键中断，通过队列发送消息给 coreTask 任务，coreTask 任务再通过队列发送消息给 lcdTask 任务。

1．操作步骤

（1）准备一个 ESP32-C3 开发板，通过 Visual Studio Code 开发工具编译 queue 工程源码，生成相应的固件，再将固件下载到 ESP32-C3 开发板上。

（2）ESP32-C3 运行程序后，按 BOOT 按键触发按键中断，在中断事件处理函数中向 isr_queue 队列写入数据。coreTask 任务堵塞检查 isr_queue 队列，发现新数据，读取数据并打印，延时 1s 后，向 task_queue 队列写入数据。lcdTask 任务堵塞检查 task_queue 队列，发现新数据，读取数据并打印。程序运行日志如图 4.11 所示。

```
I (197) cpu_start: ESP-IDF:          v5.1.2-dirty
I (203) cpu_start: Min chip rev:     v0.3
I (207) cpu_start: Max chip rev:     v0.99
I (212) cpu_start: Chip rev:         v0.4
I (217) heap_init: Initializing. RAM available for dynamic allocation:
I (224) heap_init: At 3FC8CA50 len 000335B0 (205 KiB): DRAM
I (230) heap_init: At 3FCC0000 len 0001C710 (113 KiB): DRAM/RETENTION
I (238) heap_init: At 3FCDC710 len 00002950 (10 KiB): DRAM/RETENTION/STACK
I (245) heap_init: At 50000010 len 00001FD8 (7 KiB): RTCRAM
I (252) spi_flash: detected chip: generic
I (256) spi_flash: flash io: dio
I (260) sleep: Configure to isolate all GPIO pins in sleep state
I (267) sleep: Enable automatic switching of GPIO sleep configuration
I (274) app_start: Starting scheduler on CPU0
I (00:00:00.107) main_task: Started on CPU0
I (00:00:00.112) main_task: Calling app_main()
I (00:00:00.117) gpio: GPIO[9]| InputEn: 1| OutputEn: 0| OpenDrain: 0| Pullup: 1| Pulldown: 0| Intr:1
I (00:00:00.127) main_task: Returned from app_main()
I (00:00:01.117) queue: coreTask receive queue val: 9, core processing for 1 second
I (00:00:02.117) queue: lcdTask receive queue val: 9, display refresh for 1 second
```

图 4.11 基于队列的中断与任务之间通信的程序运行日志

2. 程序源码解析

本次实践的程序流程如图 4.12 所示，从 app_main() 函数开始，首先完成 button 初始化，然后创建一个按键中断、两个队列和两个任务。两个队列分别为 isr_queue 队列和 task_queue 队列，两个任务分别为核心任务 coreTask 和显屏任务 lcdTask，具体实现可参考代码 4.6。

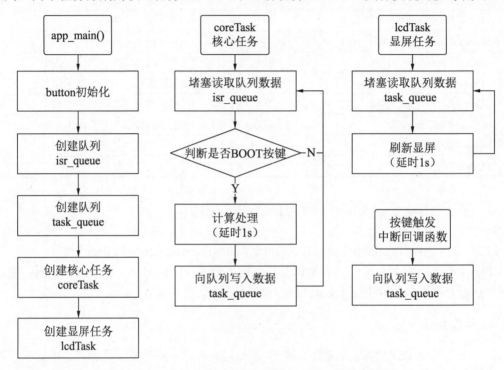

图 4.12 基于队列的中断与任务之间通信的程序流程

代码 4.6 基于队列的中断与任务之间通信的主程序代码

```
void app_main(void)
{
    //button 初始化
    button_init();

    //创建一个队列，队列长度为10，队列项为uint32_t
    isr_queue = xQueueCreate(10, sizeof(uint32_t));

    //创建一个队列，队列长度为10，队列项为uint32_t
    task_queue = xQueueCreate(10, sizeof(uint32_t));

    //创建一个任务，堆栈大小为4096，优先级为6级
    xTaskCreate(coreTask, "coreTask", 4096, NULL, 6, NULL);

    //创建一个任务，堆栈大小为4096，优先级为5级
    xTaskCreate(lcdTask, "lcdTask",  4096, NULL, 5,  NULL);
}
```

□ 按键中断：button 初始化的时候会注册按键中断，当 BOOT 按键被按下时会触发按键中断，在按键中断事件处理函数中将触发中断的 GPIO 引脚号写入 isr_queue 队列。

- coreTask 核心任务：堵塞检查 isr_queue 队列数据，发现新数据并读取新数据，判断是不是 BOOT 按键，如果是则打印日志并延时 1s，再向 task_queue 队列写入数据，具体实现可参考代码 4.7。

代码 4.7　coreTask核心任务的关键代码

```
/**
 * @brief 核心任务
 */
static void coreTask(void* arg)
{
    uint32_t io_num;
    while(true) {
        // 堵塞读取队列中的数据
        if(xQueueReceive(isr_queue, &io_num, portMAX_DELAY)) {
            // 读取成功，核心处理计算（延时 1s 替代）
            ESP_LOGI(TAG, "coreTask receive queue val: %ld, core processing for 1 second", io_num);
            // 延时 1s
            vTaskDelay(pdMS_TO_TICKS(1000));
            // 向队列写入数据
            xQueueSend(task_queue, &io_num, NULL);
        }
    }
}
```

- lcdTask 显屏任务：堵塞检查 task_queue 队列数据，发现新数据、读取新数据和打印新数据，具体实现可参考代码 4.8。

代码 4.8　lcdTask显屏任务的关键代码

```
/**
 * @brief 显屏任务
 */
static void lcdTask(void* arg)
{
    uint32_t val;
    while(true) {
        // 堵塞读取队列中的数据
        if(xQueueReceive(task_queue, &val, portMAX_DELAY)) {
            // 读取成功，刷新显屏（延时 1s 替代）
            ESP_LOGI(TAG, "lcdTask receive queue val: %ld, display refresh for 1 second", val);
            // 延时 1s
            vTaskDelay(pdMS_TO_TICKS(1000));
        }
    }
}
```

4.5　信　号　量

本节介绍信号量的基础知识，然后通过一个动手实践项目帮助读者掌握信号量同步和互斥锁保护的相关知识点。

4.5.1 信号量简介

FreeRTOS 信号量的功能是基于队列实现的，换而言之，信号量是一种特殊的队列。信号量的设计是为了实现任务的间同步和互斥功能，虽然队列也能实现同步和互斥功能，但是使用信号量更简单和可靠。所以，FreeRTOS 任务间的通信和数据传输主要使用队列，而任务间的同步和互斥主要使用信号量。信号量包含计数值信号量、二进制信号量和互斥锁。

- 计数值信号量：相当于一个队列（队列长度为 1，队列项长度为 N），主要用于事件计数和资源管理。
- 二进制信号量：相当于一个队列（队列长度为 1，队列项长度为 0），主要实现任务和任务之间、任务和中断之间的同步功能。但是二进制信号量不适合实现互斥功能，如果操作不当则容易产生优先级反转问题。
- 互斥锁：相当于一个二进制信号量，具有优先级继承机制的二进制信号量，优先级继承机制能够更好地实现互斥和资源保护功能，但不适合实现同步功能，也不适合在中断函数中使用。

4.5.2 信号量的常用函数

信号量的常用函数如表 4.3 所示。

表 4.3 信号量的常用函数

属性/函数	说　　明
xSemaphoreCreateBinary()	创建二值信号量
xSemaphoreCreateCounting()	创建计数信号量
xSemaphoreCreateMutex()	创建互斥锁
xSemaphoreGive()	释放信号量，用于任务中
xSemaphoreGiveFromISR()	释放信号量，用于中断中
xSemaphoreTake()	获取信号量，用于任务中
xSemaphoreTakeFromISR()	获取信号量，用于中断中
xSemaphoreDelete()	删除一个信号量

4.5.3 实践：基于信号量实现同步功能

【ESP32 源码路径：tutorial-esp32c3-getting-started/tree/master/rtos/semaphore】

本节主要利用前面介绍的信号量的相关知识及其常用函数进行实践：触发按键中断，通过信号量同步信息给 coreTask 任务，coreTask 任务再通过信号量同步信息给 lcdTask 任务。

1. 操作步骤

（1）准备一个 ESP32-C3 开发板，通过 Visual Studio Code 开发工具编译 semaphore 工程源码，生成相应的固件，再将固件下载到 ESP32-C3 开发板上。

（2）ESP32-C3 运行程序后，按 BOOT 按键，触发按键中断，在中断事件处理函数中释放 isr_semphr 信号量。coreTask 任务处于堵塞状态，等待 isr_semphr 信号量被释放，一旦获取到该信号量，就打印日志并延时 1s，然后释放 task_semphr 信号量。lcdTask 任务堵塞获取 task_semphr 信号量，一旦获取到信号量，就打印日志并延时 1s。程序运行日志如图 4.13 所示。

```
I (198) cpu_start: ESP-IDF:          v5.1.2-dirty
I (203) cpu_start: Min chip rev:     v0.3
I (208) cpu_start: Max chip rev:     v0.99
I (213) cpu_start: Chip rev:         v0.4
I (217) heap_init: Initializing. RAM available for dynamic allocation:
I (225) heap_init: At 3FC8C850 len 000337B0 (205 KiB): DRAM
I (231) heap_init: At 3FCC0000 len 0001C710 (113 KiB): DRAM/RETENTION
I (238) heap_init: At 3FCDC710 len 00002950 (10 KiB): DRAM/RETENTION/STACK
I (245) heap_init: At 50000010 len 00001FD8 (7 KiB): RTCRAM
I (253) spi_flash: detected chip: generic
I (256) spi_flash: flash io: dio
I (260) sleep: Configure to isolate all GPIO pins in sleep state
I (267) sleep: Enable automatic switching of GPIO sleep configuration
I (274) app_start: Starting scheduler on CPU0
I (00:00:00.107) main_task: Started on CPU0
I (00:00:00.112) main_task: Calling app_main()
I (00:00:00.117) gpio: GPIO[9]| InputEn: 1| OutputEn: 0| OpenDrain: 0| Pullup: 1| Pulldown: 0| Intr:1
I (00:00:00.128) main_task: Returned from app_main()
I (00:00:01.427) semaphore: take semaphore, core processing for 1 second
I (00:00:02.427) semaphore: take semaphore, display refresh for 1 second
```

图 4.13　基于信号量的中断与任务之间通信的程序运行日志

2．程序源码解析

本次实践程序的流程如图 4.14 所示，从 app_main() 函数开始，首先完成 button 初始化，然后创建一个按键中断、两个二值信号量和两个任务，两个二值信号量分别为 isr_semphr 和 task_semphr，两个任务分别为核心任务 coreTask 和显屏任务 lcdTask，具体实现可参考代码 4.9。

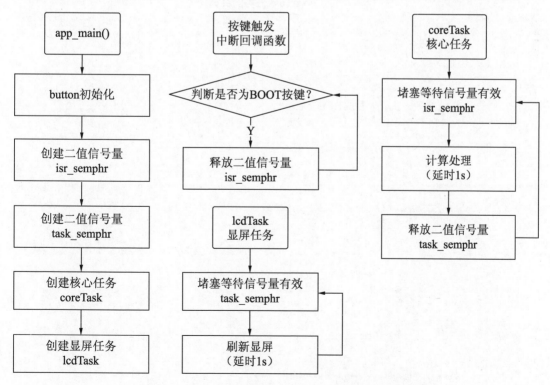

图 4.14　基于信号量的中断与任务之间通信的程序流程

代码 4.9　基于信号量的中断与任务之间通信的主程序代码

```
void app_main(void)
{
    //button 初始化
    button_init();

    //创建一个二值信号量
    isr_semphr = xSemaphoreCreateBinary();

    //创建一个二值信号量
    task_semphr = xSemaphoreCreateBinary();

    //创建一个任务，堆栈大小为 4096，优先级为 6 级
    xTaskCreate(coreTask, "coreTask", 4096, NULL, 6, NULL);

    //创建一个任务，堆栈大小为 4096，优先级 5
    xTaskCreate(lcdTask, "lcdTask", 4096, NULL, 5, NULL);
}
```

- 按键中断：button 初始化的时候会注册按键中断，当 BOOT 按键被按下时会触发按键中断，在按键中断事件处理函数中，判断触发中断的 GPIO 引脚号是不是 BOOT 按键，如果是则释放 isr_semphr 信号量。
- coreTask 任务：堵塞等待 isr_semphr 信号量有效，直到 isr_semphr 有效时，打印日志并延时 1s，再释放 task_semphr 信号量，具体实现见代码 4.10。
- lcdTask 任务：堵塞等待 task_semphr 信号量有效，直到 task_semphr 有效时，打印日志并延时 1s，具体实现可参见代码 4.11。

代码 4.10　coreTask 任务的关键代码

```
/**
 * @brief 核心任务
 */
static void coreTask(void* arg)
{
    while(true) {
        // 堵塞等待获取信号量 isr_semphr
        if(xSemaphoreTake(isr_semphr, portMAX_DELAY)) {
            // 获取成功
            ESP_LOGI(TAG, "take semaphore, core processing for 1 second");
            // 延时 1s
            vTaskDelay(pdMS_TO_TICKS(1000));
            // 释放信号 task_semphr
            xSemaphoreGive(task_semphr);
        }
    }
}
```

代码 4.11　lcdTask 任务的关键代码

```
/**
 * @brief 显屏任务
 */
static void lcdTask(void* arg)
{
    while(true) {
        // 堵塞读取队列中的数据
        if(xSemaphoreTake(task_semphr, portMAX_DELAY)) {
```

```
            // 读取成功，刷新显屏（延时 1s 替代）
            ESP_LOGI(TAG, "take semaphore, display refresh for 1 second");
            // 延时 1s
            vTaskDelay(pdMS_TO_TICKS(1000));
        }
    }
}
```

4.5.4 实践：基于互斥锁的资源操作保护

【ESP32 源码路径：tutorial-esp32c3-getting-started/tree/master/rtos/mutex】

本节主要利用前面介绍的相关知识进行实践：基于互斥锁保护一个文件不会同时被多个任务写入。

1. 操作步骤

（1）准备一个 ESP32-C3 开发板，通过 Visual Studio Code 开发工具编译 mutex 工程源码，生成相应的固件，再将固件下载到 ESP32-C3 开发板上。

（2）ESP32-C3 运行程序后，task1 和 task2 两个任务同时请求写入文件，先请求文件任务执行写文件操作，而后请求写入文件任务，因为互斥锁的存在而被迫进入等待，程序运行日志如图 4.15 所示。

```
I (196) cpu_start: ESP-IDF:          v5.1.2-dirty
I (202) cpu_start: Min chip rev:     v0.3
I (206) cpu_start: Max chip rev:     v0.99
I (211) cpu_start: Chip rev:         v0.4
I (216) heap_init: Initializing. RAM available for dynamic allocation:
I (223) heap_init: At 3FC8C5E0 len 00033A20 (206 KiB): DRAM
I (229) heap_init: At 3FCC0000 len 0001C710 (113 KiB): DRAM/RETENTION
I (236) heap_init: At 3FCDC710 len 00002950 (10 KiB): DRAM/RETENTION/STACK
I (244) heap_init: At 50000010 len 00001FD8 (7 KiB): RTCRAM
I (251) spi_flash: detected chip: generic
I (255) spi_flash: flash io: dio
I (259) sleep: Configure to isolate all GPIO pins in sleep state
I (266) sleep: Enable automatic switching of GPIO sleep configuration
I (273) app_start: Starting scheduler on CPU0
I (00:00:00.107) main_task: Started on CPU0
I (00:00:00.112) main_task: Calling app_main()
I (00:00:00.117) main_task: Returned from app_main()
I (00:00:01.117) mutex: [task=1]writeFile request
I (00:00:01.117) mutex: [task=1]writeFile start, takes 3 second
I (00:00:01.118) mutex: [task=2]writeFile request
I (00:00:04.117) mutex: [task=1]writeFile end,   release mutex
I (00:00:04.117) mutex: [task=2]writeFile start, takes 3 second
I (00:00:05.117) mutex: [task=1]writeFile request
I (00:00:07.117) mutex: [task=2]writeFile end,   release mutex
I (00:00:07.117) mutex: [task=1]writeFile start, takes 3 second
I (00:00:08.117) mutex: [task=2]writeFile request
I (00:00:10.117) mutex: [task=1]writeFile end,   release mutex
I (00:00:10.117) mutex: [task=2]writeFile start, takes 3 second
I (00:00:11.117) mutex: [task=1]writeFile request
I (00:00:13.117) mutex: [task=2]writeFile end,   release mutex
```

图 4.15 基于互斥锁的资源操作保护的运行日志

2. 系统运行过程

❑ 当系统运行到第 1s117ms 时：task1 任务请求文件写入，并顺利获得互斥锁，随即开始执行写文件操作，这个过程需要耗时 3s。

- 当系统运行到第 1s118ms 时：task2 任务也请求文件写入，但是互斥锁被 task1 任务占用，因此 task2 任务只能被迫等待。
- 当系统运行到第 4s117ms 时：task1 任务完成写文件操作并释放了互斥锁。此时，task2 立即顺势获取到了互斥锁，并开始执行写文件操作。
- 当系统运行到第 5s117ms 时：task1 任务再次请求文件写入，但是此时互斥锁被 task2 任务占用，task1 任务被迫等待。
- 当系统运行到第 7s117ms 时：task2 任务完成写文件操作并释放了互斥锁。此时，task1 立即顺势获取到了互斥锁，并开始执行写文件操作。
- 如此循环反复，两个任务轮流使用互斥锁，确保在任何时刻只有一个任务在进行写文件操作，从而保护了文件的一致性和完整性。

3. 程序源码解析

本次实践的程序流程如图 4.16 所示，从 app_main() 函数开始，首先完成 button 初始化，然后创建一个 mutex 互斥锁和两个任务（task1 任务和 task2 任务），具体实现可参考代码 4.12。

- task1 任务：低优先级任务，间隔 1s，循环执行写文件操作（模拟），具体实现可参考代码 4.13。
- task2 任务：高优先级任务，间隔 1s，循环执行写文件操作（模拟），具体实现可参考代码 4.14。

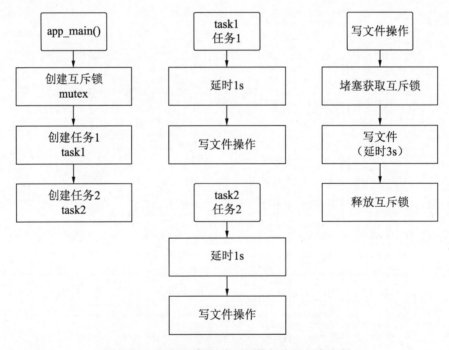

图 4.16　基于互斥锁的资源操作保护的程序流程

代码 4.12　基于互斥锁的资源操作保护的主程序代码

```
void app_main(void)
{
    //创建一个互斥锁
```

```
    mutex = xSemaphoreCreateMutex();

    //先释放互斥锁
    xSemaphoreGive(mutex);

    //创建一个任务，堆栈大小为4096，优先级为6级，数值越大，优先级越高
    xTaskCreate(task1, "task1", 4096, NULL, 6, NULL);

    //创建一个任务，堆栈大小为4096，优先级为5级，数值越大，优先级越高
    xTaskCreate(task2, "task2",  4096, NULL, 5,  NULL);
}
```

代码 4.13　基于互斥锁的资源操作保护的高优先级任务的关键代码

```
/**
 * @brief 高优先级任务
 */
static void task2(void* arg)
{
    while(1){
        // 延时1s
        vTaskDelay(pdMS_TO_TICKS(1000));
        // 写文件
        writeFile(2);
    }
}
```

代码 4.14　基于互斥锁的资源操作保护的低优先级任务的关键代码

```
/**
 * @brief 低优先级任务
 */
static void task1(void* arg)
{
    while(1){
        // 延时1s
        vTaskDelay(pdMS_TO_TICKS(1000));
        // 写文件
        writeFile(1);
    }
}
```

task1 和 task2 两个任务的关键在于写文件操作（模拟），模拟写文件操作的具体实现可参考代码 4.15，代码实现流程如下：

（1）使用 xSemaphoreTake()函数堵塞获取 mutex 互斥锁。

（2）获取到互斥锁后，开始模拟写入文件（耗时 3s）。

（3）使用 xSemaphoreGive()函数释放 mutex 互斥锁。

值得注意的是，互斥锁不能在中断函数中使用，原因有两点：

❑ 在中断函数中无法进行堵塞和延时的操作。

❑ 互斥锁具有优先级继承机制，只有在任务中使用才能让低优先级任务继承高优先级任务的优先级，而在中断函数中没有优先级的属性。

代码 4.15　基于互斥锁的资源操作保护的写文件的关键代码

```
/**
 * @brief 写文件操作
 *
```

```c
 * @note 禁止多个线程同时写入文件
 */
void writeFile(uint8_t t)
{
    // 日志打印
    ESP_LOGI(TAG, "[task=%d]writeFile request", t);
    // 互斥锁、堵塞等待
    if(xSemaphoreTake(mutex, portMAX_DELAY)) {
        // 日志打印
        ESP_LOGI(TAG, "[task=%d]writeFile start, takes 3 second", t);
        // 延时 3s
        vTaskDelay(pdMS_TO_TICKS(3000));
        // 日志打印
        ESP_LOGI(TAG, "[task=%d]writeFile end,   release mutex", t);
        // 释放互斥锁
        xSemaphoreGive(mutex);
    }
}
```

4.5.5　实践：通过信号量实现互斥功能导致优先级反转

【ESP32 源码路径：tutorial-esp32c3-getting-started/tree/master/rtos/priority_inversion】

本节主要利用前面介绍的信号量知识点及其常用函数进行实践：基于二值信号量实现互斥功能，然而，由于任务调度不当，导致一个优先级反转。

1. 操作步骤

（1）准备一个 ESP32-C3 开发板，通过 Visual Studio Code 开发工具编译 priority_inversion 工程源码，生成相应的固件，再将固件下载到 ESP32-C3 开发板上。

（2）ESP32-C3 运行程序后，lowTask、middleTask 和 highTask 这 3 个任务分别被创建并执行。程序运行日志如图 4.17 所示，程序运行时间线如图 4.18 所示。

```
I (215) cpu_start: ESP-IDF:              v5.1.2-dirty
I (221) cpu_start: Min chip rev:         v0.3
I (225) cpu_start: Max chip rev:         v0.99
I (230) cpu_start: Chip rev:             v0.4
I (235) heap_init: Initializing. RAM available for dynamic allocation:
I (243) heap_init: At 3FC97430 len 000028BD0 (162 KiB): DRAM
I (249) heap_init: At 3FCC0000 len 0001C710 (113 KiB): DRAM/RETENTION
I (256) heap_init: At 3FCDC710 len 00002950 (10 KiB): DRAM/RETENTION/STACK
I (263) heap_init: At 50000010 len 00001FD8 (7 KiB): RTCRAM
I (271) spi_flash: detected chip: generic
I (274) spi_flash: flash io: dio
I (278) sleep: Configure to isolate all GPIO pins in sleep state
I (285) sleep: Enable automatic switching of GPIO sleep configuration
I (292) app_start: Starting scheduler on CPU0
I (00:00:00.108) main_task: Started on CPU0
I (00:00:00.114) main_task: Calling app_main()
I (00:00:00.119) main_task: Returned from app_main()
I (00:00:01.118) priority_inversion: lowTask take semaphore, do something for 3 second
I (00:00:02.118) priority_inversion: highTask waiting...
I (00:00:03.118) priority_inversion: middleTask do something for 3 second
I (00:00:06.113) priority_inversion: middleTask done
I (00:00:07.108) priority_inversion: lowTask done, release semaphore
I (00:00:07.108) priority_inversion: highTask take semaphore, do something for 3 second
I (00:00:10.107) priority_inversion: highTask done, release semaphore
```

图 4.17　通过信号量实现互斥功能导致优先级反转的程序运行日志

第 4 章 RTOS 入门

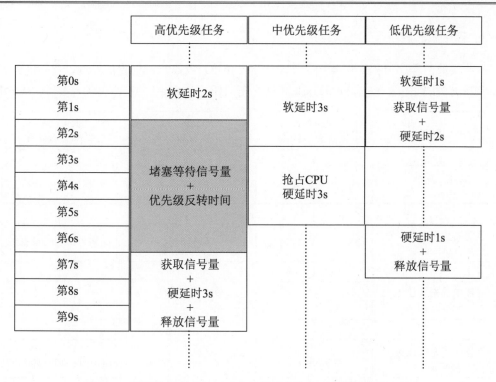

图 4.18 通过信号量实现互斥功能导致优先级反转的程序时间线

2. 系统运行过程

- 当系统运行到第 1s118ms 时：低优先级 lowTask 任务率先获取到信号量，并开始硬延时 3s。
- 当系统运行到第 2s118ms 时：高优先级 highTask 任务也请求获取信号量，但是因为互斥锁被 lowTask 任务占用，highTask 任务只能被迫等待。
- 当系统运行到第 3s118ms 时：中优先级 middleTask 任务准备就绪，抢占了低优先级 lowTask 任务的 CPU 时间，并且不调用任何堵塞和延时函数，硬延时 3s。
- 当系统运行到第 4s118ms 时：lowTask 任务理论上应该在这时候释放信号量，但是 middleTask 任务此时完全占用 CPU 时间，使得 lowTask 任务一直处于无法获得 CPU 时间的不健康的"饥饿"状态。
- 当系统运行到第 6s113ms 时：中优先级 middleTask 任务才执行完毕，让出 CPU 时间给 lowTask 任务。此时，lowTask 任务才能继续执行未完成的硬延时时间。
- 当系统运行到第 7s108ms 时：lowTask 任务执行完剩余的硬延时 3s 的工作后，立即释放信号量，highTask 任务则顺势获取到互斥锁并开始执行写文件操作。
- 当系统运行到第 10s107ms 时：highTask 任务执行完毕，释放信号量。
- 在第 2s118ms 到第 7s108ms 的期间：高优先级的 highTask 任务不仅需要堵塞等待低优先级 lowTask 任务释放信号量，还需要等待中优先级 middleTask 任务执行完。因为 lowTask 任务的优先级没有 middleTask 任务高，所以被 middleTask 抢占了 CPU 时间，从而连累高优先级的 highTask 任务一起跟着等待，这个事件就称为优先级反转。

3. 程序源码解析

本次实践的程序流程如图 4.19 所示，从 app_main()函数开始创建信号量以及高优先级任务 highTask、中优先级任务 middleTask 和低优先级任务 lowTask，具体实现可参考代码 4.16。

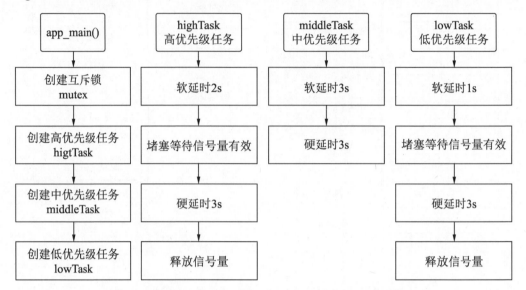

图 4.19　通过信号量实现互斥功能导致优先级反转的程序流程

代码 4.16　通过信号量实现互斥功能导致优先级反转的主程序代码

```
void app_main(void)
{
    //创建一个二值信号量
    semphr = xSemaphoreCreateBinary();

    //先释放信号量
    xSemaphoreGive(semphr);

    //创建一个任务，堆栈大小为 4096，优先级为 6 级，数值越大，优先级越高
    xTaskCreate(highTask, "highTask", 4096, NULL, 6, NULL);

    //创建一个任务，堆栈大小为 4096，优先级为 5 级，数值越大，优先级越高
    xTaskCreate(middleTask, "middleTask", 4096, NULL, 5, NULL);

    //创建一个任务，堆栈大小为 4096，优先级为 5 级，数值越大，优先级越高
    xTaskCreate(lowTask, "lowTask", 4096, NULL, 4, NULL);
}
```

- ❑ highTask 任务：高优先级任务，软延时 2s 后，堵塞等待信号量有效，直到信号量有效时，打印日志并硬延时 3s，再释放信号量，具体实现可参考代码 4.17。
- ❑ middleTask 任务：中优先级任务，软延时 3s 后，再硬延时 3s。具体实现可参考代码 4.18。
- ❑ lowTask 任务：低优先级任务，软延时 1s 后，堵塞等待信号量有效，直到信号量有效时，打印日志并硬延时 3s，再释放信号量，具体实现可参考代码 4.19。

这里的"硬延时"是指不调用任务堵塞和延时函数，完全占用 CPU 时间，具体实现可参考代码4.20。

代码4.17　信号量互斥导致优先级反转的highTask的关键代码

```c
/**
 * @brief 高优先级任务
 */
static void highTask(void* arg)
{
    // 延时1s
    vTaskDelay(pdMS_TO_TICKS(2000));
    // 日志打印
    ESP_LOGI(TAG, "highTask waiting...");
    // 堵塞获取信号量
    if(xSemaphoreTake(semphr, portMAX_DELAY)) {
        // 日志打印
        ESP_LOGI(TAG, "highTask take semaphore, do something for 2 second");
        // 延时3s
        vTaskDelay(pdMS_TO_TICKS(2000));
        // 日志打印
        ESP_LOGI(TAG, "highTask done, release semaphore");
        // 释放信号量
        xSemaphoreGive(semphr);
    }
    vTaskDelete(NULL);
}
```

代码4.18　信号量互斥导致优先级反转的middleTask的关键代码

```c
/**
 * @brief 中优先级任务
 */
static void middleTask(void* arg)
{
    // 延时3s
    vTaskDelay(pdMS_TO_TICKS(3000));
    // 日志打印
    ESP_LOGI(TAG, "middleTask do something for 3 second");
    // 硬延时10s
    delay_ms_cpu(3000);
    // 日志打印
    ESP_LOGI(TAG, "middleTask done");
    vTaskDelete(NULL);
}
```

代码4.19　信号量实现互斥功能导致优先级反转的lowTask的关键代码

```c
/**
 * @brief 低优先级任务
 */
static void lowTask(void* arg)
{
    // 延时1s
    vTaskDelay(pdMS_TO_TICKS(1000));
    // 堵塞获取信号量
    if(xSemaphoreTake(semphr, portMAX_DELAY)) {
        // 日志打印
        ESP_LOGI(TAG, "lowTask take semaphore, do something for 3 second");
        // 延时3s
```

```
            vTaskDelay(pdMS_TO_TICKS(3000));
            // 日志打印
            ESP_LOGI(TAG, "lowTask done, release semaphore");
            // 释放信号量
            xSemaphoreGive(semphr);
        }
        vTaskDelete(NULL);
    }
```

代码 4.20　实现硬延时函数的关键代码

```
/**
 * @brief 硬延时
 *
 * @note 消耗 CPU 的时间
 */
void delay_ms_cpu(uint32_t millisecond)
{
    for(uint32_t i=0; i<millisecond; i++){
        for(uint32_t j=0; j<14500; j++){
        }
    }
}
```

4.5.6　实践：通过互斥锁优先级继承机制解决优先级反转

【ESP32 源码路径：tutorial-esp32c3-getting-started/tree/master/rtos/priority_inheritance】

本节主要利用互斥锁优先级继承机制进行实践，本次实践与 4.5.5 节的实践基本相同，只是将 4.5.5 节实践中的二值信号量替换成互斥锁，然后观察是否能够解决优先级反转问题。

1. 操作步骤

（1）准备一个 ESP32-C3 开发板，通过 Visual Studio Code 开发工具编译 priority 工程源码，生成相应的固件，再将固件下载到 ESP32-C3 开发板上。

（2）ESP32-C3 运行程序后，lowTask、middleTask 和 highTask 这 3 个任务分别被创建并执行。程序运行日志如图 4.20 所示，程序运行时间线如图 4.21 所示。

2. 系统运行过程

- 当系统运行到第 1s119ms 时：低优先级 lowTask 任务率先获取到信号量，并开始硬延时 3s。
- 当系统运行到第 2s119ms 时：高优先级 highTask 任务也请求获取信号量，但是因为互斥锁被 lowTask 任务占用，所以 highTask 任务只能被迫等待。
- 当系统运行到第 3s119ms 时：中优先级 middleTask 任务准备就绪，但是无法抢占低优先级 lowTask 任务的 CPU 时间。这是因为 lowTask 任务暂时继承了 highTask 任务的优先级，而 middleTask 任务的优先级低于 highTask 任务的优先级，所以抢占失败。
- 当系统运行到第 4s113ms 时：lowTask 任务释放信号量后，highTask 任务顺势获取信号量后开始硬延时 3s，middleTask 任务继续等待。

第 4 章 RTOS 入门

☐ 当系统运行到第 7s112ms 时：highTask 任务执行完毕释放信号量，此时才将 CPU 时间让给 middleTask 任务。

☐ 当系统运行到第 10s110ms 时：middleTask 任务执行完毕。

```
I (216) cpu_start: ESP-IDF:              v5.1.2-dirty
I (221) cpu_start: Min chip rev:         v0.3
I (226) cpu_start: Max chip rev:         v0.99
I (231) cpu_start: Chip rev:             v0.4
I (235) heap_init: Initializing. RAM available for dynamic allocation:
I (243) heap_init: At 3FC97430 len 000288D0 (162 KiB): DRAM
I (249) heap_init: At 3FCC0000 len 0001C710 (113 KiB): DRAM/RETENTION
I (256) heap_init: At 3FCDC710 len 00002950 (10 KiB): DRAM/RETENTION/STACK
I (263) heap_init: At 50000010 len 00001FD8 (7 KiB): RTCRAM
I (271) spi_flash: detected chip: generic
I (274) spi_flash: flash io: dio
I (278) sleep: Configure to isolate all GPIO pins in sleep state
I (285) sleep: Enable automatic switching of GPIO sleep configuration
I (293) app_start: Starting scheduler on CPU0
I (00:00:00.109) main_task: Started on CPU0
I (00:00:00.114) main_task: Calling app_main()
I (00:00:00.119) main_task: Returned from app_main()
I (00:00:01.119) priority_inversion: lowTask take semaphore, do something for 3 second
I (00:00:02.119) priority_inversion: highTask waiting...
I (00:00:04.113) priority_inversion: lowTask done, release semaphore
I (00:00:04.114) priority_inversion: highTask take semaphore, do something for 3 second
I (00:00:07.112) priority_inversion: highTask done, release semaphore
I (00:00:07.113) priority_inversion: middleTask do something for 3 second
I (00:00:10.110) priority_inversion: middleTask done
```

图 4.20　通过互斥锁优先级继承机制解决优先级反转的程序运行日志

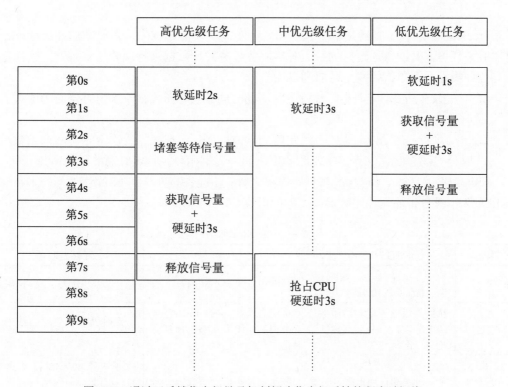

图 4.21　通过互斥锁优先级继承机制解决优先级反转的程序时间线

3. 程序源码解析

本次实践的源码与 4.5.5 节的源码基本相同，只是将 4.5.5 节中的二值信号量替换成互斥锁，所以这里就不再重复了。此处仅讨论二值信号量和互斥锁的具体差异。

互斥锁是一种特殊的信号量，与二值信号量的区别在于互斥锁具有优先级继承机制。优先级继承机制是指：如果高优先级任务尝试获取的互斥锁正在被低优先级任务持有，那么该持有互斥锁的低优先级任务的优先级就被暂时提高，提高到与正在堵塞等待互斥锁任务的优先级一致。这样做是为了防止持有互斥锁的任务被其他优先级任务抢占，导致无法及时释放互斥锁，从而使高优先级任务无法迅速得到响应。

虽然互斥锁的优先级继承机制有效降低了优先级反转的影响，但是不能完全解决优先级反转问题。在实际应用中，需要在资源保护和高优先级任务及时响应之间做出权衡。需要考虑应用层面的各种因素，合理设计任务优先级和调度策略，将系统的整体性能调到最优。

4.6 软件定时器

本节介绍软件定时器的基础知识，然后通过一个动手实践项目帮助读者掌握软件定时器的相关知识点。

4.6.1 软件定时器简介

FreeRTOS 软件定时器是基于任务和队列功能实现的，首先，需要新建并运行一个定时器服务任务，其次，通过队列给定时器服务任务发送数据来管理软件定时器。软件定时器有两种类型，即单次触发定时器和自动重载定时器。

- 单次触发：启动定时器，等待定时周期时间到后，在执行一次定时器回调函数后定时器自动停止。
- 自动重载：启动定时器，等待定时周期时间到后，在执行一次定时器回调函数后定时器自动重载，继续等待定时周期时间，周期循环执行定时器的回调函数。

ESP32 除了支持 FreeRTOS 软件定时器之外，还提供高分辨率 ESP 定时器（esp_timer）及 ESP32 本身自带的硬件定时器，三者的区别如表 4.4 所示。

表 4.4 ESP32 定时器对比

类别	FreeRTOS软件定时器	ESP定时器	硬件定时器
时间精度	精度较低，基于SysTick周期，1ms或者100μs	精度中等，最小50μs	精度最高,可达us甚至ns级别
调度延时	从优先级低的定时器服务任务中分发，容易被其他任务抢占，准确性弱	从优先级高的esp_timer任务中调度，不容易被其他任务抢占，准确性强	从定时器中断处理函数中调度，准确性强
功能多样	单次触发和自动重载定时器	单次触发和自动重载定时器	除了单次触发和自动重载外，还支持输入捕捉、外部时钟触发计数等
资源限制	只要内存足够，可以创建和启动无数个定时器	只要内存足够，可以创建和启动无数个定时器	ESP32有4个硬件定时器。ESP32-C3有2个硬件定时器
简易程序	API调用，相对简单	API调用，相对简单	寄存器配置，相对复杂

经过全面的比较，如果需要实现简单的周期性定时任务，那么 ESP 定时器无疑是首选。因为硬件定时器的使用相对复杂和烦琐，而且只为了实现简单的周期性定时任务而使用硬件定时器有些大材小用。另外，ESP 定时器与 FreeRTOS 软件定时器相比在时间精度和调度延时准确性方面具有显著的优势。

4.6.2 软件定时器的常用函数

软件定时器的常用函数如表 4.5 所示，其中以 xTimer 为前缀的函数源自 FreeRTOS 框架，该框架提供了一套标准的软件定时器功能；而另一类以 esp_timer 为前缀的函数是 ESP 独有的定时器，其定时时间精度更高，使用更方便。

表 4.5 软件定时器的常用函数

属性/函数	说 明
xTimerCreate()	创建FreeRTOS软件定时器
xTimerStart()	启动FreeRTOS软件定时器，用于任务中
xTimerStartFromISR()	启动FreeRTOS软件定时器，用于中断中
xTimerStop()	停止FreeRTOS软件定时器，用于任务中
xTimerStopFromISR()	停止FreeRTOS软件定时器，用于中断中
xTimerDelete()	删除FreeRTOS软件定时器
esp_timer_create()	创建ESP定时器
esp_timer_start_periodic()	周期性启动ESP定时器
esp_timer_start_once()	单次启动ESP定时器
esp_timer_get_time()	获取从开机到现在的时间(μs)
esp_timer_stop()	停止ESP定时器
esp_timer_delete()	删除ESP定时器

4.6.3 实践：单次触发和自动重载定时器

【ESP32 源码路径：tutorial-esp32c3-getting-started/tree/master/rtos/esp_timer】

本节主要利用前面介绍的软件定时器的相关知识点及其常用函数进行实践：首先创建单次触发定时器，使其在 6s 后执行一次。然后创建自动重载定时器，使其间隔 1s，执行 5次。程序运行日志如图 4.22 所示。

本次实践的程序流程如图 4.23 所示，从 app_main()入口函数开始，逐步完成单次触发定时器和自动重载定时器的创建和启动，具体实现可参考代码 4.21。

- 单次触发定时器：通过 esp_timer_start_once()函数启动单次触发定时器，传入参数 6000000，单位是 us（微秒）。单次触发定时器回调函数将在 6s 后被执行一次。
- 自动重载定时器：通过 esp_timer_start_periodic()函数启动单次触发定时器，传入参数 1000000，单位是 us。自动重载定时器回调函数每隔 1s 执行一次。在回调函数中，获取系统开机到现在的时间，判断是否超时，如果超时则停止并删除自动重载定时器。

```
I (197) cpu_start: ESP-IDF:              v5.1.2-dirty
I (203) cpu_start: Min chip rev:         v0.3
I (207) cpu_start: Max chip rev:         v0.99
I (212) cpu_start: Chip rev:             v0.4
I (217) heap_init: Initializing. RAM available for dynamic allocation:
I (224) heap_init: At 3FC8CA20 len 000335E0 (205 KiB): DRAM
I (230) heap_init: At 3FCC0000 len 0001C710 (113 KiB): DRAM/RETENTION
I (237) heap_init: At 3FCDC710 len 00002950 (10 KiB): DRAM/RETENTION/STACK
I (245) heap_init: At 50000010 len 00001FD8 (7 KiB): RTCRAM
I (252) spi_flash: detected chip: generic
I (256) spi_flash: flash io: dio
I (260) sleep: Configure to isolate all GPIO pins in sleep state
I (267) sleep: Enable automatic switching of GPIO sleep configuration
I (274) app_start: Starting scheduler on CPU0
I (00:00:00.107) main_task: Started on CPU0
I (00:00:00.112) main_task: Calling app_main()
I (00:00:00.117) esp_timer: Started one-shot timers, time since boot: 289331 us
I (00:00:00.125) main_task: Returned from app_main()
I (00:00:01.125) esp_timer: Periodic timer called, time since boot: 1297289 us
I (00:00:02.125) esp_timer: Periodic timer called, time since boot: 2297266 us
I (00:00:03.125) esp_timer: Periodic timer called, time since boot: 3297266 us
I (00:00:04.125) esp_timer: Periodic timer called, time since boot: 4297266 us
I (00:00:05.125) esp_timer: Periodic timer called, time since boot: 5297266 us
I (00:00:05.125) esp_timer: Periodic timer timeout=5297247, timer stop
I (00:00:06.117) esp_timer: One-shot timer called, time since boot: 6289267 us
```

图 4.22　单次触发和自动重载定时器程序运行日志

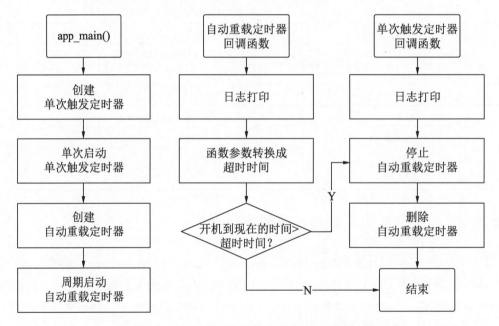

图 4.23　单次触发和自动重载定时器的程序流程

代码 4.21　单次触发和自动重载定时器的实现

```c
#include <stdio.h>
#include <string.h>
#include <unistd.h>
#include "esp_timer.h"
#include "esp_log.h"
#include "esp_sleep.h"
#include "sdkconfig.h"

#define PERIODIC_US     1000000
```

```c
static const char* TAG = "esp_timer";

// 单次触发定时器句柄
esp_timer_handle_t oneshot_timer;
// 自动重载定时器句柄
esp_timer_handle_t periodic_timer;

// 单次触发定时器回调函数
static void oneshot_timer_callback(void* arg)
{
    // 获取从开机到现在的时间（us）
    int64_t time_since_boot = esp_timer_get_time();
    ESP_LOGI(TAG, "One-shot timer called, time since boot: %lld us",
time_since_boot);
}

// 自动重载定时器回调函数
static void periodic_timer_callback(void* arg)
{
    // 获取回调函数的参数超时时间
    int timeout = (int) arg;
    // 获取从开机到现在的时间（us）
    int64_t time_since_boot = esp_timer_get_time();
    ESP_LOGI(TAG, "Periodic timer called, time since boot: %lld us",
time_since_boot);
    if(time_since_boot>timeout){
        // 超时时间到，停止自动重载定时器
        ESP_LOGI(TAG, "Periodic timer timeout=%d, timer stop", timeout);
        // 停止自动重载定时器
        esp_timer_stop(periodic_timer);
        // 删除自动重载定时器
        esp_timer_delete(periodic_timer);
    }
}

void app_main(void)
{
    // 单次触发定时器配置参数
    const esp_timer_create_args_t oneshot_timer_args = {
        // 定时器的回调函数
        .callback = &oneshot_timer_callback,
        // 定时器名称，方便调试
        .name = "one-shot"
    };
    // 创建单次触发定时器
    esp_timer_create(&oneshot_timer_args, &oneshot_timer);
    // 单次启动单次触发定时器，6000000us 后启动
    esp_timer_start_once(oneshot_timer, 6000000);
    ESP_LOGI(TAG, "Started one-shot timers, time since boot: %lld us",
esp_timer_get_time());

    // 自动重载定时器超时时间
    int timeout = 5*PERIODIC_US+esp_timer_get_time();
    // 自动重载定时器配置参数
    const esp_timer_create_args_t periodic_timer_args = {
        // 定时器的回调函数
        .callback = &periodic_timer_callback,
```

```c
        // 定时器回调函数的参数
        .arg = (void*) timeout,
        // 定时器名称，方便调试
        .name = "periodic"
    };
    // 创建自动重载定时器
    esp_timer_create(&periodic_timer_args, &periodic_timer);
    // 周期启动自动重载定时器，周期时间 PERIODIC_US
    esp_timer_start_periodic(periodic_timer, PERIODIC_US);
}
```

第 2 篇
通信技术

在基础篇的探讨中，我们已经体会到了 ESP32 在驱动和控制各种外设方面的卓越表现。值得注意的是，虽然 ESP32 的 MCU（微控制器单元）功能强大，但是其真正的核心竞争力和独特之处在于 Wi-Fi 和蓝牙无线通信技术。

而无线通信技术正是物联网应用的关键所在。从本篇开始，我们将深入学习 ESP32 的这个核心特性，学习其 Wi-Fi 和蓝牙的编程技术，通过实践，掌握如何利用这些技术使 ESP32 在物联网应用中发挥更大的作用，实现更广泛的设备连接和无线通信功能。

在这个深入学习的过程中，我们将系统学习 ESP32 的 Wi-Fi 和蓝牙配置与管理方面的知识，深入理解其接口函数的使用。我们不仅学习如何通过编程实现数据的无线传输与接收，而且将探讨如何利用这些先进技术实现设备间的无缝互连互通。通过结合丰富的实践代码，帮助读者全面掌握 ESP32 Wi-Fi 和蓝牙的编程技术。

- ▶▶ 第 5 章　Wi-Fi 编程
- ▶▶ 第 6 章　Wi-Fi 配网
- ▶▶ 第 7 章　蓝牙编程

第 5 章　Wi-Fi 编程

Wi-Fi 技术是目前使用最广泛的一种无线网络技术，由 Wi-Fi 联盟（Wi-Fi Alliance）推广，目的是改善基于 IEEE 802.11 标准的无线网络产品之间的联通性，无须通过布线就能实现各种通信设备联网，如图 5.1 所示，几乎所有的手机、iPad、计算机和智能设备都支持 Wi-Fi 技术，Wi-Fi 已成为我们日常生活中不可或缺的一部分。

图 5.1　通过 Wi-Fi 技术实现各种通信设备联网

ESP32 作为一款功能强大的微控制器，支持 2.4 GHz 频段的 Wi-Fi 通信。本节将重点介绍基于 ESP32 的 Wi-Fi 编程技术，通过这项技术，可以实现以下功能：
- 扫描附近有效的 Wi-Fi 接入点（AP），便于用户选择并连接至合适的 Wi-Fi 网络。
- 连接指定的 Wi-Fi 接入点（AP），使 ESP32 设备能够接入互联网或局域网。
- 将 ESP32 设置为 Wi-Fi 接入点（AP），允许其他 Wi-Fi 设备接入，实现局域网数据交互功能或网桥路由功能。
- 应用 ESP-NOW 技术实现点对点的数据通信方式，适用于快速、低延迟的通信场景。
- 应用 Wi-Fi Aware 技术，实现近距离相邻设备的感知和通信，增强设备间的交互体验。
- 应用 Wi-Fi FTM（Fine Time Measurement）技术精确测量设备间的信号传输时间，从而计算出距离和设备的位置信息。
- 构建 Wi-Fi Mesh 网络，使多个设备能够协同工作，形成一个自组织的通信网络，提升覆盖范围和通信稳定性。

本章将对这些基于 ESP32 的 Wi-Fi 编程技术进行详细的探讨和阐述，帮助读者更好地掌握 Wi-Fi 编程技术，开发出更加智能、高效的 Wi-Fi 应用解决方案，满足各种实际场景的需求。

5.1 Wi-Fi 基础知识

本节介绍 Wi-Fi 的基础知识，并带领读者了解 ESP32 Wi-Fi 编程流程和初始化流程。

5.1.1 Wi-Fi 的相关术语

在学习 Wi-Fi 编程之前，让我们先来熟悉一下 Wi-Fi 领域的专业术语。
- STA（Station）：无线站点，Wi-Fi 网络中的终端设备，如手机、iPad、计算机和智能通信设备等。
- AP（Access Point）：无线接入点，Wi-Fi 网络中的创建者，如无线路由器。
- SSID（Service Set Identifier）：Wi-Fi AP 的用户标识，即 Wi-Fi AP 的名称，从 AP 端广播出，提供给 STA 端接入。
- BSSID（Basic Service Set Identifier）：Wi-Fi AP 的物理标识，即 Wi-Fi AP 的 MAC 地址。
- Band：频段，Wi-Fi 常见的频段有 2.4GHz 和 5GHz。其中，2.4GHz 频段的频率范围是 2.4~2.4835GHz，5GHz 频段的频率范围是 5.15~5.825GHz。
- Channel：信道，是对频段的进一步划分。例如，2.4GHz 频段可以进一步划分成 14 个频段。
- RSSI（Received Signal Strength Indication）：接收信号强度指示。
- Wi-Fi Direct：Wi-Fi 直连，允许 Wi-Fi 设备不经过 AP 路由器直接连接通信。
- WPA（Wi-Fi Protected Access）：Wi-Fi 访问保护，有 WPA、WPA2 和 WPA3 这 3 个标准，目的是保护 Wi-Fi 传输过程中的数据安全。主要行为有：接入 AP 时需要输入密码，对 STA 和 AP 之间传输的数据进行加密等。
- WPS（Wi-Fi Protected Setup）：Wi-Fi 保护设置，为了简化 Wi-Fi 安全加密配置，不需要密码，通过按 AP 路由器上的 WPS 按键即可完成 Wi-Fi 接入。
- Sniffer：无线网络抓包工具，监控 IEEE802.11 Wi-Fi 数据包。

5.1.2 基于 ESP32 的 Wi-Fi 功能

自 1997 年 Wi-Fi 联盟首次推出 IEEE 802.11 标准以来，Wi-Fi 技术已经经历了 7 个版本的迭代升级，具体如表 5.1 所示。这些版本不仅增强了 Wi-Fi 的连接性能和通信速率，而且推动了无线通信技术的持续发展。

ESP32 系列芯片在 Wi-Fi 标准支持方面存在差异。具体来说，ESP32、ESP32-C2、ESP32-C3、ESP32-S2 和 ESP32-S3 芯片主要支持 IEEE 802.11b、IEEE 802.11g 和 IEEE 802.11n 标准，即 Wi-Fi 4 及以前的版本。而 ESP32-C5 和 ESP32-C6 芯片则进一步支持 IEEE 802.11ax 标准，即 Wi-Fi 6。

此外，在频率支持方面，只有 ESP32-C5 芯片支持 2.4GHz 和 5GHz 双频通信，其他 ESP32 芯片则仅支持 2.4GHz 频段。并且 ESP32-C5 芯片尚未正式推向市场，只是在 2024 年 CES（国际消费电子产品展览会）上亮相过。

表 5.1　Wi-Fi 各版本的简单介绍

Wi-Fi版本	Wi-Fi标准	速　率	工 作 频 段
Wi-Fi 7	IEEE 802.11be	30Gbps	2.4GHz、5GHz、6GHz
Wi-Fi 6	IEEE 802.11ax	600~2401Mbps	2.4GHz、5GHz
Wi-Fi 5	IEEE 802.11ac	433~1733Mbps	5GHz
Wi-Fi 4	IEEE 802.11n	600Mbps	2.4GHz、5GHz
—	IEEE 802.11g	54Mbps	2.4GHz
—	IEEE 802.11b	11Mbps	2.4GHz
—	IEEE 802.11a	54Mbps	5GHz

尽管大部分 ESP32 只支持 2.4GHz 频段和 Wi-Fi 4 及其之前的版本，但是其 Wi-Fi 功能仍然非常强大，足以满足物联网领域常见的应用场景。具体来说，ESP32 的 Wi-Fi 功能包括但不限于：

- 支持 Station 模式、Soft-AP 模式和 Station+Soft-AP 共存模式，为用户提供灵活的网络连接选项；
- 支持 WPA/WPA2/WPA3/WPA2-企业版/WPA3-企业版/WAPI/WPS 等多种安全防护方式，确保网络通信的安全性；
- 支持 Modem-sleep、Light-sleep 和 Deep-sleep 等低功耗模式，提高设备续航时间；
- 支持快速扫描、全信道扫描和获取信道状态信息功能；
- 支持多个天线，增强无线信号的覆盖范围；
- 支持 ESP-NOW 协议，实现 ESP32 设备间的快速和低延时通信。

5.1.3　基于 ESP32 的 Wi-Fi 模式

ESP32 支持多种 Wi-Fi 模式，包括 Station 模式、AP 模式和 Station+AP 共存模式。这些模式是 Wi-Fi 通信的基础，也是构建无线网络的核心。为了更加高效地学习 ESP32 Wi-Fi 编程，清楚这些模式的作用至关重要。

如图 5.2 所示，顶层路由器开启无线网络接入点，供中间层路由器接入，其自身不需要接入其他无线网络，所以是 AP 模式。

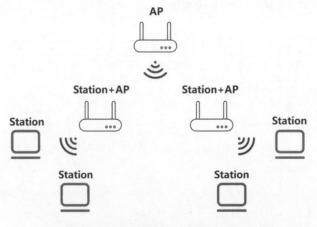

图 5.2　ESP32 Wi-Fi 的多种模式网络拓扑图

中间层路由器则扮演着双重角色:一方面既要接入顶层路由器的无线网络,作为 Station 模式;另一方面又要开启自己的无线网络接入点,供外网的便携式计算机接入,作为 AP 模式。因此,综合来说,中间层路由器是 Station+AP 共存模式。

至于外围的便携式计算机,作为无线网络中的客户端/终端设备,只需要接入无线网络,不需要对外提供无线接入功能,所以是 Station 模式。

5.1.4 基于 ESP32 的 Wi-Fi 编程流程

ESP32 的 Wi-Fi 编程主要依赖于 ESP-IDF 框架所提供的 ESP-WiFi、ESP-lwIP 和 ESP-Event 三个库。

- ESP-WiFi 库:Wi-Fi 库支持配置和监控 ESP32 Wi-Fi 连网功能,包括:Wi-Fi 扫描功能、Station 模式、Soft-AP 模式、Station 和 Soft-AP 共存模式、各种安全模式(WPA/WPA2/WPA3 等)、混杂模式监控 IEEE802.11 Wi-Fi 数据包等功能。
- ESP-lwIP 库:lwIP 是一个开源、轻量级的 TCP/IP 栈,ESP-lwIP 是针对 ESP32 的 lwIP 移植和优化版本。该库提供一系列 API 函数,其中的部分 API 函数可以直接被应用程序调用,如获取或设置接口 IP 地址、配置 DHCP 等。其他 API 函数则供网络驱动层在 ESP-IDF 内部调用。
- ESP-Event 库:即事件循环库,能够声明和管理事件,允许应用程序创建事件循环、注册事件和发布事件。

ESP32 Wi-Fi 编程流程如图 5.3 所示,应用程序通过 ESP-Event 库实现事件的订阅和发布,通过 ESP-lwIP 库实现 TCP/IP 栈的操作,通过 ESP-WiFi 库实现 Wi-Fi 连网控制。一旦程序执行遇到关键事件,如 Wi-Fi 扫描完成、Wi-Fi 已连接、Wi-Fi 已断开、获取到 IP 等,Wi-Fi 底层任务和 LwIP 底层任务会将相关信息发送给事件任务,事件任务判断应用程序是否注册了这些事件的处理程序,如果有则响应并执行对应的事件处理程序。

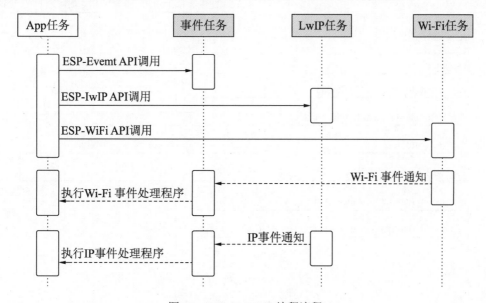

图 5.3 ESP32 Wi-Fi 编程流程

值得一提的是，当启用 Wi-Fi NVS Flash 功能时，Wi-Fi 设置的信息将被保存在 Flash 中，Wi-Fi 驱动程序在下次开机的时候将自动加载这些信息。例如用户只需要进行一次 Wi-Fi 配网动作，此后，当 ESP32 每次重启时，将会自动加载配网信息，应用程序只需要执行 Wi-Fi 连接即可。

5.1.5 基于 ESP32 的 Wi-Fi 初始化流程

ESP32 Wi-Fi 初始化流程如图 5.4 所示，程序实现流程如下：

（1）使用 nvs_flash_init()函数初始化 NVS Flash，用于存储 Wi-Fi 配置信息。

（2）使用 esp_event_loop_create_default()函数创建默认事件循环，用于处理系统事件（如 Wi-Fi 事件）。

（3）使用 esp_netif_init()函数初始化 LwIP 相关工作，并创建 LwIP 底层任务。

（4）使用 esp_netif_create_default_wifi_sta()函数默认的 Station 配置创建 esp_netif 对象，或者通过 esp_netif_create_default_wifi_ap()函数使用默认的 Soft-AP 配置创建 esp_netif 对象，并绑定到 Wi-Fi 驱动程序上，注册默认的 Wi-Fi 事件处理程序。

（5）使用 esp_wifi_init()函数初始化 Wi-Fi 驱动程序，创建 Wi-Fi 底层任务。

（6）使用 esp_wifi_set_country()函数设置 Wi-Fi 的国家代码，因为不同国家有不同的无线电规定和使用频率/信道范围，我们要合法、合规地使用 ESP32 Wi-Fi 功能，所以需要根据 ESP32 产品使用地设置好 Wi-Fi 国家代码。

（7）使用 esp_event_handler_instance_register(WIFI_EVENT,…)函数注册 Wi-Fi 事件处理程序。

（8）使用 esp_event_handler_instance_register(IP_EVENT,…)函数注册 IP 事件处理程序。

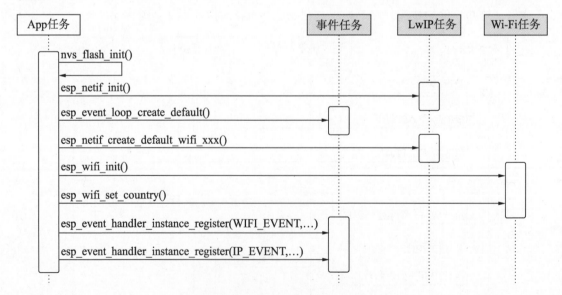

图 5.4　ESP32 Wi-Fi 初始化流程

5.1.6 基于 ESP32 的 Wi-Fi 初始化常用函数

Wi-Fi 初始化的常用函数如表 5.2 所示。

表 5.2 Wi-Fi初始化常用函数

属性/函数	说　　明
esp_netif_init()	初始化LwIP相关工作并创建LwIP底层任务
esp_netif_create_default_wifi_sta()	使用默认的Station配置创建esp_netif对象，绑定到Wi-Fi驱动程序上，注册Wi-Fi事件默认处理程序
esp_netif_create_default_wifi_ap()	使用默认的Soft-AP配置创建esp_netif对象，绑定到Wi-Fi驱动程序上，注册Wi-Fi事件默认处理程序
esp_event_loop_create_default()	创建默认事件循环
esp_event_handler_instance_register()	注册事件处理程序到事件循环中
esp_wifi_init()	初始化Wi-Fi驱动程序并创建Wi-Fi底层任务
esp_wifi_deinit()	卸载Wi-Fi驱动程序并清理内存
esp_wifi_set_country()	配置Wi-Fi国家代码

5.2 Wi-Fi 扫描

本节介绍 Wi-Fi 扫描的基础知识，然后通过一个动手实践项目帮助读者掌握 Wi-Fi 扫描的相关知识点。

5.2.1 Wi-Fi 扫描简介

Wi-Fi 扫描功能是指搜索附近的 Wi-Fi 网络，列出可用的 Wi-Fi 网络。只有在 Station 模式或者 Staion 和 AP 共存模式下方可启用。

当 Wi-Fi 处于未连接状态时，Wi-Fi 驱动进行前端扫描。在 Wi-Fi 建立连接后，Wi-Fi 驱动进行后端扫描。这两种扫描方式的区别在于，前端扫描会从信道 1 开始依次往下扫描；而后端扫描在完成一个信道扫描之后，Wi-Fi 驱动会先返回主信道并停留 30ms，再跳转到下一个信道。这是为当前已连接的 Wi-Fi 提供必要的时间来发送和接收数据，保证当前已连接 Wi-Fi 的数据传输的畅通。

ESP32 Wi-Fi 扫描功能还可以指定信道和 Wi-Fi AP，选择主动扫描还是被动扫描等。

5.2.2 Wi-Fi 扫描的常用函数

Wi-Fi 扫描的常用函数如表 5.3 所示，其中，esp_wifi_scan_start()是启动 Wi-Fi 扫描的关键函数，esp_wifi_scan_get_ap_records()是获取扫描结果的关键函数，这两个函数的入参和返回值如下：

❑ esp_wifi_scan_start()：启动 Wi-Fi 扫描。

```
/**
 * @brief 启动 Wi-Fi 扫描。
 *
 * @param[wifi_scan_config_t *] config: Wi-Fi 扫描配置参数，该结构体包含扫描配置的所有参数。
 * @param[bool] block: 决定函数是同步执行还是异步执行。
 *
 * @note block 如果为 true, 则函数将同步执行扫描，堵塞当前任务的执行，直到扫描完成。
 * @note block 如果为 false,则函数将异步执行扫描，函数会立即返回并不会等待扫描完成。
 扫描完成时会通过事件循环任务执行事件处理程序
 *
 * @return
 *     - ESP_OK, 成功。
 *     - ESP_FAIL, 失败。
 */
esp_err_t esp_wifi_scan_start(const wifi_scan_config_t *config, bool block);
```

❑ esp_wifi_scan_get_ap_records()：获取 Wi-Fi 扫描结果。

```
/**
 * @brief 获取 Wi-Fi 扫描结果。
 *
 * @param[uint16_t *] number: 作为输入参数时，用来存储扫描发现 Wi-Fi Ap 接入点记录数组的长度。
                              作为输出参数时，表示扫描发现 Wi-Fi Ap 接入点的个数。
 * @param[wifi_ap_record_t *] ap_records: 用来存储扫描发现 Wi-Fi Ap 接入点记录的数组。
 *
 * @return
 *     - ESP_OK, 成功。
 *     - ESP_FAIL, 失败。
 */
esp_err_t esp_wifi_scan_get_ap_records(uint16_t *number, wifi_ap_record_t *ap_records);
```

当 Wi-Fi 驱动程序启动扫描时，它会动态分配内存用来存储扫描发现的 Wi-Fi AP 接入点记录。等到调用 esp_wifi_sacn_get_ap_records()函数或者 esp_wifi_clear_ap_list()函数时，Wi-Fi 驱动程序会释放该内存。因此，每次启动 Wi-Fi 扫描时，只能调用一次 esp_wifi_sacn_get_ap_records()函数来获取扫描结果。如果尝试多次调用该函数的时候，由于内存已经被释放，只会获得一个空的结果列表。

表 5.3　Wi-Fi扫描的常用函数

属性/函数	说　　明
esp_wifi_scan_stop()	停止Wi-Fi扫描
esp_wifi_scan_start()	开始Wi-Fi扫描，扫描附近Wi-Fi AP接入点
esp_wifi_scan_get_ap_num()	获取上次扫描发现的Wi-Fi AP接入点个数
esp_wifi_scan_get_ap_records()	获取上次扫描发现的Wi-Fi AP接入点记录
esp_wifi_clear_ap_list()	清除上次扫描发现的Wi-Fi AP接入点记录

5.2.3 实践：异步扫描所有的 Wi-Fi AP 接入点

【ESP32 源码路径：tutorial-esp32c3-getting-started/tree/master/wifi/scan_async】

本节主要利用前面介绍的 Wi-Fi 扫描的知识点及其常用函数进行实践：使用异步扫描模式，扫描附近所有的 Wi-Fi AP 接入点。

1．操作步骤

（1）准备一个 ESP32-C3 开发板，通过 Visual Studio Code 开发工具编译 scan_async 工程源码，生成相应的固件，再将固件下载到 ESP32-C3 开发板上。

（2）在 ESP32-C3 运行程序后，异步扫描附近所有 Wi-Fi AP 接入点，程序运行日志如图 5.5 所示。

```
I (00:00:00.278) scan: WiFi scan start
I (00:00:00.279) main_task: Returned from app_main()
I (00:00:02.687) scan: Total APs scanned = 12
I (00:00:02.688) scan: SSID              NVR083a2f201534
I (00:00:02.688) scan: RSSI              -38
I (00:00:02.691) scan: Channel           13

I (00:00:02.695) scan: SSID              kangweijian
I (00:00:02.700) scan: RSSI              -56
I (00:00:02.704) scan: Channel           6
```

图 5.5 异步扫描附近所有 Wi-Fi AP 接入点的程序运行日志

2．程序源码解析

本次实践的程序流程如图 5.6 所示，代码参见代码 5.1。

（1）Wi-Fi 初始化流程与 5.1.5 节一致，此处不再赘述。

（2）使用 esp_wifi_set_mode(WIFI_MODE_STA)函数设置 ESP32 进入 Station 模式，因为只有在 Station 模式或者 Station 和 Soft-AP 共存模式下方可启用 Wi-Fi 扫描功能。

（3）使用 esp_wifi_start()函数启动 Wi-Fi 驱动程序。

（4）使用 esp_wifi_scan_start()函数告知 Wi-Fi 驱动程序开始执行扫描任务。Wi-Fi 驱动程序从信道 1 或者有指定的信道开始，如果是主动扫描，则发送一个 probe request，反之则直接等待接收 Wi-Fi AP Beacon。等待时间可以根据需要进行设置，默认为 120ms。

（5）扫描过程中，如果是前端扫描，则直接跳转到下一个信道，执行同样的扫描程序。如果是后端扫描，则回到主信道并停留 30ms。然后跳转到下一个信道，执行同样的扫描程序。如此反复，直到扫描完所有信道或者找到特定的 AP。一旦扫描完成，Wi-Fi 驱动程序将会产生 WIFI_EVEN_SCAN_DONE 事件，并将相关信息通知给事件循环任务（即事件任务）。

（6）在 Wi-Fi 事件处理程序中，使用 esp_wifi_scan_get_ap_records()函数获取 Wi-Fi 扫描发现的 Wi-Fi AP 接入点的记录。因为在 Wi-Fi 初始化流程中使用了 esp_event_handler_instance_register(WIFI_EVENT,…)函数注册 Wi-Fi 事件处理程序。所以，当 Wi-Fi 驱动程序完成扫描时会进入 Wi-Fi 事件处理程序。

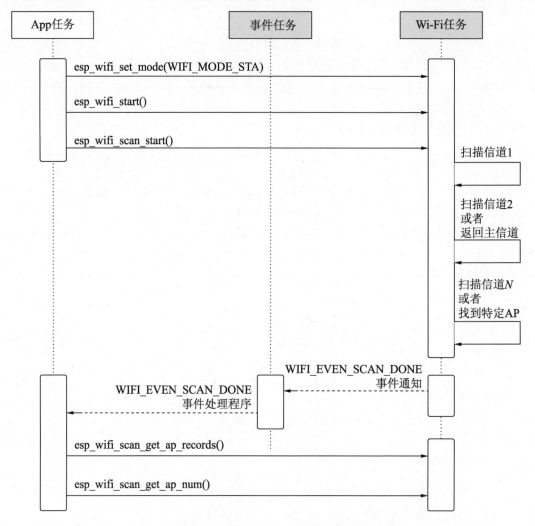

图 5.6 异步扫描所有 Wi-Fi AP 接入点的程序流程

代码 5.1 异步扫描所有 Wi-Fi AP 接入点工程的参考代码

```
#include <string.h>
#include "freertos/FreeRTOS.h"
#include "freertos/event_groups.h"
#include "esp_wifi.h"
#include "esp_log.h"
#include "esp_event.h"
#include "nvs_flash.h"

// 宏定义，用于存储 Wi-Fi AP 记录表的数组长度
#define DEFAULT_SCAN_LIST_SIZE  100

// 全局常量字符串，用于日志打印的标签
static const char *TAG = "scan";
// 全局变量数组，用于扫描发现的 Wi-Fi AP 记录
wifi_ap_record_t ap_records[DEFAULT_SCAN_LIST_SIZE];
// 全局变量（整形数据）用于扫描发现的 Wi-Fi AP 的个数
uint16_t ap_count = DEFAULT_SCAN_LIST_SIZE;
```

```c
// Wi-Fi 事件处理程序
static void event_handler(void* arg, esp_event_base_t event_base, int32_t event_id, void* event_data)
{
    if (event_base == WIFI_EVENT && event_id == WIFI_EVENT_SCAN_DONE) {
        // 获取上次扫描发现的 Wi-Fi AP 接入点的记录
        // ap_count 作为输入参数，输入 ap_records 数组的长度
        // ap_count 作为输出参数，输出扫描发现 Wi-Fi AP 接入点的个数
        esp_wifi_scan_get_ap_records(&ap_count, ap_records);
        // 打印上次扫描发现的 Wi-Fi AP 接入点的个数
        ESP_LOGI(TAG, "Total APs scanned = %u", ap_count);
        // 打印上次扫描发现的 Wi-Fi AP 接入点的记录
        for (int i = 0; (i < DEFAULT_SCAN_LIST_SIZE) && (i < ap_count); i++) {
            ESP_LOGI(TAG, "SSID \t\t%s", ap_records[i].ssid);
            ESP_LOGI(TAG, "RSSI \t\t%d", ap_records[i].rssi);
            ESP_LOGI(TAG, "Channel \t\t%d\n", ap_records[i].primary);
        }
    }
}

void app_main(void)
{
    // 初始化 NVS
    esp_err_t ret = nvs_flash_init();
    if (ret == ESP_ERR_NVS_NO_FREE_PAGES || ret == ESP_ERR_NVS_NEW_VERSION_FOUND) {
        // 擦除 NVS
        nvs_flash_erase();
        // 初始化 NVS
        nvs_flash_init();
    }

    // 初始化 LwIP 相关工作并创建 LwIP 底层任务
    esp_netif_init();
    // 创建默认事件循环
    esp_event_loop_create_default();

    // 使用默认的 Wi-Fi 初始化参数
    wifi_init_config_t cfg = WIFI_INIT_CONFIG_DEFAULT();
    // 初始化 Wi-Fi 驱动程序
    esp_wifi_init(&cfg);

    // 注册事件处理程序到事件循环任务中
    esp_event_handler_instance_register(WIFI_EVENT, ESP_EVENT_ANY_ID, &event_handler, NULL, NULL);

    // 清空 AP 记录表
    memset(ap_records, 0, sizeof(ap_records));

    // 设置 Wi-Fi Station 模式
    esp_wifi_set_mode(WIFI_MODE_STA);
    // 根据当前 Wi-Fi 的模式和配置，启动 Wi-Fi 驱动程序
    esp_wifi_start();

    // 异步扫描附近所有的 Wi-Fi AP 接入点
    esp_wifi_scan_start(NULL, false);
    ESP_LOGI(TAG, "Wi-Fi scan start");
}
```

5.2.4　实践：同步扫描指定的 Wi-Fi AP 接入点

【ESP32 源码路径：tutorial-esp32c3-getting-started/tree/master/wifi/scan_sync】

本节主要利用前面介绍的 Wi-Fi 扫描知识点和 Wi-Fi 扫描的常用函数来做一个动手实践：使用同步扫描模式，扫描 Wi-Fi 名称为 kangweijian 的 AP 接入点。

1．操作步骤

（1）准备一个 ESP32-C3 开发板，通过 Visual Studio Code 开发工具编译 scan_sync 工程源码，生成相应的固件，再将固件下载到 ESP32-C3 开发板上。

（2）ESP32-C3 运行程序后，同步扫描附近所有 Wi-Fi AP 接入点，程序运行日志如图 5.7 所示。

```
I (00:00:00.271) scan: WiFi scan start
I (00:00:02.768) scan: Total APs scanned = 1
I (00:00:02.768) scan: SSID                kangweijian
I (00:00:02.769) scan: RSSI                -48
I (00:00:02.771) scan: Channel             6
```

图 5.7　同步扫描指定的 Wi-Fi AP 接入点的程序运行日志

2．程序源码解析

本次实践的程序源码和流程与 5.2.3 节的实践基本类似，因此在此不再重复讲述。主要的区别在于 esp_wifi_scan_start() 函数的使用。当同步扫描所有 Wi-Fi AP 接入点时，该函数传入 NULL 和 false 两个参数，如 esp_wifi_scan_start(NULL, false);。当同步扫描指定的 Wi-Fi AP 接入点时，该函数的使用见代码 5.2。

代码 5.2　同步扫描指定的 Wi-Fi AP 接入点的关键代码

```c
wifi_scan_config_t wifi_scan_config = {
    .ssid = (uint8_t *)"kangweijian",
};
esp_wifi_scan_start(&wifi_scan_config, true);
```

5.3　Wi-Fi Station 模式

本节介绍 Wi-Fi Station 模式的基础知识，然后通过一个动手实践项目，帮助读者掌握 Wi-Fi Station 模式的相关知识点。

5.3.1　Wi-Fi Station 模式简介

Wi-Fi Station 模式也被称为站点模式或客户端模式，是 Wi-Fi 设备中最常见的一种工作模式。在 Wi-Fi Station 模式下，Wi-Fi 设备作为 Wi-Fi 无线网络的一个站点或客户端会搜索附近的 Wi-Fi 无线网络，找到指定的 Wi-Fi AP 接入点后会发送请求，与 Wi-Fi AP 接入点进行身份验证和关联，一旦连接成功，Wi-Fi 设备就能够通过该 Wi-Fi AP 接入点来访问互联网或者其他网络资源。

Wi-Fi Station 模式通常用于手机、iPad、便携式计算机等移动设备，以及一些智能家居设备、物联网设备中。这些设备通过 Wi-Fi 与家庭、办公室或公共场所的 Wi-Fi 无线网络连接，实现访问互联网的功能。

5.3.2　Wi-Fi Station 模式的常用函数

Wi-Fi Station 模式的常用函数如表 5.4 所示，其中，esp_wifi_set_config()是设置 Wi-Fi 模式和参数的关键函数，该函数的入参和返回值如下：

```
/**
 * @brief 设置 Wi-Fi 参数。
 *
 * @param[wifi_interface_t] interface: 枚举类型，决定当前设置station 模式或者
 soft-AP 模式的参数。
 * @param[wifi_config_t *] conf: 联合体,包含 wifi_ap_config 或 wifi_sta_config
 结构体的数据。
 *
 * @return
 *      - ESP_OK，成功。
 *      - ESP_FAIL，失败。
 */
esp_err_t esp_wifi_set_config(wifi_interface_t interface, wifi_config_t
*conf);
```

根据 interface 参数的值，wifi_config_t 联合体将包含相应的参数数据。如果 interface 参数传入 WIFI_IF_STA，那么 config 将指向 wifi_sta_config 结构体。如果 interface 参数传入 WIFI-IF_AP，那么 config 将指向 wifi_ap_config 结构体。

表 5.4　Wi-Fi Station模式的常用函数

属性/函数	说　　明
esp_wifi_set_mode()	设置Wi-Fi模式
esp_wifi_set_config()	设置Wi-Fi参数
esp_wifi_start()	根据当前Wi-Fi的模式和参数，启动Wi-Fi驱动程序
esp_wifi_stop()	停止Wi-Fi驱动程序
esp_wifi_connect()	连接指定的Wi-Fi AP接入点
esp_wifi_disconnect()	断开Wi-Fi连接

5.3.3　实践：以 Wi-Fi Station 模式连接 AP 接入点

【ESP32 源码路径：tutorial-esp32c3-getting-started/tree/master/wifi/station】

本节主要利用前面介绍的 Wi-Fi Station 模式知识点和 Wi-Fi Station 模式的常用函数进行实践：将 ESP32 设置成 Wi-Fi Station 模式，然后连接到指定的 Wi-Fi AP 接入点。

1．操作步骤

（1）准备一个支持 2.4GHz 频段的 Wi-Fi 接入点（AP）。请注意，部分路由器可能会限

制 ESP32 监听 Wi-Fi 广播或组播的数据包，因此建议通过智能手机开启个人 Wi-Fi 热点作为接入点。

（2）准备一个 ESP32-C3 开发板，通过 Visual Studio Code 开发工具编译 station 工程源码，生成相应的固件，再将固件下载到 ESP32-C3 开发板上。

（3）ESP32-C3 运行程序后，直接连接第（1）步准备的 Wi-Fi AP 接入点，程序运行日志如图 5.8 所示。

```
I (00:00:00.270) station: WiFi station start
I (00:00:00.272) main_task: Returned from app_main()
I (557) wifi:new:<5,0>, old:<1,0>, ap:<255,255>, sta:<5,0>, prof:1
I (557) wifi:state: init -> auth (b0)
I (617) wifi:state: auth -> assoc (0)
I (627) wifi:state: assoc -> run (10)
I (677) wifi:connected with kangweijian, aid = 12, channel 5, BW20, bssid = 52:e8:b9:99:3e:4e
I (677) wifi:security: WPA2-PSK, phy: bgn, rssi: -35
I (677) wifi:pm start, type: 1

I (677) wifi:set rx beacon pti, rx_bcn_pti: 0, bcn_timeout: 25000, mt_pti: 0, mt_time: 10000
I (00:00:00.416) station: WiFi station connected
I (697) wifi:AP's beacon interval = 102400 us, DTIM period = 2
I (00:00:01.408) esp_netif_handlers: sta ip: 192.168.43.114, mask: 255.255.255.0, gw: 192.168.43.1
I (00:00:01.409) station: Got ip:192.168.43.114
```

图 5.8 以 Wi-Fi Station 模式连接 AP 接入点的程序运行日志

2. 开启智能手机2.4GHz Wi-Fi接入点的操作步骤

按照以下步骤开启手机的个人热点功能，并确保将其 AP 频段设置为 2.4 GHz 频段。

（1）打开手机的"设置"菜单。

（2）选择"移动网络"或"网络设置"选项。

（3）点击"个人热点"或"便携式热点"选项。

（4）在"个人热点"设置界面中，找到 AP 频段或 Wi-Fi 频段设置项。

（5）选择"2.4 GHz 频段"，因为大部分 ESP32 仅支持 2.4GHz 频段。如果无法选择，可能是因为当前手机已连接的 Wi-Fi 限制了频段的设置。此时，断开当前已连接的 Wi-Fi，并重新进入个人热点设置进行频段选择。

（6）输入 Wi-Fi 名称为 kangweijian，Wi-Fi 密码为 kangweijian。可以根据需求自定义 Wi-Fi 的名称和密码，但要确保在 ESP32 程序代码中同步更新这些改动。

（7）完成以上设置后，运行 ESP32 程序，片刻之后，在"个人热点"的"已连接设备"列表中会出现一台设备，如图 5.9 所示，表明 ESP32 已成功连接到手机开启的个人热点。

图 5.9 已连接的设备

3. 程序源码解析

ESP32 Wi-Fi Station 模式连接到 AP 接入点的完整流程如图 5.10 所示，具体实现参考代码 5.3，程序实现流程如下：

（1）ESP32 Wi-Fi 初始化，具体流程参见 5.1.5 节，这里不再赘述。

（2）使用 esp_wifi_set_mode(WIFI_MODE_STA)函数设置 Wi-Fi 模式为 Station 模式。

（3）使用 esp_wifi_set_config(WIFI_IF_STA,…)函数设置 Wi-Fi Station 参数，这一步是关键，主要是设置指定 Wi-Fi AP 接入点的名称和密码，具体实现参考代码 5.4。

代码 5.3 以ESP32 Wi-Fi Station模式连接指定AP接入点工程的参考代码

```c
#include <string.h>
#include "freertos/FreeRTOS.h"
#include "freertos/event_groups.h"
#include "esp_wifi.h"
#include "esp_log.h"
#include "esp_event.h"
#include "nvs_flash.h"

// 全局常量字符串，用于日志打印的标签
static const char *TAG = "station";

// Wi-Fi/IP 事件处理程序
static void event_handler(void* arg, esp_event_base_t event_base, int32_t event_id, void* event_data)
{
    if (event_base == WIFI_EVENT && event_id == WIFI_EVENT_STA_START) {
        // 以 Wi-Fi Station 模式启动
        ESP_LOGI(TAG, "Wi-Fi station start");
        // 根据当前 Wi-Fi 的配置参数，连接指定的 Wi-Fi 接入点
        esp_wifi_connect();
    } else if (event_base == WIFI_EVENT && event_id == WIFI_EVENT_STA_CONNECTED) {
        // 已连接上指定的 Wi-Fi 接入点
        ESP_LOGI(TAG, "Wi-Fi station connected");
    } else if (event_base == WIFI_EVENT && event_id == WIFI_EVENT_STA_DISCONNECTED) {
        // Wi-Fi 断开连接，Wi-Fi 连接失败，打印 Wi-Fi 连接失败的原因
        wifi_event_sta_disconnected_t *disconn = event_data;
        ESP_LOGI(TAG, "Wi-Fi station disconnected, reason=%d", disconn->reason);
        // 再次尝试连接指定的 Wi-Fi 接入点
        esp_wifi_connect();
    } else if (event_base == IP_EVENT && event_id == IP_EVENT_STA_GOT_IP) {
        // 得到路由器分配的 IP 地址，打印 IP 地址
        ip_event_got_ip_t* event = (ip_event_got_ip_t*) event_data;
        ESP_LOGI(TAG, "Got ip:" IPSTR, IP2STR(&event->ip_info.ip));
    }
}

void app_main(void)
{
    // 初始化 NVS
    esp_err_t ret = nvs_flash_init();
    if (ret == ESP_ERR_NVS_NO_FREE_PAGES || ret == ESP_ERR_NVS_NEW_VERSION_FOUND) {
        // 擦除 NVS
```

```c
        nvs_flash_erase();
        // 初始化 NVS
        nvs_flash_init();
    }

    // 初始化 LwIP 相关工作并创建 LwIP 底层任务
    esp_netif_init();
    // 创建默认事件循环
    esp_event_loop_create_default();
    // 使用默认的 Station 配置创建 esp_netif 对象，绑定到 Wi-Fi 驱动程序上，注册 Wi-Fi 事件默认处理程序
    esp_netif_create_default_wifi_sta();

    // 使用默认的 Wi-Fi 初始化参数
    wifi_init_config_t cfg = WIFI_INIT_CONFIG_DEFAULT();
    // 初始化 Wi-Fi 驱动程序
    esp_wifi_init(&cfg);

    // 注册 Wi-Fi 事件处理程序到事件循环任务中
    esp_event_handler_instance_register(WIFI_EVENT, ESP_EVENT_ANY_ID,
&event_handler, NULL, NULL);
    // 注册 IP 事件处理程序到事件循环任务中
    esp_event_handler_instance_register(IP_EVENT, ESP_EVENT_ANY_ID,
&event_handler, NULL, NULL);

    // 设置 Wi-Fi Station 模式
    esp_wifi_set_mode(WIFI_MODE_STA);

    // Wi-Fi 配置参数
    wifi_config_t wifi_config = {
        .sta = {
            // Wi-Fi AP 接入点名称
            .ssid = "kangweijian",
            // Wi-Fi AP 接入点密码
            .password = "kangweijian",
            .threshold.authmode = WIFI_AUTH_WPA2_PSK,
            .sae_pwe_h2e = WPA3_SAE_PWE_BOTH,
        },
    };
    // 设置 Wi-Fi 参数
    esp_wifi_set_config(WIFI_IF_STA, &wifi_config);

    // 根据当前 Wi-Fi 的模式和配置，启动 Wi-Fi 驱动程序
    esp_wifi_start();
}
```

代码 5.4　配置Wi-Fi Station参数的关键代码

```c
wifi_config_t wifi_config = {
        .sta = {
            // Wi-Fi AP 接入点名称
            .ssid = "kangweijian",
            // Wi-Fi AP 接入点密码
            .password = "kangweijian",
            .threshold.authmode = WIFI_AUTH_WPA2_PSK,
            .sae_pwe_h2e = WPA3_SAE_PWE_BOTH,
        },
};
esp_wifi_set_config(WIFI_IF_STA, &wifi_config);
```

（4）使用 esp_wifi_start()函数异步启动 Wi-Fi 驱动程序，在 Wi-Fi 底层任务中根据参数和模式创建不同的控制单元并开始相关的工作。

（5）当 Wi-Fi Station 控制单元创建并启动成功时，Wi-Fi 驱动程序会将 WIFI_EVEN_STA_START 发布到事件任务中，事件任务判断应用程序是否注册了该事件的处理程序，如果有则响应并执行该事件的事件处理程序。

（6）在 WIFI_EVEN_STA_START 事件处理程序中使用 esp_wifi_connect()函数进行 Wi-Fi 连接，如果在该事件之前调用，则会返回 ESP_ERR_WIFI_NOT_STARTED 报错。

（7）使用 esp_wifi_connect()函数异步启动 Wi-Fi 驱动程序，在 Wi-Fi 底层任务中启动扫描 Wi-Fi 和连接 Wi-Fi 的工作。

（8）当 Wi-Fi 连接成功时，Wi-Fi 驱动程序会将 WIFI_EVEN_STA_CONNETED 发布到事件任务中，事件任务判断应用程序是否注册了该事件的处理程序，如果有则响应并执行该事件的事件处理程序。

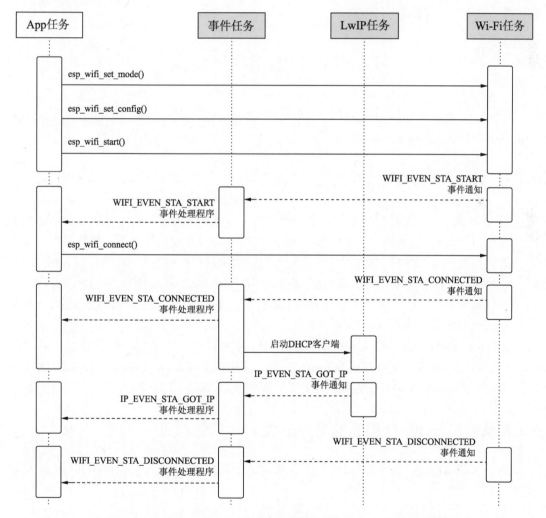

图 5.10　以 ESP32 Wi-Fi Station 模式连接指定 AP 接入点的程序流程

（9）在 WIFI_EVEN_STA_CONNECTED 事件处理程序中可以打印日志或者连接服务器等操作，而 LwIP 任务会自动启动 DHCP 客户端。在 Wi-Fi 初始化阶段使用 esp_netif_ create_default_wifi_sta()函数将 esp_netif 对象绑定到 Wi-Fi 驱动程序上，并注册默认 Wi-Fi 事件处理程序。

（10）当从 DHCP 服务器获取到 IP 地址时，LwIP 任务会将 IP_EVEN_GOT_IP 发布到事件任务中，事件任务判断应用程序是否注册了该事件的处理程序，如果有则响应并执行该事件的事件处理程序。

（11）在 IP_EVEN_GOT_IP 事件处理程序中，App 任务可以打印日志或者做本地局域网的初始化、广播和通信等操作。

（12）当 ESP32 主动断开 Wi-Fi，或者因为距离较远、RSSI 信号较弱、AP 接入点消失等原因发生 Wi-Fi 断开连接的情况时，Wi-Fi 驱动程序会将 WIFI_EVEN_STA_DISCONNETED 发布到事件任务中，事件任务判断应用程序是否注册了该事件的处理程序，如果有则响应并执行该事件的事件处理程序。

（13）在 WIFI_EVEN_STA_DISCONNETED 事件处理程序中，App 任务可以打印日志、尝试重新连接和异常报警等操作。

5.4 Wi-Fi Soft-AP 模式

本节介绍 Wi-Fi Soft-AP 模式的基础知识，然后通过一个动手实践项目帮助读者掌握 Wi-Fi Soft-AP 模式的相关知识点。

5.4.1 Wi-Fi Soft-AP 模式简介

Wi-Fi Soft-AP 模式是指将 ESP32 作为一个 Wi-Fi AP 接入点，允许其他 Wi-Fi 设备连接到该 AP 接入点。这种模式的使用情况并不常见。Soft-AP 模式的典型应用场景如下。

❑ 路由器网关：ESP32 通过 Wi-Fi 或者有线以太网网口连接路由器，再设置以 Soft-AP 模式开启 Wi-Fi AP 接入点。允许其他 Wi-Fi 设备通过该 AP 接入点连接互联网。
❑ 局域网通信：在没有路由器和无线网络的情况下，多台 ESP32 可以通过 Soft-AP 模式自行构建无线网络，实现局域网组网通信。
❑ Wi-Fi 配网：未配网的 ESP32 通过 Soft-AP 模式开启临时 Wi-Fi AP 接入点，用户通过智能手机连接到该临时 Wi-Fi 接入点，再通过 TCP/UDP 等形式将新的 Wi-Fi AP 接入点的 SSID 和密码告知给 ESP32，从而实现 Wi-Fi 配网操作。

5.4.2 Wi-Fi Soft-AP 模式的常用函数

Wi-Fi Soft-AP 模式的常用函数与 5.3.2 节相同，读者可参阅 5.3.2 节的介绍，这里不再赘述。

5.4.3 实践：以 Wi-Fi Soft-AP 模式开启 AP 接入点

【ESP32 源码路径：tutorial-esp32c3-getting-started/tree/master/wifi/soft_ap】

本节主要利用前面介绍的 Wi-Fi Soft-AP 模式的相关知识及其常用函数进行实践：将 ESP32 设置成 Wi-Fi Soft-AP 模式，然后开启 Wi-Fi AP 接入点，允许其他 Wi-Fi 设备连接。

1. 操作步骤

（1）准备一个 ESP32-C3 开发板，通过 Visual Studio Code 开发工具编译 soft_ap 工程源码，生成相应的固件，再将固件下载到 ESP32-C3 开发板上。

（2）ESP32-C3 运行程序后，会开启一个名为 kangweijian 的 Wi-Fi AP 接入点，程序运行日志如图 5.11 所示。

```
I (00:00:00.281) esp_netif_lwip: DHCP server started on interface WIFI_AP_DEF with IP: 192.168.4.1
I (00:00:00.290) soft-AP: WiFi AP start
I (00:00:00.294) main_task: Returned from app_main()
I (9349) wifi:new:<1,1>, old:<1,1>, ap:<1,1>, sta:<255,255>, prof:1
I (9349) wifi:station: 02:5e:da:5e:c8:e9 join, AID=1, bgn, 40U
I (00:00:09.114) soft-AP: station 02:5e:da:5e:c8:e9 join, AID=1
I (9399) wifi:<ba-add>idx:2 (ifx:1, 02:5e:da:5e:c8:e9), tid:0, ssn:0, winSize:64
I (00:00:09.303) esp_netif_lwip: DHCP server assigned IP to a client, IP is: 192.168.4.2
I (17049) wifi:station: 02:5e:da:5e:c8:e9 leave, AID = 1, bss_flags is 658547, bss:0x3fc98c34
I (17049) wifi:new:<1,0>, old:<1,1>, ap:<1,1>, sta:<255,255>, prof:1
I (17049) wifi:<ba-del>idx:2, tid:0
I (00:00:16.776) soft-AP: station 02:5e:da:5e:c8:e9 leave, AID=1
```

图 5.11　以 Wi-Fi Soft-AP 模式开启 AP 接入点的程序运行日志

（3）通过手机搜索名为 kangweijian 的 Wi-Fi AP 接入点。一旦找到该接入点，点击"连接"并输入 Wi-Fi 密码 kangweijian。可以根据需求自定义 Wi-Fi 的名称和密码，但要在 ESP32 程序代码中同步更新这些更改，以确保能够正确连接上。

（4）在手机成功连接 ESP32 开启的 Wi-Fi AP 接入点后，点击"详情"，可以看到相应的状态信息、信号强度等，如图 5.12 所示。

图 5.12　通过手机连接 ESP32 开启的 Wi-Fi AP 接入点

2．程序源码解析

以 ESP32 Wi-Fi Soft-AP 模式开启 Wi-Fi AP 接入点的完整流程如图 5.13 所示，具体实现参考代码 5.5，程序实现流程如下：

（1）ESP32 Wi-Fi 初始化流程可参见 5.1.5 节，这里不再赘述。

（2）使用 esp_wifi_set_mode(WIFI_MODE_AP) 函数设置 Wi-Fi 模式为 Soft-AP 模式。

（3）使用 esp_wifi_set_config(WIFI_IF_AP,…) 函数设置 Wi-Fi Soft-AP 参数，主要是设置指定的 Wi-Fi AP 接入点的名称和密码，具体实现参考代码 5.6。

代码 5.5　以ESP32 Wi-Fi Soft-AP模式开启AP接入点工程的参考代码

```c
#include <string.h>
#include "freertos/FreeRTOS.h"
#include "esp_mac.h"
#include "esp_wifi.h"
#include "esp_log.h"
#include "esp_event.h"
#include "nvs_flash.h"
#include "lwip/err.h"
#include "lwip/sys.h"

// 全局常量字符串，用于日志打印的标签
static const char *TAG = "soft-AP";

// Wi-Fi/IP 事件处理程序
static void event_handler(void* arg, esp_event_base_t event_base, int32_t event_id, void* event_data)
{
    if (event_base == WIFI_EVENT && event_id == WIFI_EVENT_AP_START) {
        ESP_LOGI(TAG, "Wi-Fi AP start");
    } else if (event_id == WIFI_EVENT_AP_STACONNECTED) {
        wifi_event_ap_staconnected_t* event = (wifi_event_ap_staconnected_t*) event_data;
        ESP_LOGI(TAG, "station "MACSTR" join, AID=%d", MAC2STR(event->mac), event->aid);
    } else if (event_id == WIFI_EVENT_AP_STADISCONNECTED) {
        wifi_event_ap_stadisconnected_t* event = (wifi_event_ap_stadisconnected_t*) event_data;
        ESP_LOGI(TAG, "station "MACSTR" leave, AID=%d", MAC2STR(event->mac), event->aid);
    }
}

void app_main(void)
{
    // 初始化默认的 NVS 分区
    esp_err_t err = nvs_flash_init();
    if (err == ESP_ERR_NVS_NO_FREE_PAGES || err == ESP_ERR_NVS_NEW_VERSION_FOUND) {
        // NVS 分区异常，需要擦除或者格式化
        nvs_flash_erase();
        // 重试初始化默认的 NVS 分区
        nvs_flash_init();
    }
```

```c
    // 初始化 LwIP 相关工作并创建 LwIP 底层任务
    esp_netif_init();
    // 创建默认事件循环
    esp_event_loop_create_default();
    // 使用默认的 AP 配置创建 esp_netif 对象并绑定到 Wi-Fi 驱动程序上，注册 Wi-Fi 事件
默认处理程序
    esp_netif_create_default_wifi_ap();

    // 使用默认的 Wi-Fi 初始化参数
    wifi_init_config_t cfg = WIFI_INIT_CONFIG_DEFAULT();
    // 初始化 Wi-Fi 驱动程序
    esp_wifi_init(&cfg);

    // 注册 Wi-Fi 事件处理程序到事件循环任务中
    esp_event_handler_instance_register(WIFI_EVENT, ESP_EVENT_ANY_ID,
&event_handler, NULL, NULL);
    // 注册 IP 事件处理程序到事件循环任务中
    esp_event_handler_instance_register(IP_EVENT, ESP_EVENT_ANY_ID,
&event_handler, NULL, NULL);

    // 设置 Wi-Fi AP 模式
    esp_wifi_set_mode(WIFI_MODE_AP);

    // Wi-Fi 配置参数
    wifi_config_t wifi_config = {
        .ap = {
            // Wi-Fi 名称
            .ssid = "kangweijian",
            // Wi-Fi 名称长度
            .ssid_len = strlen("kangweijian"),
            // Wi-Fi 密码
            .password = "kangweijian",
            // 允许最大接入数
            .max_connection = 10,
            .authmode = WIFI_AUTH_WPA3_PSK,
            .sae_pwe_h2e = WPA3_SAE_PWE_BOTH,
            .pmf_cfg = {
                    .required = true,
            },
        },
    };
    // 设置 Wi-Fi 参数
    esp_wifi_set_config(WIFI_IF_AP, &wifi_config);

    // 根据当前 Wi-Fi 的模式和配置，启动 Wi-Fi 驱动程序
    esp_wifi_start();
}
```

（4）使用 esp_wifi_start()函数异步启动 Wi-Fi 驱动程序，在 Wi-Fi 底层任务中根据参数和模式创建不同的控制单元并开始相关的工作。

（5）当 Wi-Fi Soft-AP 控制单元创建并启动成功时，Wi-Fi 驱动程序会将 WIFI_EVEN_AP_START 发布到事件任务中，事件任务判断应用程序是否注册了该事件的处理程序，如果有则响应并执行该事件的事件处理程序。

（6）当有 Wi-Fi 设备连接到该 AP 接入点时，Wi-Fi 驱动程序会将 WIFI_EVEN_AP_

STACONNECTED 发布到事件任务中,事件任务判断应用程序是否已注册该事件的处理程序,如果已注册则响应并执行该事件的事件处理程序。

(7)当有 Wi-Fi 设备断开连接时,Wi-Fi 驱动程序会将 WIFI_EVEN_AP_STADISCONNECTED 发布到事件任务中,事件任务判断应用程序是否已注册该事件的处理程序,如果已注册则响应并执行该事件的事件处理程序。

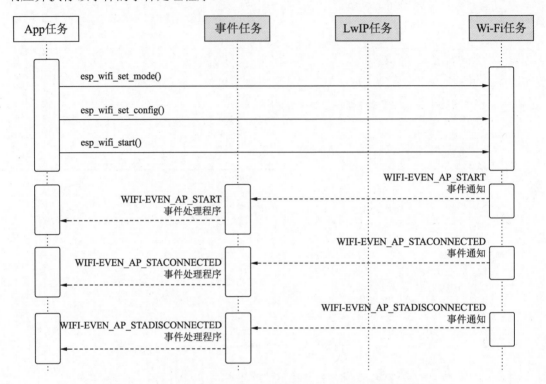

图 5.13 以 ESP32 Wi-Fi Soft-AP 模式开启 AP 接入点的程序流程

代码 5.6 配置Wi-Fi Station参数的关键代码

```
// Wi-Fi 配置参数
wifi_config_t wifi_config = {
.ap = {
// Wi-Fi 名称
    .ssid = "kangweijian",
  // Wi-Fi 名称的长度
    .ssid_len = strlen("kangweijian"),
  // Wi-Fi 密码
    .password = "kangweijian",
  // 允许最大接入数
    .max_connection = 10,
    .authmode = WIFI_AUTH_WPA3_PSK,
    .sae_pwe_h2e = WPA3_SAE_PWE_BOTH,
    .pmf_cfg = {
        .required = true,
    },
},
};
// 设置 Wi-Fi 参数
esp_wifi_set_config(WIFI_IF_AP, &wifi_config);
```

5.5 ESP-NOW 通信

本节介绍 ESP-NOW 的基础知识,然后通过一个动手实践项目帮助读者掌握 ESP-NOW 通信的相关知识点。

5.5.1 ESP-NOW 简介

ESP-NOW 是一种由乐鑫公司定义的无连接的 Wi-Fi 通信协议。它打破了传统 Wi-Fi 通信的限制,实现了在无路由器的情况下,设备间直接、快速且低功耗的数据传输。ESP-NOW 特别适用于智能家电、远程控制和传感器网络等场景,它具有如下优势:

- 毫秒级响应:无须烦琐的连接建立过程,数据和控制指令可以立即传输;将复杂的 OSI 五层协议栈精简为一层,减少了数据传输时的封装和解封装过程,极大提高了响应速度,响应时间以 ms 为单位。
- 低功耗管理:通过新增窗口同步机制、优化通信协议设计,减少了通信过程开销,使得 ESP-NOW 在保持高性能的同时,显著降低了功耗,延长了设备使用寿命。
- 兼容性强:与 Wi-Fi、Bluetooth LE 完美共存,支持乐鑫多系列 SoC,如 ESP8266、ESP32、ESP32-S 和 ESP32-C 等。
- 通信安全保障:采用先进的协议 CCMP,CCMP 基于 AES(Advanced Encryption Standard)加密算法,使用 128 位密钥长度的计数器模式(CTR)进行加密,并提供 CBC-MAC(Cipher Block Chaining Message Authentication Code)进行消息认证。这种组合提供了强大的加密和完整性保护,可以有效防止数据泄露和被篡改,确保数据传输的加密和完整性。
- 控制简便:支持单对多、多对多的设备连接和控制,提供快速且用户友好的配对体验。
- 长距离稳定通信:在开放环境下,通信距离可达 200m 以上,同时可以确保数据传输的稳定性。
- 多功能辅助:可作为独立模块,为系统提供设备配网、调试、固件升级等关键功能。

ESP-NOW 以其高效、低功耗和灵活的特性,正逐渐成为物联网和嵌入式系统领域的另一种选择。它简化了设备间的通信过程,提高了数据传输效率,为智能家居、工业自动化等场景提供了强有力的支持。

5.5.2 ESP-NOW 的常用函数

ESP-NOW 的常用函数如表 5.5 所示。

表 5.5 ESP-NOW 的常用函数

属性/函数	说明
esp_now_init()	初始化ESP-NOW驱动程序,应该在esp_wifi_start()之后调用
esp_now_deinit()	卸载ESP-NOW驱动程序并清理内存,应该在esp_wifi_stop()之前调用

续表

属性/函数	说　明
esp_now_register_recv_cb()	注册ESP-NOW数据并接收回调函数
esp_now_register_send_cb()	注册ESP-NOW数据并发送回调函数
esp_now_unregister_recv_cb()	取消注册ESP-NOW数据并接收回调函数
esp_now_unregister_send_cb()	取消注册ESP-NOW数据并发送回调函数
esp_now_set_pmk()	设置ESP-NOW主密钥
esp_now_add_peer()	添加ESP-NOW配对信息到配对列表中
esp_now_del_peer()	删除ESP-NOW配对列表中的配对信息
esp_now_mod_peer()	修改ESP-NOW配对列表中的配对信息
esp_now_set_wake_window()	设置ESP-NOW休眠唤醒的窗口时间
esp_wifi_config_espnow_rate()	配置ESP-NOW特定接口的传输速率
esp_now_send()	发送ESP-NOW数据

5.5.3　实践：基于ESP-NOW实现两个ESP32互相通信

【发送端ESP32源码路径：tutorial-esp32c3-getting-started/tree/master/wifi/esp_now_send】
【接收端ESP32源码路径：tutorial-esp32c3-getting-started/tree/master/wifi/esp_now_recv】

本节主要利用前面介绍的 ESP-NOW 知识点及其常用函数进行实践：利用两个 ESP32-C3 开发板互相通信，其中一个作为 ESP-NOW 的发送端，另一个作为 ESP-NOW 的接收端。

1．操作步骤

（1）准备一个 ESP32-C3 开发板作为 ESP-NOW 发送端，通过 Visual Studio Code 开发工具编译 esp_now_send 工程源码，生成相应的固件，再将固件下载到该 ESP32-C3 开发板上。

（2）准备一个 ESP32-C3 开发板作为 ESP-NOW 接收端，通过 Visual Studio Code 开发工具编译"esp_now_recv"工程源码，生成相应的固件，再将固件下载到该 ESP32-C3 开发板上。

（3）在 ESP-NOW 发送端运行程序后，按 BOOT 按键将触发数据以广播的形式发送给 ESP-NOW 接收端。

（4）ESP-NOW 接收端运行程序，在接收到广播的数据后，根据数据指令控制 RGB LED 的亮、灭状态，程序运行效果如图 5.14 所示。

2．程序源码解析

ESP-NOW 发送端和接收端的主要区别是发送端负责发送数据，接收端负责接收数据。而它们的相同之处是 Wi-Fi 和 ESP-NOW 的初始化流程。

ESP32 Wi-Fi 的初始化流程已在 5.1.5 节中进行了详细的介绍，因此这里不再赘述。而 ESP-NOW 的初始化流程如图 5.15 所示，具体实现可参考代码 5.7，代码实现流程如下：

（1）初始化 ESP-NOW 驱动程序。

图 5.14　通过 ESP-NOW 接收数据控制 RGB LED 的效果图

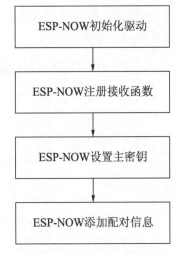

图 5.15　ESP-NOW 初始化流程

（2）注册数据接收回调函数，允许开发者自定义数据处理程序，以便根据接收到的数据执行特定的操作。

（3）设置主密钥和添加配对信息，确保两个 ESP-NOW 客户端能够互相搜索、识别、配对、连接和稳定通信。

代码 5.7　ESP-NOW 初始化的关键代码

```c
/**
 * @brief ESP-NOW 初始化
 */
esp_err_t espnow_init(void)
{
    // 初始化 ESP-NOW 驱动程序
    esp_now_init();
    // 注册 ESP-NOW 数据以便接收回调函数
    esp_now_register_recv_cb(espnow_recv_cb);
    // 设置 ESP-NOW 主密钥
    esp_now_set_pmk((uint8_t *)ESPNOW_PMK);

    // 广播配对信息
    esp_now_peer_info_t *peer = malloc(sizeof(esp_now_peer_info_t));
    if (peer == NULL) {
        ESP_LOGE(TAG, "Malloc peer information fail");
        esp_now_deinit();
        return ESP_FAIL;
    }
    memset(peer, 0, sizeof(esp_now_peer_info_t));
    peer->channel = ESPNOW_CHANNEL;
    peer->ifidx = ESP_IF_WIFI_STA;
    peer->encrypt = false;
    memcpy(peer->peer_addr, s_example_broadcast_mac, ESP_NOW_ETH_ALEN);
    // 将广播配对信息添加到配对列表中
    esp_now_add_peer(peer);
    free(peer);
    return ESP_OK;
}
```

另外，需要强调的是，ESP-NOW 的初始化操作必须在 Wi-Fi 初始化完成之后才能进行，这是因为 ESP-NOW 是基于 Wi-Fi 技术的，只有 Wi-Fi 功能正常启动和配置之后，

ESP-NOW 才能发挥作用。因此，在进行 ESP-NOW 通信之前，务必确保 Wi-Fi 已经成功初始化并处于可用状态。

3．ESP-NOW发送端源码解析

本次实践工程的源码结构如图 5.16 所示，包含 button.c、button.h 和 main.c 3 个源文件。由于添加了 button.c 源文件，为了确保项目正确编译和链接，需要在 CMakeLists.txt 配置文件中进行相应的配置。

- button.c 和 button.h：在这两个文件中实现按键初始化函数和按键触发中断事件处理函数，详情可查阅 3.1.3 节。
- main.c：程序源文件，实现代码见代码

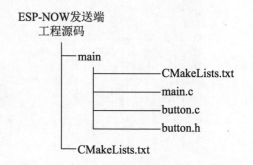

图 5.16 ESP-NOW 发送端的工程源码结构

5.8，程序流程如图 5.17 所示，在应用程序的入口 app_main()函数中完成 NVS 初始化、Wi-Fi 初始化、ESP-NOW 初始化和按键初始化，最后进入一个循环，堵塞读取 button_queue 队列数据，等待按键被按下触发中断向队列写入数据，一旦队列存在数据，就将数据读取出来并转换成 GPIO 引脚号，然后判断如果是 BOOT 按键按下，则将数据取反，再通过 ESP-NOW 广播出去。

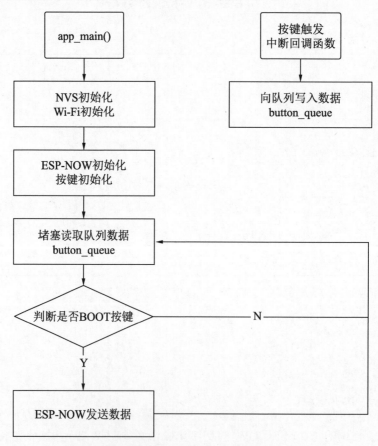

图 5.17 ESP-NOW 发送端的程序流程

代码 5.8　基于ESP-NOW 发送数据的关键代码

```c
// 广播地址
static uint8_t s_example_broadcast_mac[ESP_NOW_ETH_ALEN] = { 0xFF, 0xFF,
0xFF, 0xFF, 0xFF, 0xFF };

/**
 * @brief ESP-NOW 发送数据
 *
 * @param[int] state: 开关状态
 */
void espnow_send(uint8_t state)
{
    ESP_LOGI(TAG, "espnow_send %d", state);

    // 数据格式：帧头+编号+状态+CRC
    uint8_t buffer[] = {0x55, 0x01, 0x00, 0xFF};
    int buffer_len = sizeof(buffer)/sizeof(uint8_t);

    current_state = state;
    buffer[1] = ESPNOW_ID;
    buffer[2] = state;
    buffer[3] = esp_crc8_le(UINT8_MAX, (uint8_t const *)buffer, buffer_len-1);

    // 基于 ESP-NOW 发送数据
    if (esp_now_send(s_example_broadcast_mac, buffer, buffer_len) != ESP_OK) {
        ESP_LOGE(TAG, "Send error");
    }
}
```

4．ESP-NOW接收端源码解析

本次实践的工程源码结构如图 5.18 所示，包含 rmt_ws2812.c、rmt_ws2812.h 和 main.c 几个源文件。注意，由于添加了 rmt_ws2812.c 源文件，为了确保项目的正确编译和链接，需要在 CMakeLists.txt 配置文件中进行相应的配置。

图 5.18　ESP-NOW 接收端的工程源码结构

❑ rmt_ws2812.c 和 rmt_ws2812.h：相关源码解析在 3.7.3 节中进行了详细的介绍，因此这里就不再赘述。
❑ main.c：程序源文件，代码见代码 5.9，程序流程如图 5.19 所示，在应用程序的入口 app_main()函数中完成 NVS 初始化、Wi-Fi 初始化、ESP-NOW 初始化和 ws2812 初始化。然后在 ESP-NOW 数据接收回调函数中，对接收到的数据进行严格校验，包括帧头校验、ESP-NOW ID 校验和 CRC 校验，以确保数据的完整性和准确性。只有当所有数据校验通过后，程序才会根据数据位控制 RGB LED 亮白灯或者熄灭灯光。

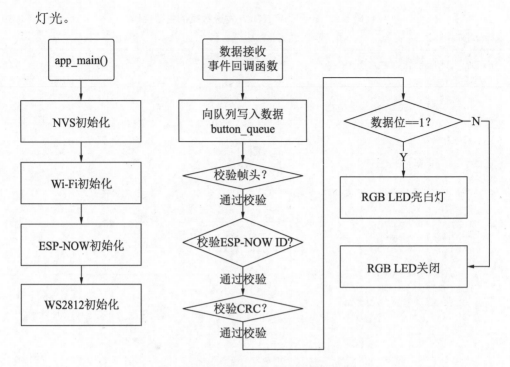

图 5.19　ESP-NOW 接收端的程序流程

代码 5.9　基于 ESP-NOW 接收数据的关键代码

```
/**
 * @brief ESP-NOW 接收数据
 *
 * @param[uint8_t *] mac_addr：发送数据的设备的 MAC 地址
 * @param[uint8_t *] data：接收的数据
 * @param[int] len：接收的数据长度
 */
void espnow_recv_cb(const uint8_t *mac_addr, const uint8_t *data, int len)
{
    uint8_t crc_cal = 0;

    ESP_LOGI(TAG, "espnow_recv_cb mac: "MACSTR"", MAC2STR(mac_addr));
    ESP_LOG_BUFFER_HEXDUMP(TAG, data, len, ESP_LOG_INFO);

    // 数据格式：帧头+编号+状态+CRC
    // 帧头校验
    if(data[0]!=0X55){
        return;
    }

    // CRC 校验
    crc_cal = esp_crc8_le(UINT8_MAX, (uint8_t const *)data, len-1);
    if (crc_cal != data[3]) {
        ESP_LOGE(TAG, "espnow_recv_cb crc error: 0x%x != 0x%x", crc_cal, data[3]);
        return;
    }

    // ESP-NOW ID校验
```

```
    if(data[1]!=ESPNOW_ID) {
        ESP_LOGE(TAG, "espnow_recv_cb id error: 0x%x != 0x%x", ESPNOW_ID, data[1]);
        return;
    }

    // 根据状态控制 RGB LED
    if(data[2]){
        // RGB LED 白光
        ws2812_set_pixel(ws2812, 0, 255, 255, 255);
        ws2812_refresh(ws2812, 50);
    }else{
        // 关闭灯带上的所有 LED
        ws2812_clear(ws2812, 100);
    }
}
```

第 6 章　Wi-Fi 配网

Wi-Fi 配网是确保 Wi-Fi 设备能够顺利连接新的 Wi-Fi 热点或路由器的关键步骤。最常见的 Wi-Fi 配网操作如我们在手机、iPad 或计算机中搜索附近的 Wi-Fi 或选择指定的 Wi-Fi，输入 Wi-Fi 密码，连接 Wi-Fi 等。但是有更多的 Wi-Fi 设备因为缺乏触摸显示屏，没有丰富的人机交互界面，所以需要通过其他途径将 Wi-Fi 热点的 SSID 和密码发送给这些 Wi-Fi 设备。一旦 Wi-Fi 设备拿到 Wi-Fi 热点的 SSID 和密码，就可以尝试连接新的 Wi-Fi，加入新的 Wi-Fi 网络了。

对于所有 Wi-Fi 设备来说，Wi-Fi 配网是不可或缺的重要功能之一。如果 Wi-Fi 设备无法进行 Wi-Fi 配网，那么就无法连接 Wi-Fi 网络，它的很多功能就无法使用，甚至无法保证 Wi-Fi 设备能够正常工作。

目前，Wi-Fi 配网的方法有很多种，其中常见的有 Smart Config、Soft-AP 配网、蓝牙配网等。每种 Wi-Fi 配网方法都有其特点和适用场景，并不是万能的。因此，为了确保配网过程顺利进行，Wi-Fi 设备通常需要支持多种配网方案的组合，以便用户可以根据实际情况灵活调整。

在 Wi-Fi 配网的过程中，完善且丰富的配网方式、稳定且快速的配网速度和充分且智能的用户引导都是至关重要的。本章将详细介绍 Wi-Fi 配网的相关知识，帮助读者更好地理解和应用 Wi-Fi 配网技术。

6.1　Smart Config 配网

本节介绍 Smart Config（智能配网）的基础知识，然后通过一个动手实践项目帮助读者掌握 Smart Config 智能配网的相关知识点。

6.1.1　Smart Config 简介

Smart Config 是一种 Wi-Fi 配网方案，它能够在未建立实质通信链路的情况下，通过手机 App 以广播或者组播方式，将 Wi-Fi 热点的 SSID 和密码传达给 Wi-Fi 设备。这项技术的优势在于便捷和无感。

❑ 便捷：借助智能手机 App 友好的人机交互界面获取 Wi-Fi 热点的 SSID 和密码。
❑ 无感：通过广播或者组播方式，没有建立任何实质的通信链路就将 Wi-Fi 热点的 SSID 和密码传递给未配网的 Wi-Fi 设备。

Smart Config 是 2012 年由德州仪器（TI）提出的一项 Wi-Fi 配网技术，然后将其应用在了 CC3000 系列的 Wi-Fi 芯片上。它可以让用户将设备便捷地连接到 Wi-Fi 热点或路由器上，这在当时无疑是一项革命性的技术。

从原理上来说，Smart Config 技术方案并不难实现，支持混杂模式的 Wi-Fi 芯片都可以实现并应用该技术方案。因此，不同的 Wi-Fi 芯片厂商在其之后都推出了自己的 Wi-Fi 智能配网方案（如表 6.1 所示），技术方案的名称也大同小异，原理基本相同，都是通过 UDP 组播或者广播的形式，只是通信协议和数据格式不一样。

表 6.1 Wi-Fi 芯片厂商的智能配网方案

Wi-Fi芯片厂商	芯片名称	方案名称	方案原理
TI（德州仪器）	CC3200	Smart Config	向固定IP发送UDP包
Qualcomm（高通）	QCA4004/QCA4002	Smart Connection	UDP组播
MTK（联发科）	MTK7681	Smart Connection	UDP组播
Reltek（瑞昱）	AMEBA	Simple Config	UDP组播
Espressif（乐鑫）	ESP32	Smart Config	UDP组播
Weixin（微信）	无	Airkiss	UDP广播

Smart Config 配网的具体操作需要两个 Wi-Fi 设备，一个是已连接到 Wi-Fi 网络的智能手机，另一个是未配网的 Wi-Fi 设备，操作步骤如下：

（1）智能手机已成功连接到 Wi-Fi 网络，并打开对应的应用程序。

（2）未配网的 Wi-Fi 设备通过按键或者其他途径进入配网模式，即启用 Wi-Fi 芯片的混杂模式，使得 Wi-Fi 设备开始监听附近的 Wi-Fi 数据包。

（3）智能手机上的应用程序将当前连接的 Wi-Fi SSID 和密码编码到 UDP 报文中，通过广播或者组播的形式将其发送出去。

（4）未配网的 Wi-Fi 设备在混杂模式下监听到这些 UDP 报文，接收并解码后，得到正确的 Wi-Fi SSID 和密码。

（5）未配网的 Wi-Fi 设备获得 Wi-Fi SSID 和密码后，主动尝试连接该 Wi-Fi，一旦连接成功并加入该 Wi-Fi 网络，则会将连接成功的消息反馈给智能手机的应用程序。

通过以上步骤即完成一次完整的 Smart Config Wi-Fi 配网操作。本节将重点介绍并演示乐鑫的 Smart Config 配网方案。乐鑫的 Smart Config 配网方案具有卓越的兼容性和多样性，它支持多种协议类型，不仅涵盖乐鑫自主研发的 EspTouch 和 EspTouch V2，而且支持微信硬件平台的 Airkiss 配网协议。这个方案为用户提供了更丰富的选择空间和更大的灵活性，从而确保在不同设备和场景下，配网需求都能得到高效且精准的满足。

6.1.2 Smart Config 的常用函数

Smart Config 的常用函数如表 6.2 所示。

表 6.2 Smart Config的常用函数

属性/函数	说明
esp_smartconfig_get_version()	获取Smart Config版本
esp_smartconfig_start()	启动Smart Config，开始监听附近的Wi-Fi数据包
esp_smartconfig_stop()	停止Smart Config并释放内存

续表

属性/函数	说　　明
esp_esptouch_set_timeout()	设置Smart Config的超时时间
esp_smartconfig_set_type()	设置Smart Config的类型，有EspTouch、EspTouch V2、Airkiss、EspTouch和Airkiss共存模式等可选
esp_smartconfig_fast_mode()	设置Smart Config的快速模式，默认为正常模式
esp_smartconfig_get_rvd_data()	获取Smart Config的EspTouch V2的保留数据

6.1.3　实践：基于 Smart Config 技术的 EspTouch V2 类型的 Wi-Fi 配网

【ESP32 源码路径：tutorial-esp32c3-getting-started/tree/master/wifi/smart_config】

【Android APK 路径：tutorial-esp32c3-getting-started/tree/master/apk/EsptouchForAndroid.apk】

【Android 源码路径：https://github.com/EspressifApp/EsptouchForAndroid】

【IOS 源码路径：https://github.com/EspressifApp/EsptouchForIOS】

本节主要利用前面介绍的 Smart Config 配网知识点及其常用函数进行实践。

1. 操作步骤

（1）准备一个支持 2.4GHz 频段的 Wi-Fi 接入点（AP）。请注意，部分路由器可能会限制 ESP32 监听 Wi-Fi 广播或组播的数据包，因此建议通过智能手机开启个人 Wi-Fi 热点作为接入点。开启热点的步骤在 5.3.3 节中已详细说明，这里不再赘述。

（2）准备一个 ESP32-C3 开发板，通过 Visual Studio Code 开发工具编译 smart_config 工程源码，生成相应的固件，再将固件下载到 ESP32-C3 开发板上。

（3）ESP32-C3 运行程序后，在 Wi-Fi 初始化完成后，将配置为 EspTouch V2 类型的 Smart Config 配网模式监听 Wi-Fi 组播的数据包，程序运行后的日志输出如图 6.1 所示。

```
I (00:00:00.291) Smart Config: Wi-Fi Sation Start
I (00:00:00.293) main_task: Returned from app_main()
I (627) smartconfig: SC version: V3.0.1
I (5447) wifi:ic_enable_sniffer
I (5447) smartconfig: Start to find channel...
I (00:00:05.164) Smart Config: Smart Config Scan done
I (5907) smartconfig: lock channel: 8
I (5907) smartconfig: TYPE: ESPTOUCH_V2
I (5907) smartconfig: offset:52 tods: 0
I (00:00:05.625) Smart Config: Smart Config Found channel
I (00:00:06.169) smartconfig: total_seq: 9
I (7467) wifi:ic_disable_sniffer
I (00:00:07.187) Smart Config: Smart Config Got SSID and password
I (00:00:07.188) Smart Config: SSID:weijian
I (00:00:07.190) Smart Config: PASSWORD:12345678
I (00:00:07.190) Smart Config: RVD_DATA:hello 小康师兄
I (7487) wifi:new:<8,2>, old:<8,0>, ap:<255,255>, sta:<8,2>, prof:1
I (7487) wifi:state: init -> auth (b0)
I (7497) wifi:state: auth -> assoc (0)
I (7497) wifi:state: assoc -> run (10)
I (7517) wifi:connected with weijian, aid = 10, channel 8, 40D, bssid = d8:9a:34:18:b4:86
I (7517) wifi:security: WPA2-PSK, phy: bgn, rssi: -38
I (7517) wifi:pm start, type: 1

I (7527) wifi:set rx beacon pti, rx_bcn_pti: 0, bcn_timeout: 25000, mt_pti: 0, mt_time: 10000
I (00:00:07.251) Smart Config: Wi-Fi Connected to ap
I (7537) wifi:<ba-add>idx:0 (ifx:0, d8:9a:34:18:b4:86), tid:0, ssn:0, winSize:64
I (7547) wifi:AP's beacon interval = 102400 us, DTIM period = 2
I (00:00:08.251) esp_netif_handlers: sta ip: 192.168.43.143, mask: 255.255.255.0, gw: 192.168.43.1
I (00:00:08.252) Smart Config: Wi-Fi Got ip:192.168.43.143
I (8737) wifi:<ba-add>idx:1 (ifx:0, d8:9a:34:18:b4:86), tid:6, ssn:2, winSize:64
I (00:00:11.302) Smart Config: Smart Config Over
```

图 6.1　EspTouch V2 类型的 Wi-Fi 配网的 ESP32 程序运行日志

（4）准备一个智能手机。如果是 Android 手机，请安装 EsptouchForAndroid.apk 应用程序；如果是 iPhone 手机，请在应用市场中搜索并安装 Esptouch 应用程序。

（5）将智能手机首先连接第（1）步准备的 2.4GHz 频段的 Wi-Fi 接入点（AP），然后使用 Esptouch 应用程序进行 Wi-Fi 配网操作，在 Esptouch 应用界面可以直观地看到智能手机当前连接的 Wi-Fi SSID 和 BSSID。输入 Wi-Fi 密码、需要配网的设备数量、AES 密钥和自定义数据（可以自定义 AES 密钥以增强数据传输的安全性）。点击"确认"按钮后，Esptouch 自动将 Wi-Fi SSID、BSSID、密码和其他数据打包并通过 AES 加密，再通过 Wi-Fi 组播发送出去。

（6）ESP32 将监听 Wi-Fi 组播的数据包，一旦接收到数据，将进行解密、校验和解析原始数据。成功解析后，ESP32 将连接到指定的 Wi-Fi 接入点。一旦连接成功并获得 IP 地址，ESP32 会将 IP 地址反馈给智能手机的 Esptouch 应用程序，如图 6.2 所示。至此，整个配网过程便完成了。

图 6.2　EspTouch V2 类型的 Wi-Fi 配网

2．程序源码解析

ESP32 基于 Smart Config 技术的 EspTouch V2 类型的 Wi-Fi 配网的程序流程如图 6.3 所示，程序流程从 Wi-Fi 初始化和启动阶段开始，后续所有操作皆通过 Wi-Fi/IP/SmartConfig 事件处理程序完成。

Wi-Fi 初始化和启动阶段的具体实现可参考代码 6.1，具体流程如下：

（1）ESP32 Wi-Fi 初始化流程详情见 5.1.5 节，这里不再赘述。

（2）使用 esp_wifi_set_mode(WIFI_MODE_STA)函数设置 Wi-Fi 模式为 Station 模式。

（3）使用 esp_wifi_start()函数异步启动 Wi-Fi 驱动程序，在 Wi-Fi 底层任务中根据参数和模式创建相应的控制单元并开始相关的工作。

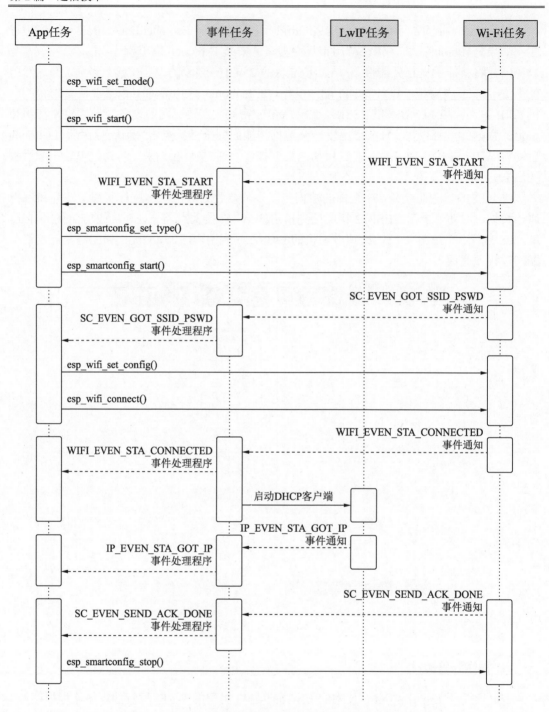

图 6.3　ESP32 基于 Smart Config 技术的 Wi-Fi 配网程序流程

代码 6.1　ESP32 基于Smart Config技术的Wi-Fi配网的主程序代码

```
void app_main(void)
{
    // 初始化 NVS
    esp_err_t ret = nvs_flash_init();
    if (ret == ESP_ERR_NVS_NO_FREE_PAGES || ret == ESP_ERR_NVS_NEW_VERSION_FOUND) {
```

```c
        // 擦除 NVS
        nvs_flash_erase();
        // 初始化 NVS
        nvs_flash_init();
    }

    // 初始化 LwIP 的相关工作并创建 LwIP 底层任务
    esp_netif_init();
    // 创建默认事件循环
    esp_event_loop_create_default();
    // 使用默认的 Station 配置创建 esp_netif 对象,绑定到 Wi-Fi 驱动程序上,注册 Wi-Fi 事件默认的处理程序
    esp_netif_create_default_wifi_sta();

    // 使用默认的 WiFi 初始化参数
    wifi_init_config_t cfg = WIFI_INIT_CONFIG_DEFAULT();
    // 初始化 Wi-Fi 驱动程序
    esp_wifi_init(&cfg);

    // 注册 Wi-Fi 事件处理程序到事件循环任务中
    esp_event_handler_register(WIFI_EVENT, ESP_EVENT_ANY_ID, &event_handler, NULL);
    // 注册 IP 事件处理程序到事件循环任务中
    esp_event_handler_register(IP_EVENT, IP_EVENT_STA_GOT_IP, &event_handler, NULL);
    // 注册 Smart Config 事件处理程序到事件循环任务中
    esp_event_handler_register(SC_EVENT, ESP_EVENT_ANY_ID, &event_handler, NULL);

    // 设置 Wi-Fi Station 模式
    esp_wifi_set_mode(WIFI_MODE_STA);
    // 根据当前的 Wi-Fi 模式和配置启动 Wi-Fi 驱动程序
    esp_wifi_start();
}
```

ESP32 通过 Wi-Fi/IP/SmartConfig 事件处理程序完成各项事务,具体实现可参考代码 6.2,程序实现流程如下:

- 当 Wi-Fi Station 控制单元成功创建并启动时,Wi-Fi 驱动程序会向事件任务发布 WIFI_EVEN_STA_START 事件,表示 Station 模式已准备就绪。在该事件处理程序中,使用 esp_smartconfig_set_type(SC_TYPE_ESPTOUCH_V2)函数将 Smart Config 的类型设置为 ESPTOUCH_V2,并通过 esp_smartconfig_start()函数启动 Smart Config 功能开始监听附近的 Wi-Fi 数据包。请注意,如果在事件触发前启动 Smart Config,则会收到 ESP_ERR_WIFI_NOT_STARTED 的错误提示。

- 当 Smart Config 监听并解码出目标 Wi-Fi 接入点的 SSID 和密码时,Wi-Fi 驱动程序会向事件任务发布 SC_EVENT_GOT_SSID_PSWD 事件,通知系统已获取到 Wi-Fi 接入点的相关信息。在该事件处理程序中,将解码得到的数据包转换成 Wi-Fi 配置参数,并通过 esp_wifi_set_config(WIFI_IF_STA,...)函数设置这些参数,使用 esp_wifi_connect()根据当前 Wi-Fi 的配置参数连接到指定的 Wi-Fi 接入点。

- 当 Wi-Fi 连接成功时,Wi-Fi 驱动程序会向事件任务发布 WIFI_EVEN_STA_CONNETED 事件,表示已成功连接到 Wi-Fi 网络。

- 当从 DHCP 服务器获取到 IP 地址时,LwIP 任务会向事件任务发布 IP_EVEN_

GOT_IP 事件，通知系统已获取到网络地址。
- 当 Smart Config 配网完成并将 Wi-Fi 配网成功的反馈信息发送给智能手机时，Wi-Fi 驱动程序会将 SC_EVENT_SEND_ACK_DONE 发布到事件任务中，通知系统 Wi-Fi 配网已完成。在该事件处理程序中，使用 esp_smartconfig_stop()函数停止 Smart Config 配网任务并释放相关资源和内存。

代码 6.2　ESP32 基于Smart Config技术的Wi-Fi配网的main.c源码

```
/**
 * @brief Wi-Fi、IP 和 Smart Config 事件的统一处理程序
 *
 * @param[void *] arg: 参数，调用注册事件处理程序时传递的参数
 * @param[esp_event_base_t] event_base: 指向公开事件的唯一指针
 * @param[int32_t] event_id: 具体事件的 ID
 * @param[void *] event_data: 数据，调用事件处理程序时传递的数据
 */
static void event_handler(void* arg, esp_event_base_t event_base, int32_t event_id, void* event_data)
{
    if (event_base == WIFI_EVENT && event_id == WIFI_EVENT_STA_START) {
        // Wi-Fi Station 模式启动
        ESP_LOGI(TAG, "Wi-Fi Sation Start");
        // 设置 Smart Config 的类型为 ESPTOUCH_V2
        esp_smartconfig_set_type(SC_TYPE_ESPTOUCH_V2);
        // // 设置 Smart Config 的类型为 AIRKISS
        // esp_smartconfig_set_type(SC_TYPE_AIRKISS);
        // 使用默认的 Smart Config 配置参数
        smartconfig_start_config_t cfg = SMARTCONFIG_START_CONFIG_DEFAULT();
        // 启动 Smart Config，开始监听附近的 Wi-Fi 数据包
        esp_smartconfig_start(&cfg);
    } else if (event_base == WIFI_EVENT && event_id == WIFI_EVENT_STA_DISCONNECTED) {
        // Wi-Fi 断开连接，Wi-Fi 连接失败，打印 Wi-Fi 连接失败的原因
        wifi_event_sta_disconnected_t *disconn = event_data;
        ESP_LOGI(TAG, "Wi-Fi station disconnected, reason=%d", disconn->reason);
        // 再次尝试连接到指定的 Wi-Fi 接入点
        esp_wifi_connect();
    } else if (event_base == WIFI_EVENT && event_id == WIFI_EVENT_STA_CONNECTED) {
        // 已连接到指定的 Wi-Fi 接入点
        ESP_LOGI(TAG, "Wi-Fi Connected to ap");
    } else if (event_base == IP_EVENT && event_id == IP_EVENT_STA_GOT_IP) {
        // 得到路由器分配的 IP 地址并打印 IP 地址
        ip_event_got_ip_t* event = (ip_event_got_ip_t*) event_data;
        ESP_LOGI(TAG, "Wi-Fi Got ip:" IPSTR, IP2STR(&event->ip_info.ip));
    } else if (event_base == SC_EVENT && event_id == SC_EVENT_SCAN_DONE) {
        // 完成扫描附近 Wi-Fi 接入点
        ESP_LOGI(TAG, "Smart Config Scan done");
    } else if (event_base == SC_EVENT && event_id == SC_EVENT_FOUND_CHANNEL) {
        // Smart Config 找到目标 Wi-Fi 接入点的通道
        ESP_LOGI(TAG, "Smart Config Found channel");
    } else if (event_base == SC_EVENT && event_id == SC_EVENT_GOT_SSID_PSWD) {
        // Smart Config 监听并解码出目标 Wi-Fi 接入点的 SSID 和密码
        ESP_LOGI(TAG, "Smart Config Got SSID and password");
```

```c
        // 数据转换
        smartconfig_event_got_ssid_pswd_t *evt = (smartconfig_event_got_ssid_pswd_t *)event_data;
        ESP_LOGI(TAG, "SSID:%s", evt->ssid);
        ESP_LOGI(TAG, "PASSWORD:%s", evt->password);
        if (evt->type == SC_TYPE_ESPTOUCH_V2) {
            uint8_t rvd_data[33] = { 0 };
            ESP_ERROR_CHECK( esp_smartconfig_get_rvd_data(rvd_data, sizeof(rvd_data)) );
            ESP_LOGI(TAG, "RVD_DATA:%s", rvd_data);
        }

        // 填充 Wi-Fi 配置参数
        wifi_config_t wifi_config;
        bzero(&wifi_config, sizeof(wifi_config_t));
        memcpy(wifi_config.sta.ssid, evt->ssid, sizeof(wifi_config.sta.ssid));
        memcpy(wifi_config.sta.password, evt->password, sizeof(wifi_config.sta.password));
        wifi_config.sta.bssid_set = evt->bssid_set;
        if (wifi_config.sta.bssid_set == true) {
            memcpy(wifi_config.sta.bssid, evt->bssid, sizeof(wifi_config.sta.bssid));
        }

        // 断开当前 Wi-Fi 连接
        esp_wifi_disconnect();
        // 设置 Wi-Fi 参数
        esp_wifi_set_config(WIFI_IF_STA, &wifi_config);
        // 根据当前 Wi-Fi 的配置参数，连接到指定的 Wi-Fi 接入点
        esp_wifi_connect();
    } else if (event_base == SC_EVENT && event_id == SC_EVENT_SEND_ACK_DONE) {
        // Smart Config 配网完成，并将 Wi-Fi 配网成功的反馈发送给智能手机
        ESP_LOGI(TAG, "Smart Config Over");
        esp_smartconfig_stop();
    }
}
```

6.1.4　实践：基于 Smart Config 技术的 Airkiss 类型的 Wi-Fi 配网

乐鑫的 Smart Config 配网方案除了支持 EspTouch 和 EspTouch V2 外，同样也支持微信智能硬件平台的 Airkiss 配网协议。如果终端用户通过智能手机的应用程序进行 Wi-Fi 配网，则推荐使用基于 Smart Config 技术的 EspTouch V2 类型的 Wi-Fi 配网方案，详细操作步骤参考 6.1.3 节。如果用户希望避免安装额外的应用程序，通过微信小程序或者微信公众号轻松实现即用即走的 Wi-Fi 配网体验，那么推荐使用基于 Smart Config 技术的 Airkiss 类型的 Wi-Fi 配网方案。

Airkiss 作为腾讯公司为微信智能硬件平台量身打造的创新技术，集微信配网、局域网发现和局域网通信等功能于一体，旨在为用户提供更流畅、高效的 Wi-Fi 设备连接体验。值得注意的是，Airkiss 技术目前仅适用于微信智能硬件平台。

【ESP32 源码路径：tutorial-esp32c3-getting-started/tree/master/wifi/smart_config】
本节主要基于 Smart Config 技术的 Airkiss 类型的 Wi-Fi 配网进行实践。

1. 操作步骤

（1）准备一个 ESP32-C3 开发板。随后对 smart_config 工程源码进行必要的修改（见代码 6.2），然后通过 Visual Studio Code 开发工具编译 smart_config 工程源码，生成相应的固件，再将固件下载到 ESP32-C3 开发板上。

（2）ESP32-C3 运行程序后，在 Wi-Fi 初始化完成后将配置为 Airkiss 类型的 Smart Config 配网模式，监听 Wi-Fi 广播的数据包，程序运行后的日志输出如图 6.4 所示。

```
I (00:00:00.282) Smart Config: Wi-Fi Sation Start
I (00:00:00.283) main_task: Returned from app_main()
I (617) smartconfig: SC version: V3.0.1
I (5437) wifi:ic_enable_sniffer
I (5437) smartconfig: Start to find channel...
I (00:00:05.153) Smart Config: Smart Config Scan done
I (7277) smartconfig: TYPE: AIRKISS
I (7277) smartconfig: T|AP MAC: ba:2a:c7:2b:cc:ab
I (7277) smartconfig: Found channel on 6-0. Start to get ssid and password...
I (00:00:07.003) Smart Config: Smart Config Found channel
I (9767) smartconfig: T|pswd: 12345678
I (9767) smartconfig: T|ssid: weijian
I (9767) wifi:ic_disable_sniffer
I (00:00:09.483) Smart Config: Smart Config Got SSID and password
I (00:00:09.488) Smart Config: SSID:weijian
I (00:00:09.493) Smart Config: PASSWORD:12345678
I (10517) wifi:new:<6,0>, old:<6,0>, ap:<255,255>, sta:<6,0>, prof:1
I (10837) wifi:state: init -> auth (b0)
I (10837) wifi:state: auth -> assoc (0)
I (10847) wifi:state: assoc -> run (10)
I (10867) wifi:connected with weijian, aid = 2, channel 6, BW20, bssid = ba:2a:c7:2b:cc:ab
I (10867) wifi:security: WPA2-PSK, phy: bgn, rssi: -36
I (10927) wifi:pm start, type: 1

I (10927) wifi:set rx beacon pti, rx_bcn_pti: 0, bcn_timeout: 25000, mt_pti: 0, mt_time: 10000
I (00:00:10.644) Smart Config: Wi-Fi Connected to ap
I (10947) wifi:AP's beacon interval = 102400 us, DTIM period = 1
I (00:00:11.641) esp_netif_handlers: sta ip: 172.20.10.8, mask: 255.255.255.240, gw: 172.20.10.1
I (00:00:11.642) Smart Config: Wi-Fi Got ip:172.20.10.8
I (12027) wifi:<ba-add>idx:0 (ifx:0, ba:2a:c7:2b:cc:ab), tid:0, ssn:2, winSize:64
I (00:00:14.642) Smart Config: Smart Config Over
```

图 6.4　Airkiss 类型的 Wi-Fi 配网的 ESP32 程序运行日志

（3）准备一个智能手机并确保已安装微信应用程序。打开微信应用程序，在搜索栏中输入"乐鑫信息科技"，找到该公众号并关注。

（4）使用"乐鑫信息科技"微信公众号进行 Wi-Fi 配网操作，可轻松实现设备的网络配置。在"乐鑫信息科技"公众号菜单栏中，选择"产品资源"的"Airkiss 设备"，即可进入配置设备上网页面，如图 6.5 所示。在其中可以直观地查看到智能手机当前连接的 Wi-Fi SSID，输入对应的 Wi-Fi 密码，点击"连接"按钮，"乐鑫信息科技"公众号将会对 Wi-Fi SSID 和密码进行打包并加密处理，然后通过 Wi-Fi 广播发送出去，实现设备快速、安全地配网。

（5）ESP32 监听 Wi-Fi 广播的数据包，一旦接收到数据，将解密、校验和解析原始数据。成功解析后，ESP32 将连接到指定的 Wi-Fi 接入点。一旦连接成功并获得 IP 地址，ESP32 将 IP 地址反馈给"乐鑫信息科技"微信公众号，如图 6.5 所示。至此，整个配网过程便完成了。

2. 程序源码解析

ESP32 基于 Smart Config 技术的 Airkiss 类型的 Wi-Fi 配网程序流程，与 6.1.3 节的介绍基本相似。在代码实现上大致与代码 6.1 类似。唯一的不同之处是当设置 Smart Config 的类型时，需要选择 SC_TYPE_AIRKISS 类型，关键代码参见代码 6.3。

代码 6.3　ESP32 基于 Smart Config 设置 AirKiss 协议类型的关键代码

```
// 设置 Smart Config 的类型 AIRKISS
esp_smartconfig_set_type(SC_TYPE_AIRKISS);
// 使用默认的 Smart Config 配置参数
smartconfig_start_config_t cfg = SMARTCONFIG_START_CONFIG_DEFAULT();
// 启动 Smart Config 开始监听附近的 Wi-Fi 数据包
esp_smartconfig_start(&cfg);
```

图 6.5　Airkiss 类型的 Wi-Fi 配网

6.2　Soft-AP 配网

本节介绍 Soft-AP 配网的基础知识，然后通过一个动手实践项目帮助读者掌握 Soft-AP 配网的相关知识点。

6.2.1　Soft-AP 配网简介

虽然 Smart Config 提供了便捷且无感的 Wi-Fi 配网体验，但是在实际应用中其配网成功率却不尽如人意，造成这一现象的原因主要有以下几点：

❏ 兼容性问题：由于不同品牌不同型号的 Wi-Fi 路由器和智能手机之间存在兼容性问题，有时会导致数据包无法正常广播或组播，从而使得 ESP32 和其他 Wi-Fi 设备无法有效监听到所需的数据包。

❏ 安全性问题：出于安全考虑，部分品牌的部分型号的 Wi-Fi 路由器会限制 Wi-Fi 数据包的监听功能，甚至禁止广播/组播数据包的转发。这样一来，ESP32 和其他 Wi-Fi 设备同样难以监听到有效的数据包。

鉴于上述问题，导致 Smart Config 配网成功率不高。因此，当 Smart Config 配网失败时，通常需要在智能手机的应用程序上引导用户采用其他的 Wi-Fi 配网方法，如 Soft-AP 配网。

Soft-AP 配网是一种最常见和最早推行的 Wi-Fi 配网方案，它的配网成功率极高，但是操作略微烦琐，所以通常不作为第一选择给用户使用。Soft-AP 配网的具体操作同样需要两个 Wi-Fi 设备，一个是能够连接 Wi-Fi 的智能手机或计算机，另一个是未配网的 ESP32 设备，详细的操作步骤如下：

（1）未配网的 Wi-Fi 设备通过按键或者其他途径进入 Soft-AP 模式，开启临时 Wi-Fi AP 接入点，并开启 TCP 或者 UDP Sockets。

（2）智能手机或计算机连接到该临时 Wi-Fi 接入点，并打开对应的应用程序连接 Socket。

（3）智能手机或计算机上的应用程序将指定的 Wi-Fi SSID 和密码编码到报文中，然后通过 Socket 的形式发送出去。

（4）未配网的 ESP32 设备通过 Socket 接收到报文并解码后，得到正确的 Wi-Fi SSID 和密码。

（5）未配网的 ESP32 设备获得 Wi-Fi SSID 和密码后，主动尝试连接该 Wi-Fi，一旦连接成功并加入该 Wi-Fi 网络，会将连接成功的消息反馈给智能手机或计算机上的应用程序。

通过以上步骤，从而完成一次完整的 Wi-Fi 配网操作。在 Soft-AP 配网中基于 Socket 通信传递 Wi-Fi SSID 和密码，保证了数据通信的稳定性。然而，该方案其本身确实存在一些不足之处，比如：

❑ 用户的智能手机或计算机需要连接到ESP32临时启用的Wi-Fi接入点，并且该Wi-Fi 网络是无法与外界网络连通的。这一点很容易给用户带来不友好的体验。

❑ 用户需要手动选择或者输入指定的 Wi-Fi 接入点的 SSID，这进一步增加了操作的复杂性。

除了上述两点之外，Soft-AP 配网的其他操作与 Smart Config 配网大体相似，而且其配网速度更快，配网成功率更高。虽然 Soft-AP 配网操作相对复杂一些，但是它能够确保用户成功地将设备连接 Wi-Fi 网络，从而满足用户基本的 Wi-Fi 配网需求。总的来说，Soft-AP 配网是一种实用且可靠的 Wi-Fi 配网方案，特别适合在 Wi-Fi 环境比较差的情况下使用，满足用户 Wi-Fi 配网的基本需求。

6.2.2　Soft-AP 配网的常用函数

Soft-AP 配网关于 Wi-Fi 驱动的常用函数与 5.3.2 节相同，此处不再赘述。

Soft-AP 配网中关于 Sockets API 的相关常用函数将在 8.1.2 节介绍，此处暂不展开介绍。

6.2.3　实践：基于 Soft-AP 的 Wi-Fi 配网

【ESP32 源码路径：tutorial-esp32c3-getting-started/tree/master/wifi/soft_ap_prov】

【网络调试助手 exe 路径：tutorial-esp32c3-getting-started/tree/master/exe/NetAssist.zip】

本节主要利用前面介绍的 Soft-AP 知识点及其常用函数进行实践。

1. 操作步骤

（1）准备一个支持 2.4GHz 频段的 Wi-Fi 接入点（AP）。

（2）准备一个 ESP32-C3 开发板，通过 Visual Studio Code 开发工具编译 soft_ap_prov 工程源码，生成相应的固件，再将固件下载到 ESP32-C3 开发板上。

（3）ESP32-C3 运行程序，完成初始化后将创建一个临时的名为"小康师兄"的 Wi-Fi 接入点。随后，该程序还会创建 TCP 套接字并绑定到本机地址"192.168.4.1"，同时监听 12345 端口。ESP32 的日志输出如图 6.6 所示。

```
I (543) wifi:mode : sta (84:fc:e6:01:0d:40) + softAP (84:fc:e6:01:0d:41)
I (553) wifi:enable tsf
I (00:00:00.273) soft_ap_prov: Wi-Fi Sation Start
I (593) wifi:Total power save buffer number: 16
I (593) wifi:Init max length of beacon: 752/752
I (593) wifi:Init max length of beacon: 752/752
I (00:00:00.316) esp_netif_lwip: DHCP server started on interface WIFI_AP_DEF with IP: 192.168.4.1
I (00:00:00.324) soft_ap_prov: WiFi AP start, SSID: 小康师兄
I (00:00:00.331) soft_ap_prov: Socket created
I (00:00:00.336) soft_ap_prov: Socket bound, port 12345
I (00:00:00.342) soft_ap_prov: Socket listening
```

图 6.6　ESP32 初始化日志

（4）准备一台计算机，将计算机的 Wi-Fi 连接到一个名为"小康师兄"的 Wi-Fi 接入点。一旦连接成功，ESP32 会通过 DHCP 分配"192.168.4.2"的 IP 地址给计算机。ESP32 的日志输出如图 6.7 所示。

```
I (81873) wifi:station: e0:0a:f6:33:24:2b join, AID=1, bgn, 40U
I (00:01:21.714) soft_ap_prov: station e0:0a:f6:33:24:2b join, AID=1
I (82073) wifi:<ba-add>idx:2 (ifx:1, e0:0a:f6:33:24:2b), tid:0, ssn:1, winSize:64
I (00:01:21.842) esp_netif_lwip: DHCP server assigned IP to a client, IP is: 192.168.4.2
```

图 6.7　ESP32 接受 Wi-Fi 接入日志

（5）运行 NetAssist.exe（网络调试助手）应用程序，在"网络调试助手"窗口中进行网络设置："协议类型"选择 TCP Client；"远程主机地址"设置为"192.168.4.1"；"远程主机端口"设置为"12345"，如图 6.8 所示。完成这些设置后，单击"连接"按钮（连接成功后，"连接"按钮变为"断开"按钮）建立 TCP 套接字连接。ESP32 的日志输出如图 6.9 所示。

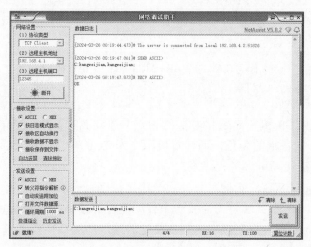

图 6.8　"网络调试助手"窗口

```
I (00:01:33.122) soft_ap_prov: Socket accepted ip address: 192.168.4.2
I (00:01:33.122) soft_ap_prov: do_transmit(55)
```

图 6.9　基于 Soft-AP 的 Wi-Fi 配网的 ESP32 接受 TCP 客户端连接日志

（6）接着在文本框中输入数据"C:kangweijian,kangweijian;"，单击"发送"按钮，将数据发送至 ESP32 目标端。一旦 ESP32 接收到来自计算机发送的数据，它会立即解析出其中包含的新的 Wi-Fi 接入点的 SSID 和密码信息。如果解析失败，则会反馈具体的失败信息。如果解析成功，则会反馈 OK 信息。

（7）此时 ESP32 将尝试连接这个新指定的 Wi-Fi 接入点。ESP32 的日志输出如图 6.10 所示。

```
I (00:01:36.512) soft_ap_prov: Received 26 bytes: C:kangweijian,kangweijian;
I (00:01:36.513) soft_ap_prov: wifi_connect(kangweijian, kangweijian)
I (96803) wifi:primary chan differ, old=1, new=6, start CSA timer
I (97203) wifi:switch to channel 6
I (97203) wifi:ap channel adjust o:1,1 n:6,2
I (97203) wifi:new:<6,2>, old:<1,1>, ap:<6,2>, sta:<0,0>, prof:1
I (97203) wifi:new:<6,2>, old:<6,2>, ap:<6,2>, sta:<6,0>, prof:1
I (97213) wifi:state: init -> auth (b0)
I (97283) wifi:state: auth -> assoc (0)
I (97303) wifi:state: assoc -> run (10)
I (97493) wifi:connected with kangweijian, aid = 5, channel 6, BW20, bssid = 82:63:28:28:95:e3
I (97493) wifi:security: WPA2-PSK, phy: bgn, rssi: -50
I (97503) wifi:pm start, type: 1

I (97503) wifi:set rx beacon pti, rx_bcn_pti: 0, bcn_timeout: 25000, mt_pti: 0, mt_time: 10000
I (00:01:37.230) soft_ap_prov: Wi-Fi Connected to ap
```

图 6.10　ESP32 接收、解析和处理 TCP 数据的程序日志

2．程序源码解析

ESP32 基于 Soft-AP 的 Wi-Fi 配网的整体流程可以简化成 3 步：

（1）ESP32 通过 Soft-AP 模式开启临时的 Wi-Fi 接入点，等待智能手机或计算机接入。

（2）ESP32 通过协议栈 lwIP 开启 TCP Socket 服务，等待 TCP 客户端连接和发送指定的 Wi-Fi 接入点的 SSID 和密码。

（3）ESP32 收到指定的 Wi-Fi 接入点的 SSID 和密码，成功连接到指定的 Wi-Fi 接入点。

第（1）步的程序源码与 6.2.3 节基本相同，不同点在于设置 Wi-Fi 为 AP+STA 模式，因为在第（3）步中需要 ESP32 连接指定的 Wi-Fi，所以需要 AP+STA 模式同时存在，关键代码可参考代码 6.4。

代码 6.4　设置AP+STA模式的关键代码

```
// 设置 Wi-Fi AP+STA 模式
esp_wifi_set_mode(WIFI_MODE_APSTA);
```

第（2）步涉及 TCP 和 Socket 的相关知识点，放到 8.3 节再详细介绍。在这一步中，ESP32 扮演着 TCP 服务端的角色，而计算机则作为 TCP 客户端进行通信交互，通信流程如图 6.11 所示，关键代码可参考代码 6.5。

值得注意的是，TCP 客户端通常只使用一个套接字来完成通信，而 TCP 服务端则需要使用多个套接字。TCP 服务端首先需要一个被动监听套接字，该套接字通过 socket()函数创建，然后使用 bind()函数将套接字绑定到特定的地址和端口，再通过 listen()函数将套接字设置为被动监听状态，即可获得一个被动监听套接字。

被动监听套接字长期存在，该套接字通过 accept()函数堵塞等待 TCP 客户端连接。当有 TCP 客户端发起连接请求时，accept()函数会返回一个已连接的套接字。通过这个已连接的套接字，TCP 客户端和服务端之间才能够进行数据的发送和接收。当通信结束时，该套接字会被关闭并释放相关的资源。

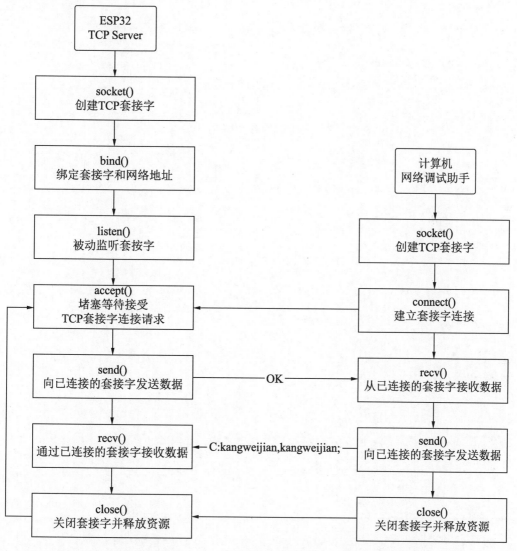

图 6.11 ESP32 基于 Soft-AP 的 Wi-Fi 配网的 TCP 通信交互流程

代码 6.5 ESP32 基于Soft-AP的Wi-Fi配网中关于TCP通信的关键代码

```
// TCP 服务监听的端口
#define SOCKET_PORT                      12345

// 全局常量字符串，用于日志打印的标签
static const char *TAG = "soft_ap_prov";
// 全局常量，用于设置套接字的选项
const int KEEPALIVE_ALIVE        = 1;
const int KEEPALIVE_IDLE         = 5;
const int KEEPALIVE_INTERVAL     = 5;
```

```c
const int KEEPALIVE_COUNT          = 3;

/**
 * @brief 向已连接的套接字发送字符串
 *
 * @param[int] sock: 需要发送字符串的套接字的文件描述符
 * @param[char *] str: 指向需要发送的字符串的指针
 */
void socket_send(int sock, char *str)
{
    // 向已连接的套接字发送数据
    send(sock, str, strlen(str), 0);
}

/**
 * @brief 与已连接的套接字客户端进行数据传输
 *
 * @param[int] sock: 已连接的套接字
 */
static void do_transmit(int sock)
{
    // 接收数据的长度
    int rx_len;
    // 接收数据的缓冲区
    char rx_buffer[128];

    do {
        // 从已连接的套接字中接收数据并存储到 rx_buffer 中
        rx_len = recv(sock, rx_buffer, sizeof(rx_buffer) - 1, 0);
        if (rx_len < 0) {
            // 发生异常
            ESP_LOGE(TAG, "Error occurred during receiving: errno %d", errno);
        } else if (rx_len == 0) {
            // 套接字已关闭
            ESP_LOGW(TAG, "Connection closed");
        } else {
            // 假设接收到的是字符串，为确保完整性，在字符串结尾增加一个结束符
            rx_buffer[rx_len] = 0;
            ESP_LOGI(TAG, "Received %d bytes: %s", rx_len, rx_buffer);

            // 接收数据解析
            if(strstr((char *)rx_buffer, "C:")==rx_buffer){
                char* ssid = (char *)rx_buffer+2;
                char* password = strstr((char *)rx_buffer, ",");
                char* end = strstr((char *)rx_buffer, ";");
                if(password==NULL){
                    // 解析异常，未发现 Wi-Fi 密码
                    socket_send(sock, "password not found\r\n");
                }else if(end==NULL){
                    // 解析异常，未发现字符串结尾的分号
                    socket_send(sock, "end not found\r\n");
                }else{
                    // 在解析后的字符串结尾增加一个结束符
                    *password = '\0';
                    *end = '\0';
                    // 连接到指定的 Wi-Fi 接入点
                    wifi_connect(ssid, password+1);
```

```c
                    // 向已连接的套接字发送字符串
                    socket_send(sock, "OK\r\n");
                }
            }else{
                // 解析失败,格式不正确
                socket_send(sock, "Sorry, I don't understand what you mean\r\n");
            }
        }
        // 如果套接字异常或者关闭,就退出循环
    } while (rx_len > 0);

    // 关闭套接字数据接收和发送的功能
    shutdown(sock, SHUT_RDWR);
    // 关闭套接字并释放套接字的相关资源
    close(sock);
}

/**
 * @brief TCP 服务任务
 */
static void tcp_server_task(void *pvParameters)
{
    char addr_str[128];
    struct sockaddr_storage dest_addr;
    struct sockaddr_in *dest_addr_ip4 = (struct sockaddr_in *)&dest_addr;
    dest_addr_ip4->sin_addr.s_addr = htonl(INADDR_ANY);
    dest_addr_ip4->sin_family = AF_INET;
    dest_addr_ip4->sin_port = htons(SOCKET_PORT);

    // 创建 TCP 套接字
    int listen_sock = socket(AF_INET, SOCK_STREAM, IPPROTO_IP);
    if (listen_sock < 0) {
        ESP_LOGE(TAG, "Unable to create socket: errno %d", errno);
        // 删除本次任务
        vTaskDelete(NULL);
        return;
    }
    // 设置套接字本地地址重复使用的选项,允许套接字绑定一个本地地址,即使该地址当前正
被另一个套接字使用
    int opt = 1;
    setsockopt(listen_sock, SOL_SOCKET, SO_REUSEADDR, &opt, sizeof(opt));
    ESP_LOGI(TAG, "Socket created");

    // 绑定套接字和网络地址
    int err = bind(listen_sock, (struct sockaddr *)&dest_addr, sizeof(dest_addr));
    if (err != 0) {
        ESP_LOGE(TAG, "Socket unable to bind: errno %d", errno);
        goto CLEAN_UP;
    }
    ESP_LOGI(TAG, "Socket bound, port %d", SOCKET_PORT);

    // 设置套接字为被动监听套接字
    err = listen(listen_sock, 1);
    if (err != 0) {
        ESP_LOGE(TAG, "Error occurred during listen: errno %d", errno);
        goto CLEAN_UP;
    }
```

```c
    while (1) {
        ESP_LOGI(TAG, "Socket listening");
        // sockaddr_storage 的结构体空间足够大,既适用 IPv4 又适用 IPv6
        struct sockaddr_storage source_addr;
        socklen_t addr_len = sizeof(source_addr);
        // 接受 TCP 套接字连接请求
        int sock = accept(listen_sock, (struct sockaddr *)&source_addr, &addr_len);
        if (sock < 0) {
            ESP_LOGE(TAG, "Unable to accept connection: errno %d", errno);
            break;
        }

        // 设置套接字是否启用 TCP 连接保活机制的选项,非零值代表启用保活机制
        setsockopt(sock, SOL_SOCKET, SO_KEEPALIVE, &KEEPALIVE_ALIVE, sizeof(int));
        // 设置 TCP 套接字连接保活机制中的空闲时间
        setsockopt(sock, IPPROTO_TCP, TCP_KEEPIDLE, &KEEPALIVE_IDLE, sizeof(int));
        // 设置 TCP 套接字连接保活机制中的间隔时间
        setsockopt(sock, IPPROTO_TCP, TCP_KEEPINTVL, &KEEPALIVE_INTERVAL, sizeof(int));
        // 设置 TCP 套接字连接保活机制中的探测次数
        setsockopt(sock, IPPROTO_TCP, TCP_KEEPCNT, &KEEPALIVE_COUNT, sizeof(int));
        if (source_addr.ss_family == PF_INET) {
            // 将网络地址(IPv4 或者 IPv6)格式化成字符串
            inet_ntop(PF_INET, &(((struct sockaddr_in *)&source_addr)->sin_addr), addr_str, sizeof(addr_str) - 1);
            ESP_LOGI(TAG, "Socket accepted ip address: %s", addr_str);
        }
        //与已连接的套接字客户端进行数据传输
        do_transmit(sock);
    }
CLEAN_UP:
    // 关闭套接字并释放套接字的相关资源
    close(listen_sock);
    // 删除本次任务
    vTaskDelete(NULL);
}
```

在第(3)步中,ESP32 收到指定的 Wi-Fi 接入点的 SSID 和密码,然后连接到指定的 Wi-Fi 接入点的源码,参见代码 6.6。主要使用 esp_wifi_set_config(WIFI_IF_STA, &wifi_config) 函数设置 Wi-Fi 参数,然后 esp_wifi_connect() 函数根据当前 Wi-Fi 的配置参数连接到指定的 Wi-Fi 接入点。

代码 6.6 ESP32 基于Soft-AP的Wi-Fi配网的main.c源码

```c
/**
 * @brief 连接到指定的 Wi-Fi 接入点
 *
 * @param[char*] ssid: 指定 Wi-Fi 的 SSID
 * @param[char*] password: 指定 Wi-Fi 的密码
 */
void wifi_connect(char* ssid, char* password)
{
```

```c
    // Wi-Fi 配置参数
    wifi_config_t wifi_config = {
        .sta = {
            .ssid = "",
            .password = "",
            .threshold.authmode = WIFI_AUTH_WPA2_PSK,
            .pmf_cfg = {
                .capable = true,
                .required = false
            },
        },
    };
    ESP_LOGI(TAG,"wifi connect to %s, password:%s", ssid, password);

    // 填充 Wi-Fi 配置参数
    strcpy((char *)wifi_config.sta.ssid, ssid);
    strcpy((char *)wifi_config.sta.password, password);
    wifi_config.sta.ssid[strlen(ssid)] = '\0';
    wifi_config.sta.password[strlen(password)] = '\0';
    // 设置 Wi-Fi 参数
    esp_wifi_set_config(WIFI_IF_STA, &wifi_config);
    // 根据当前 Wi-Fi 的配置参数连接到指定的 Wi-Fi 接入点
    esp_wifi_connect();
}
```

6.3 BluFi 配网

本节介绍 BluFi 配网的基础知识，然后通过一个动手实践项目帮助读者掌握 BluFi 配网的相关知识点。

6.3.1 BluFi 配网简介

BluFi 是一种高效且安全的 Wi-Fi 配网方案，它可以有效地利用蓝牙 GATT 将 Wi-Fi AP 接入点的 SSID 和密码迅速传输至 ESP32 设备。值得注意的是，由于 BluFi 的这个特性，例如 ESP32-S2 这样的单 Wi-Fi 芯片无法采用该方案。

相较于 Smart Config 和 Soft-AP 配网，BluFi 不仅继承了 Smart Config 的便捷操作，还拥有 Soft-AP 的高配网速度和成功率。这个综合优势使得 BluFi 能够为用户提供更流畅且愉悦的配网体验。因此，对于那些同时支持 Wi-Fi 和蓝牙功能的产品，BluFi 无疑成为首选的配网功能。

BluFi 配网流程如图 6.12 所示，依次执行了蓝牙广播、服务发现、GATT 连接、协商密钥、传输数据等关键步骤。

BluFi 不仅高效、安全，还展现出了卓越的扩展性。它不仅能够轻松配置 ESP32 在 Station 模式下的 Wi-Fi SSID 和密码，同样适用于配置 ESP32 在 Soft-AP 模式下的 Wi-Fi SSID 和密码。值得一提的是，BluFi 还能传输自定义的消息数据，满足多样化的通信需求。

此外，BluFi 允许用户按需自定义用于对称加密、非对称加密及校验的算法，进一步提升了通信的安全性。这个特性使得 BluFi 能够适应各种复杂的网络环境，确保数据传输的机密性和完整性。

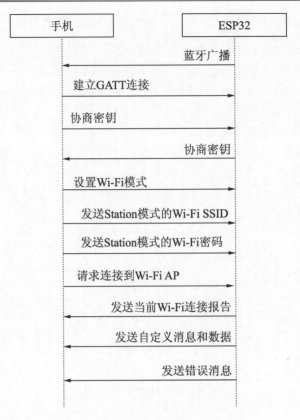

图 6.12　ESP32 基于 BluFi 配网的流程

6.3.2　BluFi 的常用函数

BluFi 的常用函数如表 6.3 所示。

表 6.3　BluFi的常用函数

属性/函数	说　　明
esp_blufi_get_version()	获得BluFi版本号
esp_blufi_profile_init()	初始化BluFi驱动程序
esp_blufi_profile_deinit()	卸载BluFi驱动程序并释放内存
esp_blufi_register_callbacks()	注册BluFi事件处理程序
esp_blufi_send_wifi_conn_report()	通过BluFi发送当前Wi-Fi连接报告
esp_blufi_send_wifi_list()	通过BluFi发送扫描发现的Wi-Fi AP接入点记录
esp_blufi_send_error_info()	通过BluFi发送错误信息
esp_blufi_send_custom_data()	通过BluFi发送自定义数据

6.3.3　实践：基于 BluFi 的 Wi-Fi 配网

【ESP32 源码路径：tutorial-esp32c3-getting-started/tree/master/wifi/blufi】

第 6 章　Wi-Fi 配网

【Android APK 路径：tutorial-esp32c3-getting-started/tree/master/apk/EspBlufiForAndroid.apk】
【Android 源码路径：https://github.com/EspressifApp/EspBlufiForAndroid】
【IOS 源码路径：https://github.com/EspressifApp/EspBlufiForiOS】
本节主要利用前面介绍的 BluFi 配网知识点和常用函数进行实践。

1．操作步骤

（1）准备一个 2.4GHz 频段的 Wi-Fi 接入点（AP）。

（2）准备一个 ESP32-C3 开发板，通过 Visual Studio Code 开发工具编译 blufi 工程源码，生成相应的固件，再将固件下载到 ESP32-C3 开发板上。

（3）ESP32 上电首先完成 Wi-Fi 初始化、蓝牙初始化和 BluFi 初始化。该过程的 ESP32 的日志输出如图 6.13 所示。

```
I (00:00:00.291) BLUFI_EXAMPLE: Wi-Fi Sation Start
I (00:00:00.292) BLE_INIT: BT controller compile version [59725b5]
I (00:00:00.297) BLE_INIT: Bluetooth MAC: 84:fc:e6:01:0d:42

I (00:00:00.314) BLUFI_EXAMPLE: BD ADDR: 84:fc:e6:01:0d:42
I (00:00:00.316) BLUFI_EXAMPLE: BLUFI init finish
I (00:00:00.320) BLUFI_EXAMPLE: BLUFI VERSION 0103
```

图 6.13　基于 BluFi 的 Wi-Fi 配网的 ESP32 初始化日志

（4）准备一个智能手机。如果是 Android 手机，请安装 EspBlufiForAndroid.apk 应用程序；如果是 iPhone 手机，请在应用市场中搜索 EspBlufi 应用并安装。

（5）使用 EspBlufi 应用程序进行 Wi-Fi 配网操作时，首先需要搜索附近的 BluFi 设备，然后单击"连接"按钮，将智能手机与 BluFi 设备建立连接，如图 6.14 所示，ESP32 的日志输出如图 6.15 所示。

图 6.14　通过 EspBluFi 应用程序搜索和连接 BluFi 设备

```
I (00:00:19.850) BLUFI_EXAMPLE: BLUFI ble connect
```

图 6.15　基于 BluFi 的 Wi-Fi 配网的 ESP32 接受连接的日志

（6）通过 BluFi 建立连接后，再单击配网按钮，进入 BluFi 配网界面，可以直观地看到智能手机当前连接的 Wi-Fi SSID，只需要输入 Wi-Fi 密码。单击"确定"按钮后，EspBluFi 会自动将 Wi-Fi SSID 和密码打包并加密，然后通过蓝牙传输给 ESP32，如图 6.16 所示。

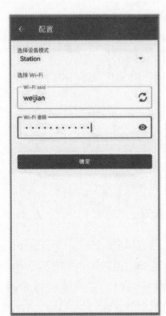 

图 6.16　EspBluFi 配置界面

（7）当 ESP32 接收到来自 ESPBluFi 应用程序发送的数据时，它会立即解析出其中包含的新的 Wi-Fi 接入点的 SSID 和密码。然后 ESP32 将尝试连接这个新指定的 Wi-Fi 接入点。该过程的 ESP32 的日志输出如图 6.17 所示。

```
I (00:00:24.755) BLUFI_EXAMPLE: BLUFI Set WIFI opmode 1
I (00:00:24.798) BLUFI_EXAMPLE: Recv STA SSID weijian
I (00:00:24.848) BLUFI_EXAMPLE: Recv STA PASSWORD kangweijian
I (00:00:24.875) BLUFI_EXAMPLE: BLUFI requset wifi connect to AP
I (27623) wifi:new:<11,0>, old:<1,0>, ap:<255,255>, sta:<11,0>, prof:1
I (27983) wifi:state: init -> auth (b0)
I (27983) wifi:state: auth -> assoc (0)
I (27993) wifi:state: assoc -> run (10)
I (28003) wifi:connected with weijian, aid = 2, channel 11, BW20, bssid = f2:0a:f6:33:24:2b
I (28003) wifi:security: WPA2-PSK, phy: bgn, rssi: -43
I (28013) wifi:pm start, type: 1

I (28013) wifi:set rx beacon pti, rx_bcn_pti: 14, bcn_timeout: 25000, mt_pti: 14, mt_time: 10000
I (28013) wifi:AP's beacon interval = 102400 us, DTIM period = 1
I (00:00:27.682) BLUFI_EXAMPLE: Wi-Fi Connected to ap
I (00:00:28.681) esp_netif_handlers: sta ip: 192.168.137.126, mask: 255.255.255.0, gw: 192.168.137.1
I (00:00:28.682) BLUFI_EXAMPLE: Wi-Fi Got ip:192.168.137.126
```

图 6.17　基于 BluFi 的 Wi-Fi 配网的 ESP32 接收、解析和处理数据的日志

（8）至此，整个配网过程便完成了。但 Blufi 除了 Wi-Fi 配网操作外，还支持自定义数据的收发。单击"自定义"按钮，然后输入自定义文本，最后单击"确定"按钮，即可将数据发送到 ESP32 上，如图 6.18 所示，该过程的 ESP32 的日志输出如图 6.19 所示。

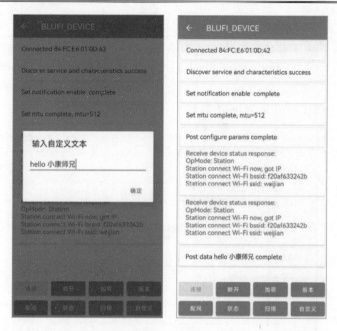

图6.18 通过 EspBluFi 应用自定义发送文本数据

```
I (00:00:41.915) BLUFI_EXAMPLE: Recv Custom Data: hello 小康师兄
I (00:00:41.916) Custom Data: 68 65 6c 6c 6f 20 e5 b0 8f e5 ba b7 e5 b8 88 e5
I (00:00:41.920) Custom Data: 85 84
```

图6.19 基于 BluFi 的 Wi-Fi 配网的 ESP32 接受连接的日志

2．程序源码解析

ESP32 基于 BluFi 的 Wi-Fi 配网的整体流程可以归纳为以下 3 步：

（1）ESP32 进行 Wi-Fi 初始化和 BluFi 初始化，随后蓝牙对外广播，等待智能手机的蓝牙连接请求。

（2）ESP32 通过 BluFi 事件处理程序完成各项事务，如与智能手机建立连接、等待接收智能手机发送过来的数据等。接收的数据包括指定的 Wi-Fi 接入点的 SSID 和密码及自定义的数据。

（3）ESP32 接收到指定的 Wi-Fi 接入点的 SSID 和密码，然后成功连接到指定的 Wi-Fi 接入点，从而完成整个 Wi-Fi 配网流程。

第（1）是 Wi-Fi 初始化和 BluFi 初始化。ESP32 Wi-Fi 初始化流程可参考 5.1.5 节，这里不再赘述。BluFi 初始化流程如图 6.20 所示，关键代码可参考代码 6.7，具体实现流程如下：

（1）调用 esp_bt_controller_init()函数初始化蓝牙控制器，并分配蓝牙控制器的任务堆栈和其他资源，蓝牙控制器的初始化参数通过宏定义 BT_CONTROLLER_INIT_CONFIG_DEFAULT 使用默认的蓝牙初始化参数。

（2）调用 esp_bt_controller_enable(ESP_BT_MODE_BLE)函数启用蓝牙控制器。

（3）调用 esp_bluedroid_init()函数初始化蓝牙主机 bluedroid 并分配蓝牙主机的堆栈和其他资源。

（4）调用 esp_bluedroid_enable()函数启用蓝牙主机 bluedroid。

（5）调用 esp_blufi_register_callbacks()函数注册 BluFi 事件处理程序。

（6）调用 esp_ble_gap_register_callbacks()函数注册 GAT（Generic Access Profile）事件处理程序。

（7）使用 esp_blufi_profile_init()函数初始化 BluFi 配置文件。

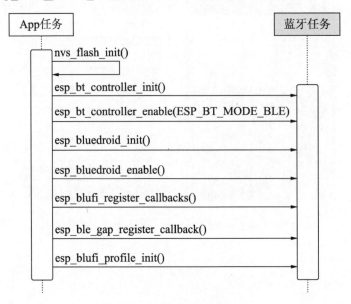

图 6.20　BluFi 初始化流程

代码 6.7　BluFi 初始化的关键代码

```
/**
 * @brief BluFi 初始化
 */
static void initialise_blufi(void)
{
    esp_err_t ret = ESP_OK;
    // 根据蓝牙模式释放蓝牙控制器的内存
    esp_bt_controller_mem_release(ESP_BT_MODE_CLASSIC_BT);
    // 使用默认的蓝牙初始化参数
    esp_bt_controller_config_t bt_cfg = BT_CONTROLLER_INIT_CONFIG_DEFAULT();
    // 初始化蓝牙控制器，分配任务堆栈和其他资源
    ret = esp_bt_controller_init(&bt_cfg);
    if (ret) {
        BLUFI_ERROR("%s initialize bt controller failed: %s", __func__,
esp_err_to_name(ret));
    }

    // 启用蓝牙控制器
    ret = esp_bt_controller_enable(ESP_BT_MODE_BLE);
    if (ret) {
        BLUFI_ERROR("%s enable bt controller failed: %s", __func__,
esp_err_to_name(ret));
        return;
    }

    // bluedroid 初始化，分配任务堆栈和其他资源
```

```
    ret = esp_bluedroid_init();
    if (ret) {
        BLUFI_ERROR("%s init bluedroid failed: %s", __func__, esp_err_to_
name(ret));
        return;
    }

    // 使能 bluedroid, 必须在 bluedroid 初始化之后
    ret = esp_bluedroid_enable();
    if (ret) {
        BLUFI_ERROR("%s init bluedroid failed: %s", __func__, esp_err_to_
name(ret));
        return;
    }
    BLUFI_INFO("BD ADDR: "ESP_BD_ADDR_STR"", ESP_BD_ADDR_HEX(esp_bt_dev_
get_address()));

    // 注册 BluFi 事件处理程序
    ret = esp_blufi_register_callbacks(&example_callbacks);
    if(ret){
        BLUFI_ERROR("%s blufi register failed, error code = %x", __func__, ret);
        return;
    }

    // 注册蓝牙 GAP 事件处理程序
    ret = esp_ble_gap_register_callback(esp_blufi_gap_event_handler);
    if(ret){
        BLUFI_ERROR("%s ble gap register failed, error code = %x", __func__,
ret);
        return;
    }

    // 初始化 BluFi 配置文件
    ret = esp_blufi_profile_init();
    if(ret){
        BLUFI_ERROR("%s blufi register failed, error code = %x", __func__,
ret);
        return;
    }
    BLUFI_INFO("BLUFI VERSION %04x", esp_blufi_get_version());
}
```

第（2）步是 BluFi 事件处理程序。ESP32 基于 BluFi 的 Wi-Fi 配网的整体流程如图 6.21 所示，关键代码可参考代码 6.8。其核心在于通过 BluFi 事件处理程序执行一系列操作，以事件驱动方式，使 ESP32 能够智能地响应并处理来自智能手机的 Wi-Fi 配网请求和操作。

- ❑ ESP_BLUFI_EVENT_INIT_FINISH 事件：当 BluFi 初始化完成时，BluFi 驱动程序会向事件任务发布 ESP_BLUFI_EVENT_INIT_FINISH 事件，表示 Station 模式已准备就绪。在 ESP_BLUFI_EVENT_INIT_FINISH 事件处理程序中，使用 esp_blufi_adv_start()函数启动 BluFi 对外广播功能，等待智能手机搜索并连接。
- ❑ ESP_BLUFI_EVENT_BLE_CONNECT 事件：当智能手机通过 EspBluFi 应用程序搜索到附近的 BluFi 设备并建立连接时，Wi-Fi 驱动程序会向事件任务发布 ESP_BLUFI_EVENT_BLE_CONNECT 事件，通知系统 BluFi 已连接的消息。在 ESP_BLUFI_EVENT_BLE_CONNECT 事件处理程序中，使用 esp_blufi_adv_stop() 函数停止 BluFi 对外广播功能，再使用 blufi_security_init()函数初始化 BluFi 安全密钥。

- ESP_BLUFI_EVENT_SET_WIFI_OPMODE 事件：当智能手机通过 EspBluFi 应用程序设置 ESP32 的 Wi-Fi 模式时，Wi-Fi 驱动程序会向事件任务发布 ESP_BLUFI_EVENT_SET_WIFI_OPMODE 事件，通知系统 BluFi 已连接的消息。在 ESP_BLUFI_EVENT_SET_WIFI_OPMODE 事件处理程序中，使用 esp_wifi_set_mode() 函数设置 ESP32 的 Wi-Fi 模式。

- ESP_BLUFI_EVENT_RECV_STA_BSSID 事件：当智能手机通过 EspBluFi 应用程序设置 ESP32 Station 模式下的 BSSID 时，Wi-Fi 驱动程序会向事件任务发布 ESP_BLUFI_EVENT_RECV_STA_BSSID 事件，通知系统 BluFi 接收到 BSSID 数据的消息。在 ESP_BLUFI_EVENT_RECV_STA_BSSID 事件处理程序中，使用 esp_wifi_set_config() 函数设置 ESP32 的 Wi-Fi 配置参数。

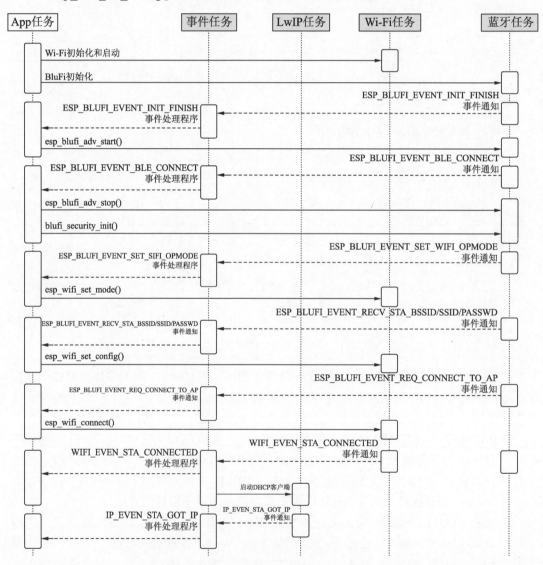

图 6.21　ESP32 基于 BluFi 的 Wi-Fi 配网流程

- ESP_BLUFI_EVENT_RECV_STA_SSID 事件：当智能手机通过 EspBluFi 应用程序

设置 ESP32 Station 模式下的 SSID 时，Wi-Fi 驱动程序会向事件任务发布 ESP_BLUFI_EVENT_RECV_STA_SSID 事件，通知系统 BluFi 接收到 SSID 数据的消息。在 ESP_BLUFI_EVENT_RECV_STA_SSID 事件处理程序中，使用 esp_wifi_set_config() 函数设置 ESP32 的 Wi-Fi 配置参数。

- ESP_BLUFI_EVENT_RECV_STA_PASSWD 事件：当智能手机通过 EspBluFi 应用程序设置 ESP32 Station 模式下的 PASSWD 时，Wi-Fi 驱动程序会向事件任务发布 ESP_BLUFI_EVENT_RECV_STA_PASSWD 事件，通知系统 BluFi 接收到 PASSWD 数据的消息。在 ESP_BLUFI_EVENT_RECV_STA_PASSWD 事件处理程序中，使用 esp_wifi_set_config() 函数设置 ESP32 的 Wi-Fi 配置参数。
- ESP_BLUFI_EVENT_REQ_CONNECT_TO_AP 事件：当智能手机通过 EspBluFi 应用程序请求 ESP32 连接 Wi-Fi 接入点时，Wi-Fi 驱动程序会向事件任务发布 ESP_BLUFI_EVENT_REQ_CONNECT_TO_AP 事件，通知系统 BluFi 请求连接 Wi-Fi 接入点的消息。在 ESP_BLUFI_EVENT_REQ_CONNECT_TO_AP 事件处理程序中，使用 esp_wifi_connect() 函数根据 Wi-Fi 的模式和参数，连接到指定的 Wi-Fi 接入点。
- WIFI_EVEN_STA_CONNETED 事件：当 Wi-Fi 连接成功时，Wi-Fi 驱动程序会向事件任务发布 WIFI_EVEN_STA_CONNETED 事件，表示已成功连接 Wi-Fi 网络。
- IP_EVEN_GOT_IP 事件：当通过 DHCP 服务器获取到 IP 地址时，LwIP 任务会向事件任务发布 IP_EVEN_GOT_IP 事件，通知系统已获取到网络地址。

代码 6.8　BluFi 事件处理程序的关键代码

```
/**
 * @brief BluFi 事件处理程序
 *
 * @param[esp_blufi_cb_event_t] event：枚举，BluFi 事件类型
 * @param[esp_blufi_cb_param_t] param：参数，调用事件处理程序时传递的参数
 */
static void blufi_event_callback(esp_blufi_cb_event_t event, esp_blufi_cb_param_t *param)
{
    switch (event) {
        case ESP_BLUFI_EVENT_INIT_FINISH:
            // 当 BluFi 初始化完成时
            BLUFI_INFO("BLUFI init finish");
            // BluFi 开始广播
            esp_blufi_adv_start();
            break;
        case ESP_BLUFI_EVENT_DEINIT_FINISH:
            // 当 BluFi 卸载完成时
            BLUFI_INFO("BLUFI deinit finish");
            break;
        case ESP_BLUFI_EVENT_BLE_CONNECT:
            // 当手机与 ESP32 通过 BLE 连接成功时
            BLUFI_INFO("BLUFI ble connect");
            ble_is_connected = true;
            // BluFi 停止广播
            esp_blufi_adv_stop();
            // BluFi 初始化安全密钥
            blufi_security_init();
```

```c
            break;
        case ESP_BLUFI_EVENT_BLE_DISCONNECT:
            // 当手机与ESP32断开BLE连接时
            BLUFI_INFO("BLUFI ble disconnect");
            ble_is_connected = false;
            // 卸载BluFi安全密钥并释放内存
            blufi_security_deinit();
            // BluFi开始广播
            esp_blufi_adv_start();
            break;
        case ESP_BLUFI_EVENT_SET_WIFI_OPMODE:
            // 当手机设置ESP32的Wi-Fi模式时
            BLUFI_INFO("BLUFI Set WIFI opmode %d", param->wifi_mode.op_mode);
            esp_wifi_set_mode(param->wifi_mode.op_mode);
            break;
        case ESP_BLUFI_EVENT_REQ_CONNECT_TO_AP:
            // 当手机请求ESP32连接指定Wi-Fi接入点时
            BLUFI_INFO("BLUFI requset wifi connect to AP");
            gl_sta_connect_status=ESP_BLUFI_STA_CONNECTING;
            // 断开Wi-Fi连接
            esp_wifi_disconnect();
            // 连接到指定的Wi-Fi接入点
            esp_wifi_connect();
            break;
        case ESP_BLUFI_EVENT_REQ_DISCONNECT_FROM_AP:
            // 当手机请求ESP32断开Wi-Fi连接时
            BLUFI_INFO("BLUFI requset wifi disconnect from AP");
            // 断开Wi-Fi连接
            esp_wifi_disconnect();
            gl_sta_connect_status=ESP_BLUFI_STA_CONN_FAIL;
            break;
        case ESP_BLUFI_EVENT_REPORT_ERROR:
            // 当BluFi报告错误时
            BLUFI_ERROR("BLUFI report error, error code %d", param->report_error.state);
            // BluFi发送错误信息
            esp_blufi_send_error_info(param->report_error.state);
            break;
        case ESP_BLUFI_EVENT_GET_WIFI_STATUS: {
            // 当手机请求获取ESP32当前的Wi-Fi状态信息时
            BLUFI_INFO("BLUFI get wifi status from AP");
            wifi_mode_t mode;
            // 获取当前的Wi-Fi模式
            esp_wifi_get_mode(&mode);
            // 通过BluFi发送当前Wi-Fi连接报告
            esp_blufi_send_wifi_conn_report(mode, gl_sta_connect_status, 0, &extra_info);
            break;
        }
        case ESP_BLUFI_EVENT_RECV_STA_BSSID:
            // 当BluFi接收到手机发送的Wi-Fi接入点的BSSID时
            memcpy(sta_config.sta.bssid, param->sta_bssid.bssid, 6);
            sta_config.sta.bssid_set = 1;
            // 设置Wi-Fi参数
            esp_wifi_set_config(WIFI_IF_STA, &sta_config);
            BLUFI_INFO("Recv STA BSSID %s", sta_config.sta.ssid);
            break;
        case ESP_BLUFI_EVENT_RECV_STA_SSID:
            // 当BluFi接收到手机发送的Wi-Fi接入点的SSID时
```

```
            strncpy((char *)sta_config.sta.ssid, (char *)param->sta_ssid.
ssid, param->sta_ssid.ssid_len);
            sta_config.sta.ssid[param->sta_ssid.ssid_len] = '\0';
            // 设置 Wi-Fi 参数
            esp_wifi_set_config(WIFI_IF_STA, &sta_config);
            BLUFI_INFO("Recv STA SSID %s", sta_config.sta.ssid);
            break;
        case ESP_BLUFI_EVENT_RECV_STA_PASSWD:
            // 当 BluFi 接收到手机发送的 Wi-Fi 接入点的密码时
            strncpy((char *)sta_config.sta.password, (char *)param->
sta_passwd.passwd, param->sta_passwd.passwd_len);
            sta_config.sta.password[param->sta_passwd.passwd_len] = '\0';
            // 设置 Wi-Fi 参数
            esp_wifi_set_config(WIFI_IF_STA, &sta_config);
            BLUFI_INFO("Recv STA PASSWORD %s", sta_config.sta.password);
            break;
        case ESP_BLUFI_EVENT_GET_WIFI_LIST:
            // 当手机请求获取 ESP32 附近的 Wi-Fi 列表信息时
            BLUFI_INFO("BLUFI get wifi list");
            // 配置 Wi-Fi 扫描参数
            wifi_scan_config_t scanConf = {
                .ssid = NULL,
                .bssid = NULL,
                .channel = 0,
                .show_hidden = false
            };
            // 同步堵塞扫描附近所有的 Wi-Fi AP 接入点
            esp_err_t ret = esp_wifi_scan_start(&scanConf, true);
            if (ret != ESP_OK) {
                esp_blufi_send_error_info(ESP_BLUFI_WIFI_SCAN_FAIL);
            }
            break;
        case ESP_BLUFI_EVENT_RECV_CUSTOM_DATA:
            // 当 BluFi 接收到手机发送的自定义数据时
            param->custom_data.data[param->custom_data.data_len]='\0';
            BLUFI_INFO("Recv Custom Data: %s", param->custom_data.data);
            esp_log_buffer_hex("Custom Data", param->custom_data.data,
param->custom_data.data_len);
            break;
        default:
            break;
    }
}
```

6.4　Wi-Fi 配网失败的常见问题与解决办法

对于用户而言，Wi-Fi 配网是设备使用的首要步骤，也是关键所在。如果配网失败，则后续的功能将无从谈起。因此，解决这些 Wi-Fi 配网问题，确保用户能够顺利、快速地完成配网，是当前亟待解决的重要任务。

本节将深入探讨 Wi-Fi 配网过程中常见的失败问题及其对应的解决方案，旨在帮助读者更好地理解并解决配网难题。

6.4.1 Wi-Fi 配网失败的常见问题

所有的 Wi-Fi 配网方案流程都可以归纳成如下两个核心步骤,在这两个关键步骤中都有可能出现问题,下面我们来逐一分析。

(1)用户通过智能手机的 Wi-Fi 配网应用程序,将指定 Wi-Fi AP 接入点的 SSID 和密码准确无误地传输给等待配网的 Wi-Fi 设备。

(2)等待配网的 Wi-Fi 设备拿到 SSID 和密码后,成功连接到指定的 Wi-Fi AP 接入点。

1. Wi-Fi AP接入点的SSID和密码的传输

第(1)步的关键点在于数据传输的稳定性,而数据传输的稳定性取决于 Wi-Fi 配网方案的技术原理。我们简单总结一下 Smart Config、Soft-AP 和 BluFi 这 3 种 Wi-Fi 配网方案的技术原理和优缺点,如表 6.4 所示。

表6.4 常见的Wi-Fi配网方案对比

配网方案	技术原理	优 点	常见问题
Smart Config	基于监听Wi-Fi广播或者组播的技术	无感,未建立实质性连接	智能手机可能因为兼容性问题导致数据无法广播或者组播出去 路由器可能因为安全性问题,限制设备监听Wi-Fi广播和组播数据
Soft-AP配网	基于Wi-Fi直连和Socket通信的技术	通信稳定	用户的智能手机需要连接到指定的Wi-Fi,并且该Wi-Fi无法连接互联网,容易被某些品牌的智能手机断开连接
BluFi配网	基于蓝牙通信的技术	通信稳定	需要获取智能手机的蓝牙权限

综上所述,对于同时支持 Wi-Fi 和蓝牙功能的产品,BluFi 配网(第一方案)和 Soft-AP 配网(第二方案)的组合无疑是最佳的 Wi-Fi 配网策略。而仅支持 Wi-Fi 功能的产品,Smart Config(第一方案)和 Soft-AP 配网(第二方案)的组合是最合适的 Wi-Fi 配网策略。这样的多样化方案组合,目的是让用户能够享受到最佳的 Wi-Fi 配网体验。同时,在第一方案失败的情况下,第二方案也能及时替补,以满足用户基本的 Wi-Fi 配网需求,为用户提供稳定可靠的配网选择。

2. 设备连接指定的Wi-Fi AP接入点

在第(2)步中也会出现多种问题,导致设备无法成功连接到指定的 Wi-Fi 接入点。这些问题大多是由于用户操作不当造成的,例如:

- ESP32 设备本身不支持 5GHz Wi-Fi,但用户在配置时错误地选用了 5GHz 频段的 Wi-Fi 接入点。
- Wi-Fi 名称输入错误,导致设备无法正确识别并连接到指定的网络。
- Wi-Fi 密码输入错误,使得设备无法通过身份验证连接到网络。
- Wi-Fi 设备与 AP 路由器之间的距离过远,导致信号弱或不稳定,最终导致 Wi-Fi 连接失败。

以上问题需要用户在操作过程中仔细核对,确保能够顺利完成 Wi-Fi 连接。但是智能产品不能过度要求用户具备处理各类复杂问题的能力，应该利用技术手段，最大程度地帮助用户解决潜在的问题。此外，智能产品还应具备智能引导和提示功能，以便用户在误操作时能够及时发现并有效地解决，从而确保配网过程顺畅无阻。

3．总结

综上所述，针对第（1）步中可能会出现的问题，我们可以通过优化 Wi-Fi 配网策略来寻求解决方案。而针对第（2）步中可能会出现的问题，我们可以采取智能化引导用户操作的方式，规避用户的误操作从而提升 Wi-Fi 配网成功率。下面通过几个实例，展示第（2）步中出现的各个问题的解决方法，确保 Wi-Fi 配网过程更加顺畅和高效。

6.4.2　实践：Wi-Fi 连接失败的解决办法

当今市面上存在众多智能家居和物联网 App，如天猫精灵 App、美的美居 App 等，在遇到 Wi-Fi 配网失败时，往往仅向用户简单提示"Wi-Fi 配网失败，请重试"。这种提示方式对于用户几乎无法提供有效的帮助。用户在面对 Wi-Fi 配网失败时，无法准确判断是 Wi-Fi 名称输入错误、Wi-Fi 密码不正确，还是其他因素所致，因而用户只能盲目地重复配网操作，结果往往是徒劳无功。

本次实践基于 6.3.3 节的实践项目进行了优化。我们将 ESP32 在连接 Wi-Fi 接入点失败的原因代码反馈给智能手机中的应用程序，如图 6.22 和图 6.23 所示。这样，应用程序就能够根据具体的连接失败原因，向用户提供有针对性的提示和建议。通过这种方式，用户能够迅速、准确地找出问题所在，从而及时修正，大大提高了配网的成功率。

图 6.22　反馈 Wi-Fi 连接失败的原因是密码错误　　图 6.23　反馈 Wi-Fi 连接失败的原因是找不到 AP 接入点

1. ESP32端源码解析

【ESP32 源码路径：tutorial-esp32c3-getting-started/tree/master/wifi/blufi_pro】

本次实践的项目源码是在 blufi 项目源码的基础上增加 Wi-Fi 连接失败的原因的代码反馈，主要在 WIFI_EVENT_STA_DISCONNECTED 事件处理程序中，将当前 Wi-Fi 连接失败的原因的代码和当前 Wi-Fi 接入点的信号强度 RSSI 通过 BluFi 发送给智能手机，关键代码如代码 6.9。

代码 6.9　ESP32 反馈 Wi-Fi 连接失败的原因的关键代码

```c
/**
 * @brief Wi-Fi 事件处理程序
 *
 * @param[void *] arg: 参数，调用注册事件处理程序时传递的参数
 * @param[esp_event_base_t] event_base: 指向公开事件的唯一指针
 * @param[int32_t] event_id: 具体事件的 ID
 * @param[void *] event_data: 数据，调用事件处理程序时传递的数据
 */
static void wifi_event_handler(void* arg, esp_event_base_t event_base,
int32_t event_id, void* event_data)
{
switch (event_id) {
//忽略部分事件处理程序
...
        case WIFI_EVENT_STA_DISCONNECTED:{
            // Wi-Fi 断开连接，Wi-Fi 连接失败
            gl_sta_connect_status=ESP_BLUFI_STA_CONNECTING;
            // 再次尝试连接到指定的 Wi-Fi 接入点
            esp_wifi_connect();
            // 调用该事件时，会传递 Wi-Fi 断开的信息参数
            wifi_event_sta_disconnected_t *disconn = event_data;
            // 打印 Wi-Fi 断开连接/连接失败的信息
            BLUFI_INFO("Wi-Fi(%s) disconnected, reason=%d, rssi=%d",
disconn->ssid, disconn->reason, disconn->rssi);

            // 获取 Wi-Fi 的当前模式
            wifi_mode_t mode;
            esp_wifi_get_mode(&mode);
            // 清空 BluFi 扩展数据
            memset(&extra_info, 0, sizeof(esp_blufi_extra_info_t));
            // 填充全局变量 gl_sta_ssid
            memcpy(gl_sta_ssid, disconn->ssid, disconn->ssid_len);
            // 填充 BluFi 扩展数据的 SSID 数据
            memcpy(extra_info.sta_bssid, disconn->bssid, 6);
            extra_info.sta_ssid_len = disconn->ssid_len;
            extra_info.sta_ssid = gl_sta_ssid;
            extra_info.sta_bssid_set = true;
            // 填充 BluFi 扩展数据连接失败时的 reason 数据
            extra_info.sta_conn_end_reason = disconn->reason;
            extra_info.sta_conn_end_reason_set = true;
            // 填充 BluFi 扩展数据连接失败时的 RSSI 数据
            extra_info.sta_conn_rssi = disconn->rssi;
            extra_info.sta_conn_rssi_set = true;
            if (ble_is_connected == true) {
                // 如果 BluFi 已连接，则发送当前 Wi-Fi 连接报告
                esp_blufi_send_wifi_conn_report(mode, ESP_BLUFI_STA_CONN_
```

```
                FAIL, 0, &extra_info);
            } else {
                BLUFI_INFO("BLUFI BLE is not connected yet");
            }
            break;
    }
//忽略部分事件处理程序
...
        default:
            break;
    }
    return;
}
```

2．Wi-Fi连接失败的代码

错误原因与 Wi-Fi 相关的代码有很多，具体定义在 esp_wifi_types.h 的 wifi_err_reason_t 枚举类型中，其中，Wi-Fi 连接失败的相关代码如表 6.5 所示。ESP32 向智能手机反馈 Wi-Fi 连接失败的代码编号，智能手机中的应用程序再对这些错误进行解析，然后向用户展示更具体和有针对性的提示信息，帮助用户更加高效地解决 Wi-Fi 配网失败的问题。

表 6.5　与Wi-Fi连接失败的相关代码

原因编号	代码	描述	原因
15	4WAY_HANDSHAKE_TIMEOUT	4次握手超时	Wi-Fi密码输入错误
201	NO_AP_FOUND	未发现AP	Wi-Fi名称输入错误；Wi-Fi接入点距离太远
204	HANDSHAKE_TIMEOU	握手超时	Wi-Fi名称输入错误；Wi-Fi密码输入错误

6.4.3　实践：距离 Wi-Fi 接入点太远的解决办法

有时候，用户在 Wi-Fi 配网过程中操作全都正确，Wi-Fi 名称和密码也准确无误地输入了，如果 Wi-Fi 设备与配网接入点（AP）之间的距离较远，那么配网成功的机会也会大打折扣。即使偶尔能够成功配网，由于信号质量不佳，该 Wi-Fi 设备后续的使用体验也会受到严重影响。

因此，我们有必要提醒用户注意，Wi-Fi 设备与 Wi-Fi 配网接入点的距离过远可能会出现一系列问题。然而，普通用户往往很难考虑到这一点，他们可能会认为，既然手机能够顺利连接该 Wi-Fi，并且距离与 Wi-Fi 设备相当，那么 Wi-Fi 设备也应该没有问题。

他们忽略了一个重要的因素：智能手机的硬件性能远高于普通的 Wi-Fi 设备。因此，在相同的距离和条件下，即使智能手机的信号良好，Wi-Fi 设备的信号也会显得较为微弱，这是由于它们在硬件上的差异所导致的。

因此，本次实践基于 6.3.3 节的实践项目进行了优化。我们将 ESP32 与指定的 Wi-Fi 接入点之间的信号强度（RSSI）反馈给智能手机中的应用程序，如图 6.24 所示。这样，应用程序能够根据信号强度做出判断，向用户提供提示和建议。

此外，这个功能不仅可以在应用程序上为终端用户提供清晰的提示和实用的引导，还能在硬件电路板的生产测试环节中发挥重要的作用。具体来说，Wi-Fi 信号强度（RSSI）

能够作为一个高效且可靠的筛选工具，帮助我们迅速识别并过滤出那些硬件性能不佳的 Wi-Fi 设备，如天线性能不良的设备。这样就能确保生产出的硬件具备较高的 Wi-Fi 网络稳定性和可靠性，从而为用户提供更优质、更稳定的网络连接体验。

【ESP32 源码路径：tutorial-esp32c3-getting-started/tree/master/wifi/blufi_pro】

本次实践项目的源码是在 blufi 项目源码的基础上进行功能增强，具体是在其中增加 ESP32 与 Wi-Fi 接入点之间的信号强度的反馈机制。这个机制主要在 ESP_BLUFI_EVENT_RECV_STA_SSID 事件处理程序中实现，当接收到特定的 Wi-Fi 接入点 SSID 时，程序会触发 Wi-Fi 扫描功能，从而获取当前 ESP32 与 Wi-Fi 接入点之间的信号强度，然后这个信号强度信息将通过 BluFi 发送给智能手机。实现这个功能的关键代码如代码 6.10 所示。

图 6.24　反馈与 Wi-Fi 接入点之间的信号强度

代码 6.10　ESP32 反馈与 Wi-Fi 接入点之间的信号强度的关键代码

```c
/**
 * @brief 获取指定 Wi-Fi 的 RSSI 信号强度
 *
 * @param[char *] ssid: 需要获取 RSSI 的 Wi-Fi 的 SSID
 *
 */
static void get_wifi_rssi(char* ssid)
{
    static char str[64];
    uint16_t ap_count = 0;
    wifi_ap_record_t ap_info[1];
    // Wi-Fi 扫描的参数
    wifi_scan_config_t wifi_scan_config = {
        .ssid = sta_config.sta.ssid,
    };

    // 同步扫描指定的 Wi-Fi AP 接入点
    esp_err_t err = esp_wifi_scan_start(&wifi_scan_config, true);
    // 获取上次扫描发现的 Wi-Fi AP 接入点的记录
    // ap_count 作为输入参数，输入 ap_records 数组的长度
    // ap_count 作为输出参数，输出扫描发现 Wi-Fi AP 接入点的个数
    esp_wifi_scan_get_ap_records(&ap_count, ap_info);
    BLUFI_INFO("wifi_scan count = %d, err=%d\n", ap_count, err);
    if(ap_count>0){
        sprintf(str, "SSID:%s; RSSI:%d", ssid, ap_info[0].rssi);
        // 通过 BluFi 发送自定义数据
        esp_blufi_send_custom_data((uint8_t *)(str), strlen(str));
        BLUFI_INFO("Recv STA %s\n", str);
    }
    // 停止 Wi-Fi 扫描
    esp_wifi_scan_stop();
```

第 6 章 Wi-Fi 配网

```
}
/**
 * @brief BluFi 事件处理程序
 *
 * @param[esp_blufi_cb_event_t] event：枚举，BluFi 事件类型
 * @param[esp_blufi_cb_param_t] param：参数，调用事件处理程序时传递的参数
 */
static void blufi_event_callback(esp_blufi_cb_event_t event, esp_blufi_cb_
param_t *param)
{
switch (event) {
//忽略部分事件处理程序
...
        case ESP_BLUFI_EVENT_RECV_STA_SSID:
            // 当 BluFi 接收到手机发送的 Wi-Fi 接入点的 SSID 时
            strncpy((char *)sta_config.sta.ssid, (char *)param->sta_ssid.
ssid, param->sta_ssid.ssid_len);
            sta_config.sta.ssid[param->sta_ssid.ssid_len] = '\0';
            // 设置 Wi-Fi 参数
            esp_wifi_set_config(WIFI_IF_STA, &sta_config);
            BLUFI_INFO("Recv STA SSID %s", sta_config.sta.ssid);
            // 获取该 Wi-Fi 的 RSSI
            get_wifi_rssi((char *)sta_config.sta.ssid);
            break;
//忽略部分事件处理程序
...
        default:
            break;
    }
}
```

6.4.4 实践：不支持 5GHz 的解决办法

当前市面上常见的 Wi-Fi 设备如我们日常使用的智能家电等，大多不支持 5GHz 频段。在现有的 ESP32 系列中，除了 ESP32-C5 芯片之外，其他型号均受限于硬件设计，无法支持 5GHz 频段。而且，ESP32-C5 芯片也仅在 2024 年的 CES 展会上亮相过，尚未正式推向市场。

为了优化用户体验，避免用户在配置 Wi-Fi 网络时误选 5GHz 频段的接入点，我们在智能手机的应用程序端增加了对 Wi-Fi 频段的识别与判断功能。一旦检测到 Wi-Fi 是 5GHz 频段，那么程序会立即向用户发出特别提示："设备不支持 5GHz Wi-Fi，继续配网？"，如图 6.25 所示。这样的设计有助于用户在配网时做出正确的选择，确保配置过程顺利进行。

大部分 Wi-Fi 模块不支持 5GHz 频段的原因主要出于成本方面的考量。仅支持 2.4GHz 频段的 Wi-Fi 模块通常价格更亲民，而同时支持 2.4GHz 和 5GHz

图 6.25 ESP32 反馈 Wi-Fi 是 5GHz 频段

的 Wi-Fi 模块则价格相对较高，并且价格差距相当显著。这种成本差异使得许多设备制造商在设计和生产 Wi-Fi 设备时倾向于选择成本更低的 2.4GHz 频段支持方案，以满足广大消费者的需求并保持市场竞争力。

智能手机应用程序的开发领域极为丰富，我们着重于 ESP32 开发的深入剖析。因此本节仅讲解 Android 端源码示例，起一个抛砖引玉的作用，具体实现可参考代码 6.11。

在探讨 Android 端应用程序如何识别当前 Wi-Fi 频段时，首要步骤是通过 Activity 或 Application 的上下文来获取 Wi-Fi 系统服务，即 WifiManager 的实例。当需要获取当前的 Wi-Fi 频段时，利用这个 WifiManager 对象调用 getConnectionInfo() 方法，可以获取到关于当前 Wi-Fi 连接信息的 WifiInfo 对象。再通过调用 WifiInfo 对象的 getFrequency() 函数便能得知当前连接的 Wi-Fi 频段。

此外，需要特别强调的是，在实际开发中，务必确保在 AndroidManifest.xml 文件中添加与 Wi-Fi 功能相关的必要权限，以确保应用程序能够正常运行。

代码 6.11　Android应用程序识别当前Wi-Fi频段的关键代码

```java
// 全局变量，WifiManager 的实例
private WifiManager mWifiManager;
// 从 Activity 或者 Application 的上下文中获取 Wi-Fi 系统服务，即 WifiManager 的实例
// 执行各类 Wi-Fi 管理任务，如扫描可用的 Wi-Fi 网络、连接指定的 Wi-Fi 网络等
mWifiManager = (WifiManager) getApplicationContext().getSystemService
(WIFI_SERVICE);
/**
 * @brief 获取当前连接 Wi-Fi 的频段
 *
 * @note 需要提前在 Activity 或者 Application 的上下文中获取 WifiManager 的实例
 */
private int getWiFiFrequncy() {
    // 是否打开 Wi-Fi 功能
    if (!mWifiManager.isWifiEnabled()) {
        return -1;
    }
    // 获取当前连接 Wi-Fi 的有关信息
    WifiInfo wifiInfo = mWifiManager.getConnectionInfo();
    if (wifiInfo == null) {
        return -1;
    }
    // 获取当前连接 Wi-Fi 的频段
    return wifiInfo.getFrequency();
}
// 请注意，使用 Wi-Fi 功能时需要在 AndroidManifest.xml 中添加相应的权限
<uses-permission android:name="android.permission.ACCESS_WIFI_STATE" />
<uses-permission android:name="android.permission.CHANGE_WIFI_STATE" />
<uses-permission android:name="android.permission.ACCESS_NETWORK_STATE" />
```

6.4.5　实践：找不到 Wi-Fi 接入点的解决办法

当 ESP32 设备端遇到"找不到 Wi-Fi 接入点"的问题时，有两个有效的处理办法。

1. 事前处理

在智能手机的应用程序中,我们特别优化了 Wi-Fi 接入点的输入方式。用户不再需要手动输入 Wi-Fi 接入点的名称,而是由应用程序主动搜索并列出附近的 Wi-Fi 接入点供用户从中选择。这种方式不仅确保了 Wi-Fi 接入点名称的准确性,而且大大降低了因用户输入错误而导致 Wi-Fi 配网失败的风险。

在探讨 Android 应用程序如何搜索附近的 Wi-Fi 接入点时,首要步骤是通过 Activity 或 Application 的上下文来获取 Wi-Fi 系统服务,即 WifiManager 的实例,然后新建一个广播接收处理程序。当需要搜索附近的 Wi-Fi 接入点时,可以利用 WifiManager 对象调用 startScan()方法来启动 Wi-Fi 扫描过程。在这个过程中,Android 系统会主动搜索并收集当前可用的 Wi-Fi 网络信息,这些信息包括 SSID(网络名称)、MAC 地址及信号强度等关键数据。

值得注意的是,这个扫描操作是异步进行的,因此需要注册一个 BroadcastReceiver 来监听扫描结果。这个广播接收器专门用于捕获 WifiManager.SCAN_RESULTS_AVAILABLE_ACTION 这个特定动作,一旦系统完成扫描并准备好结果,就会发送相应的广播。

当 Wi-Fi 扫描完成时,前面注册的广播监听接收处理程序会自动触发。此时,我们可以通过 WifiManager 对象调用 getScanResults()方法来获取最近一次的 Wi-Fi 扫描结果列表。最后,为了确保用户能够选择到合适的网络,需要遍历每个扫描到的 Wi-Fi 接入点,并筛选出那些运行在 2.4GHz 频段的接入点供用户选择。同时,请确保在 AndroidManifest.xml 中添加了必要的权限,以支持 Wi-Fi 扫描和连接功能,具体实现可参考代码 6.12。

代码 6.12　通过Android应用程序搜索附近Wi-Fi接入点的关键代码

```
// 全局变量,WifiManager 的实例
private WifiManager mWifiManager;
// 全局变量,广播接收处理实例
private BroadcastReceiver wifiScanReceiver;
// 全局变量,缓冲进度条
private ProgressDialog dialog;
// 从 Activity 或者 Application 的上下文中获取 Wi-Fi 系统服务,即 WifiManager 的实例
// 执行各类 Wi-Fi 管理任务,如扫描可用的 Wi-Fi 网络、连接指定的 Wi-Fi 网络等
mWifiManager = (WifiManager) getApplicationContext().getSystemService
(WIFI_SERVICE);
// 广播接收处理
wifiScanReceiver = new BroadcastReceiver() {
    @Override
    public void onReceive(Context c, Intent intent) {
        // 广播接收处理程序
        if (WifiManager.SCAN_RESULTS_AVAILABLE_ACTION.equals(intent.
getAction())) {
            // 扫描结果可用,获取上次 Wi-Fi 扫描结果
            List<ScanResult> scanResults = mWifiManager.getScanResults();
            for(int i=scanResults.size()-1; i>=0; i--){
                ScanResult result = scanResults.get(i);
                // 处理每个扫描结果,如打印 SSID 和信号强度
                System.out.println("SSID: " + result.SSID + ", Signal Level: " + result.level+ ", frequency: " + result.frequency);
                // 筛选 5GHz 频段的 Wi-Fi 接入点
                if(result.frequency>4900 && result.frequency < 5900){
                    scanResults.remove(i);
```

```
            // 隐藏缓冲进度条
            dialog.dismiss();
        }
    }
};
/**
 * @brief 开始 Wi-Fi 扫描
 *
 * @note 需要提前在 Activity 或者 Application 的上下文中获取 WifiManager 的实例
 */
private boolean scanWifi() {
    // 是否打开 Wi-Fi 功能
    if (!mWifiManager.isWifiEnabled()) {
        // Wi-Fi 未使能
        return false;
    }
    // 是否正在进行 Wi-Fi 扫描
    if (mScanning) {
        return false;
    }
    mScanning = true;

    // 缓冲进度条提示用户正在进行 Wi-Fi 扫描
    dialog = new ProgressDialog(this);
    dialog.setCancelable(false);
    dialog.setMessage(getString(R.string.configure_station_wifi_
scanning));
    dialog.show();

    // 注册广播接收器以接收 Wi-Fi 扫描结果
    IntentFilter filter = new IntentFilter(WifiManager.SCAN_RESULTS_
AVAILABLE_ACTION);
    registerReceiver(wifiScanReceiver, filter);

    // 开始 Wi-Fi 扫描
    mWifiManager.startScan();
}
```

2．事后处理

ESP32 连接 Wi-Fi 接入点失败后，将连接失败的原因编号反馈给智能手机中的应用程序。随后，应用程序会根据反馈的原因编号，智能地提示用户"请重新核对 Wi-Fi 接入点名称"，从而协助用户快速发现并纠正问题。详细操作可参考 6.4.2 节的内容，这里不再重复说明。

6.4.6　实践：Wi-Fi 密码错误的解决办法

当 ESP32 设备端遇到"Wi-Fi 密码错误"的问题时，有两个有效的处理办法。

1．事前处理

Wi-Fi 密码是必须由用户手动输入的，这也是容易出错的地方。在初次 Wi-Fi 配网的时候，由于缺乏数据，确实没有更好的解决方案。但是，在成功完成首次 Wi-Fi 配网后，智能手机的应用程序可以主动记忆该 Wi-Fi 接入点的 SSID 和密码。这样，在下一次进行 Wi-Fi 配网时，应用程序可以从记忆库中检索是否已保存该 Wi-Fi 接入点的密码信息。如果找到匹配项，应用程序会自动将密码填充到 Wi-Fi 密码输入框中，无须用户再次手动输入。这种方式不仅确保了 Wi-Fi 密码的准确性，还简化了用户的操作步骤，提升了用户体验。

在探讨 Android 应用程序如何记忆和获取 Wi-Fi 接入点密码时，首先，我们需要通过 Activity 或 Application 的上下文来获取 SharedPreferences 的实例。SharedPreferences 是一个轻量级的存储机制，它允许我们以键值对（key-value pairs）的形式保存和检索基本数据类型的数据，如字符串、整数和布尔值等。这些数据会被安全地保存在应用程序的私有目录中，确保只有当前的应用程序能够访问。

接下来，我们需要为 Wi-Fi 名称输入框添加一个文本变化监听器。当用户在输入框中输入 Wi-Fi 名称时，监听器将自动触发，以 Wi-Fi 的 SSID 作为 key，在 SharedPreferences 中查询相应的 Wi-Fi 密码。如果查询结果为空，即未找到对应的密码，则默认返回一个空字符串。随后，这个返回的字符串将被自动填充到 Wi-Fi 密码输入框中，为用户省去手动输入的麻烦。

如果 Wi-Fi 配网操作成功，则会以 Wi-Fi 的 SSID 作为 key，密码作为 value 的形式，将数据存储回 SharedPreferences 中。这样，下次用户尝试连接到相同的 Wi-Fi 网络时，应用程序就能自动填充密码，提升用户体验，具体实现可参考代码 6.13 和代码 6.14。

代码 6.13　通过Android应用程序记忆和查询Wi-Fi接入点信息的关键代码

```java
// 全局变量，轻量级存储类
private SharedPreferences sharedPreferences;
@Override
protected void oncreated(@Nullable Bundle savedinstances+ate){
// 获取 SharedPreferences 实例
sharedPreferences = getSharedPreferences("blufi_conf_aps", MODE_PRIVATE);
// Wi-Fi 名称输入框和 EditText 控件添加文本变化监听器
mStationForm.stationSsid.addTextChangedListener(new TextWatcher() {
    @Override
    public void beforeTextChanged(CharSequence s, int start, int count, int after) {
        …        // 文本变化之前的准备工作，但通常不需要做
    }

    @Override
    public void onTextChanged(CharSequence s, int start, int before, int count) {
        …        // 实时处理文本变化情况，但注意不要执行耗时操作
    }

    @Override
    public void afterTextChanged(Editable s) {
        // 文本变化完成后，从 SharedPreferences 查询 Wi-Fi 接入点密码
        // 如果不存在，则默认空字符串
        String pwd = sharedPreferences.getString(mStationForm.stationSsid.getText().toString(), "");
        mStationForm.stationWifiPassword.setText(pwd);
        mStationForm.stationSsid.setTag(null);
    }
});
```

代码 6.14　通过Android应用程序记忆Wi-Fi接入点信息的关键代码

```
/**
 * 请求配置 ESP32 的模式和参数
 *
 * @param params 配置参数
 */
private void configure(BlufiConfigureParams params) {
    // 请求配置 ESP32 的模式和参数
    mBlufiClient.configure(params);
    // 保存 Wi-Fi SSID 和密码
    String ssid = new String(params.getStaSSIDBytes());
    String password = params.getStaPassword();
    // Wi-Fi 的 SSID 作为 key，密码作为 value
    sharedPreferences.edit().putString(ssid, password).apply();
}
```

2. 事后处理

ESP32 连接 Wi-Fi 接入点失败后，将连接失败的原因编号反馈给智能手机中的应用程序。随后，应用程序会根据反馈的原因编号智能地提示用户"请重新核对 Wi-Fi 接入点密码"，从而协助用户快速发现并纠正问题。该处理的详细操作可参考 6.4.2 节的内容，这里不再重复说明。

第 7 章 蓝 牙 通 信

蓝牙是一种广泛应用于设备间短距离无线通信（通常在 10 米范围内）的无线电技术。与 Wi-Fi 技术相比，蓝牙的特点是传输距离短、传输速率低、能源消耗低。其中，低功耗特性是蓝牙的一个显著优势，这使得其在某些特定应用场景中成为比 Wi-Fi 更合适的选择。

本章将对基于 ESP32 的蓝牙编程技术进行详细的介绍，帮助读者更好地掌握蓝牙编程技术，开发出更加智能、高效的蓝牙应用，满足各种实际场景的需求。

7.1 蓝牙基础知识

本节介绍蓝牙的基础知识以及 ESP32 蓝牙的初始化流程。

7.1.1 ESP Bluetooth 架构

ESP32 支持 Bluetooth 4.2，并经过了 Bluetooth 4.2 认证。而 ESP32-C2/ESP32-C3/ESP32-S3 等支持 Bluetooth 5.0（LE），并经过了 Bluetooth LE 5.0 认证。

ESP-IDF 中的蓝牙协议栈采用了分层架构，如图 7.1 所示。主要由 Controller（控制层）、Hosts（主机层）、Profiles（配置文件层）和 Application（应用层）构成。

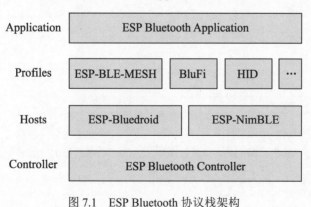

图 7.1　ESP Bluetooth 协议栈架构

7.1.2 ESP Bluetooth Controller 简介

ESP Bluetooth 协议栈的基石是 ESP Bluetooth Controller（控制层），它集成了物理层（PHY）、基带（Baseband）、链路控制器（Link Controller）、链路管理器（Link Manager）、

设备管理器（Device Manager）以及主机控制器接口（HCI）等多个关键模块。该控制层主要负责硬件接口和链路层面的管理，以库的形式提供相应的功能，通过标准的应用程序接口（APIs）进行访问。

7.1.3 ESP Bluetooth Hosts 简介

ESP Bluetooth Hosts（主机层）在 ESP Bluetooth Controller 之上，ESP Bluetooth 协议栈支持两种不同的 ESP Bluetooth Hosts 实现方式：ESP-Bluedroid 和 ESP-NimBLE。开发者可根据项目需求选择适合的 ESP Bluetooth Hosts。

- ESP-Bluedroid：基于 Android 原生蓝牙协议栈 Bluedroid 进行修改和优化后的蓝牙堆栈，专为 ESP32 及其他 ESP 系列微控制器设计。它支持蓝牙低功耗（BLE）和经典蓝牙，并提供丰富的 API 供开发者使用。
- ESP-NimBLE：基于 Apache Mynewt 的 NimBLE 主机堆栈进行移植和优化，专为 ESP32 芯片系列和 FreeRTOS 设计的轻量级蓝牙低功耗协议栈。与 ESP-Bluedroid 相比，它更专注于低功耗实现，为资源受限的应用提供解决方案。

ESP-Bluedroid 和 ESP-NimBLE 都支持 Bluetooth LE 5.0。ESP-NimBLE 更轻量级，占用的内存和资源更少，而 ESP-Bluedroid 在功能和兼容性方面更强。

无论采用 ESP-Bluedroid 还是 ESP-NimBLE 来实现 ESP Bluetooth Hosts，它们的核心功能和架构均保持一致，如图 7.2 所示。其中，GAP（通用访问配置文件）和 GATT（通用属性配置文件）是 ESP Bluetooth Hosts 的两个核心协议，它们共同奠定了 BLE（低功耗蓝牙）设备之间连接和通信的基础。

- GAP（通用访问配置文件）：负责 BLE 设备的广播、连接管理和访问模式设置，同时借助 SMP（安全管理协议）控制 BLE 设备之间的配对请求、密钥分发、通信加密和身份验证等关键的安全性功能。
- GATT（通用属性配置文件）：负责 BLE 设备之间的数据通信，它依赖于 ATT（属性协议）和 L2CAP（逻辑链路控制与适配协议）来实现数据的高效传输和设备的互操作。

GAP 和 GATT 是 ESP32 蓝牙编程中的重点，后续还会进行详细介绍。

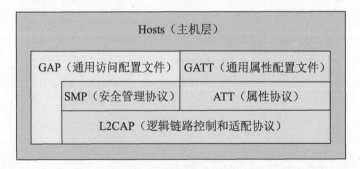

图 7.2　ESP Bluetooth Hosts（主机层）架构

7.1.4 ESP Bluetooth Profiles 简介

ESP Bluetooth Profiles（配置文件层）在 ESP Bluetooth Hosts（主机层）之上，ESP Bluetooth 协议栈提供了一系列配置文件（Profiles），这些是一组标准化的协议和接口，用于快速实现特定的蓝牙功能。配置文件包括 ESP-BLE-MESH（蓝牙 Mesh 组网）、Blufi（基于蓝牙通道的 Wi-Fi 配网功能）和 HID（人机接口设备，支持蓝牙鼠标、键盘和游戏手柄等设备）。这些 Profile 不仅大大简化了蓝牙功能开发的复杂性，而且提高了设备的互操作性和用户体验。

7.1.5 ESP Bluetooth Application 简介

ESP Bluetooth Application（应用层）是 ESP Bluetooth 协议栈的顶层，它利用 API 和配置文件为开发者构建特定用例的蓝牙功能应用程序提供了可能。这些应用包括但不限于：
- 蓝牙数据传输：通过蓝牙在设备之间传输数据，如文件、图片、音频和视频等。
- 蓝牙远程控制：使用蓝牙来控制其他设备，如智能家居设备、玩具或机器人等。
- 蓝牙位置服务：通过蓝牙信号进行室内定位或跟踪，为导航、资产管理等应用提供支持。
- 蓝牙健康监测：结合蓝牙低功耗（BLE）技术和健康监测设备，实现心率、血压、步数等健康数据的实时监测和传输。
- 蓝牙音频设备：为蓝牙耳机、音箱等音频设备提供连接和控制功能。

7.1.6 ESP Bluetooth 初始化流程

ESP32 Bluetooth 初始化流程如图 7.3 所示，实现步骤如下：
（1）使用 esp_bt_controller_mem_release(ESP_BT_MODE_CLASSIC_BT) 函数释放蓝牙控制器中经典蓝牙模式下使用的内存。
（2）使用 nvs_flash_init() 函数初始化 NVS Flash，用于存储 Wi-Fi 配置信息。
（3）使用 esp_bt_controller_init() 函数初始化蓝牙控制器，并分配蓝牙控制器的任务堆栈和其他资源，默认的初始化参数通过宏定义 BT_CONTROLLER_INIT_CONFIG_DEFAULT 获得。
（4）使用 esp_bt_controller_enable(ESP_BT_MODE_BLE) 函数使能 BLE 低功耗蓝牙控制器。
（5）使用 esp_bluedroid_init() 函数初始化蓝牙主机 bluedroid 并分配蓝牙主机的堆栈和其他资源。
（6）使用 esp_bluedroid_enable() 函数使能蓝牙主机 bluedroid，必须在 bluedroid 初始化后才能调用。
（7）使用 esp_ble_gap_register_callbacks() 函数注册 GAT（Generic Access Profile）事件处理程序。

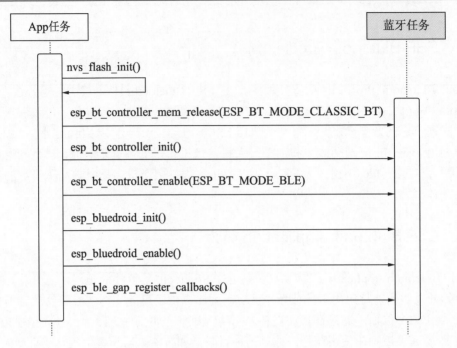

图 7.3　ESP32 Bluetooth 初始化流程

7.2　信　　标

本节介绍信标（Beacon）的基础知识以及蓝牙广播和扫描的常用函数，然后通过两个动手实践项目帮助读者掌握蓝牙广播和扫描的相关知识点。

7.2.1　信标箱简介

蓝牙 Beacon（信标）技术基于蓝牙广播原理，通过周期性地向周围发送数据包，构建一个由多个发送端和接收端组成的网络。这些接收端在接收到来自发送端的数据包后，能够精确地推算出发送端与接收端的相对位置，进而实现室内定位导航、近距离推广互动、物资管理和货品跟踪等多样化的功能。选择蓝牙 Beacon 技术作为室内定位和物资管理的解决方案有两大优势：

- 低功耗：蓝牙技术本身就具有低功耗的特性，Beacon 发送端进行周期性广播之后，大部分时间都处于休眠状态，这种特性使得一颗纽扣电池便能为其供电长达三年之久。
- 高精度：蓝牙信号收发时自带的 RSSI（信号强度指示）功能提供了较高的定位精度，再结合多节点算法的补偿，能够实现一米内的精准位置定位。

蓝牙 Beacon 技术标准涵盖信号数据的格式等，苹果和谷歌分别推出了自己的标准。苹果的 App iBeacon 标准在 2013 年 6 月发布，而谷歌的 Google Eddystone 标准则在 2015 年 7 月发布。两者各有特色，App iBeacon 主要支持 UUID（通用唯一识别码）的数据广播，而 Google Eddystone 的功能更强大，除了支持 UUID 外，还兼容 URL（统一资源定位符）和 Telemetry（遥测数据，即小数据包）的数据广播。

7.2.2　蓝牙广播和扫描的常用函数

蓝牙广播和扫描的常用函数如表 7.1 所示。设置蓝牙广播数据有两种方法，第一种方法是使用 esp_ble_gap_config_adv_data()函数，按照 ESP 预定义的参数格式来填充蓝牙广播数据；第二种方法是使用 esp_ble_gap_config_adv_data_raw()函数自由地填充任意数据到蓝牙广播数据包中。

使用 esp_ble_gap_start_advertising()函数启动蓝牙广播功能之后，如果需要停止蓝牙广播，则需要使用 esp_ble_gap_stop_advertising()函数。

当使用 esp_ble_gap_start_scanning(uint32_t duration)函数启动蓝牙扫描功能时，可以传递扫描持续时间作为参数来设定扫描的自动停止时间，如果设置该参数为 0，则表示无固定期限持续扫描。一旦设定的扫描持续时间到期，扫描过程将自动结束。开发者可以在任何时刻通过使用 esp_ble_gap_stop_scanning()函数来立即中断扫描进程。

表 7.1　蓝牙广播和扫描的常用函数

属性/函数	说　　　明
esp_ble_gap_config_adv_data()	设置蓝牙广播数据
esp_ble_gap_config_adv_data_raw()	设置蓝牙广播的原始数据
esp_ble_gap_start_advertising()	启动蓝牙广播功能
esp_ble_gap_stop_advertising()	停止蓝牙广播功能
esp_ble_gap_start_scanning()	启动蓝牙扫描功能扫描空中的蓝牙广播数据
esp_ble_gap_stop_scanning()	停止蓝牙扫描功能

7.2.3　实践：基于 Beacon 技术实现室内定位功能

【ESP32 源码路径：tutorial-esp32c3-getting-started/tree/master/ble/ibeacon_sender】
【Android APK 路径：tutorial-esp32c3-getting-started/tree/master/apk/nRF_Connect_4.26.0.apk】

本节主要利用前面介绍的 Beacon 知识点以及蓝牙广播和扫描的常用函数进行实践：基于 Beacon 技术实现室内定位功能。

在本次实践中，ESP32-C3 作为 Beacon 发送端，智能手机作为 Beacon 接收端。用户通过智能手机扫描附近的 Beacon 广播信号，结合信号强度等信息，可以较精确地推算出当前所在室内的位置，从而实现室内定位功能。本次实践将重点介绍 Beacon 发送端的实现细节，关于智能手机端的软件开发不在讨论范围之内，因此不展开介绍。

1．操作步骤

（1）准备一个 ESP32-C3 开发板，通过 Visual Studio Code 开发工具编译 ibeacon_sender 工程源码，生成相应的固件，再将固件下载到 ESP32-C3 开发板上。

（2）ESP32 上电首先完成蓝牙初始化，然后启动 Beacon 数据广播，ESP32 的日志输出如图 7.4 所示。

```
I (00:00:00.118) main_task: Started on CPU0
I (00:00:00.123) main_task: Calling app_main()
I (00:00:00.134) BLE_INIT: BT controller compile version [59725b5]
I (00:00:00.136) BLE_INIT: Bluetooth MAC: 84:f7:03:40:40:32

I (00:00:00.142) phy_init: phy_version 1130,b4e4b80,Sep  5 2023,11:09:30
I (00:00:00.205) IBEACON_SENDER: ESP_GAP_BLE_ADV_DATA_RAW_SET_COMPLETE_EVT: ESP_OK
I (00:00:00.208) IBEACON_SENDER: ESP_GAP_BLE_ADV_START_COMPLETE_EVT: ESP_OK
```

图 7.4　ESP32 作为 Beacon 发送端的初始化日志

（3）准备一部智能手机。如果是 Android 手机，请安装 nRF_Connect.apk 应用程序；如果是 iPhone 手机，请在应用市场中搜索 nRF_Connect 应用并安装。

（4）通过 nRF_Connect 应用程序进行蓝牙信号扫描操作，会很快扫描到 ESP32-C3 广播的 Beacon 信号，蓝牙 MAC 地址同样是 "84:F7:03:40:40:32"，如图 7.5 所示。

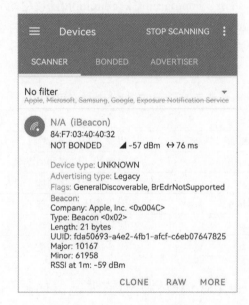

图 7.5　通过 nRF_Connect 应用程序扫描附近广播信号

2．程序源码解析

本次实践首先完成蓝牙初始化流程，详情可查阅 7.1.6 节。然后使用 esp_ble_gap_config_adv_data_raw()函数设置蓝牙 iBeacon 广播原始数据，具体实现可参考代码 7.1，其中设置的蓝牙广播原始数据即为 iBeacon 数据包，其格式严格遵守 Apple 发布的 Proximity Beacon Specification《近场信标规范》，以确保蓝牙广播数据格式正确无误，能够被 Beacon 接收端（如智能手机）正确解析。

代码 7.1　ESP32 设置蓝牙iBeacon广播原始数据的关键代码

```
// iBeacon 数据包格式，参考Apple发布的《近场信标规范》
esp_ble_ibeacon_t ibeacon_adv_data = {
    .ibeacon_head = {
        .flags = {0x02, 0x01, 0x06},
        .length = 0x1A,
        .type = 0xFF,
```

```
        .company_id = 0x004C,
        .beacon_type = 0x1502
    },
    .ibeacon_vendor = {
        .proximity_uuid = ESP_UUID,
        .major = ENDIAN_CHANGE_U16(ESP_MAJOR),
        .minor = ENDIAN_CHANGE_U16(ESP_MINOR),
        .measured_power = 0xC5
    }
};

// 设置蓝牙 iBeacon 广播的原始数据
esp_ble_gap_config_adv_data_raw((uint8_t*)&ibeacon_adv_data,
sizeof(ibeacon_adv_data));
```

最后，使用 esp_ble_gap_start_advertising(&ble_adv_params)函数启动蓝牙广播功能，关键代码可参考代码 7.2，该函数接收一个名为 ble_adv_params 的蓝牙广播参数，该参数用于控制蓝牙广播时间间隔、蓝牙广播类型、蓝牙广播通道和蓝牙广播过滤策略等，以确保蓝牙设备按照预定的方式进行广播，满足不同的应用需求。

代码 7.2　ESP32 启动蓝牙广播功能的关键代码

```
// 蓝牙广播参数
static esp_ble_adv_params_t ble_adv_params = {
    // 最小广播时间间隔
    .adv_int_min        = 0x20,
    // 最大广播时间间隔
    .adv_int_max        = 0x40,
    // 蓝牙广播类型：非连接广播
    .adv_type           = ADV_TYPE_NONCONN_IND,
    // 蓝牙设备地址类型：公共设备地址
    .own_addr_type      = BLE_ADDR_TYPE_PUBLIC,
    // 蓝牙广播通道：所有通道
    .channel_map        = ADV_CHNL_ALL,
    // 蓝牙广播过滤策略：不过滤，允许任何人进行扫描和连接请求
    .adv_filter_policy  = ADV_FILTER_ALLOW_SCAN_ANY_CON_ANY,
};

// 启动蓝牙广播功能
esp_ble_gap_start_advertising(&ble_adv_params);
```

7.2.4　实践：基于 Beacon 技术实现电子围栏功能

【ESP32 源码路径：tutorial-esp32c3-getting-started/tree/master/ble/ibeacon_sender】
【ESP32 源码路径：tutorial-esp32c3-getting-started/tree/master/ble/ibeacon_receiver】
【Android APK 路径：tutorial-esp32c3-getting-started/tree/master/apk/nRF_Connect_4.26.0.apk】

本节主要利用前面介绍的 Beacon 知识点以及蓝牙广播和扫描的常用函数进行实践：基于 Beacon 技术实现电子围栏功能。电子围栏功能的应用场景有很多，例如：

□ 共享单车：为了规范共享单车用户的停放行为，在共享单车停放区域内部署 Beacon 发射器，同时在共享单车上安装 Beacon 接收器。当共享单车被停放在非指定区域时，由于单车上的 Beacon 接收器未能扫描到附近特定的 Beacon 信号，所以会将自动向用户发出提示，告知其当前位置不在停车区域内，无法成功关锁结束骑行。

❑ 仓库管理：为了提升仓库内重要物资的安全管理水平，在仓库区域内部署 Beacon 接收器，在重要物资上安装 Beacon 发射器。Beacon 接收器能够记录重要物资上的 Beacon 发射器的 MAC 地址，然后持续定时扫描周边的广播信号，一旦系统未能扫描到某个特定物资的 Beacon 信号，将会立即触发警报，提醒仓库管理员重要物资丢失。

本次的实践项目至少需要两个 ESP32-C3，一个作为 Beacon 发送端，一个作为 Beacon 接收端。当 Beacon 接收端扫描到 Beacon 发送端的广播信号时，LED 亮绿灯；否则 Beacon 接收端 LED 亮红灯。

1．操作步骤

（1）准备一个 ESP32-C3 开发板作为 Beacon 发送端，通过 Visual Studio Code 开发工具编译 ibeacon_sender 工程源码，生成相应的固件，再将固件下载到 ESP32-C3 开发板上。

（2）Beacon 发送端上电后，首先完成蓝牙初始化操作，然后启动 Beacon 数据广播，ESP32-C3 的日志输出如图 7.6 所示。

```
I (00:00:00.118) main_task: Started on CPU0
I (00:00:00.123) main_task: Calling app_main()
I (00:00:00.134) BLE_INIT: BT controller compile version [59725b5]
I (00:00:00.136) BLE_INIT: Bluetooth MAC: 84:f7:03:40:40:32

I (00:00:00.142) phy_init: phy_version 1130,b4e4b80,Sep  5 2023,11:09:30
I (00:00:00.205) IBEACON_SENDER: ESP_GAP_BLE_ADV_DATA_RAW_SET_COMPLETE_EVT: ESP_OK
I (00:00:00.208) IBEACON_SENDER: ESP_GAP_BLE_ADV_START_COMPLETE_EVT: ESP_OK
```

图 7.6　ESP32-C3 作为 Beacon 发送端的初始化日志

（3）准备一个 ESP32-C3 开发板作为 Beacon 接收端，通过 Visual Studio Code 开发工具编译 ibeacon_receiver 工程源码，生成相应的固件，再将固件下载到 ESP32-C3 开发板上。

（4）Beacon 接收端上电，首先完成蓝牙初始化操作，然后启动蓝牙扫描功能，ESP32-C3 的日志输出如图 7.7 所示。

```
I (00:00:00.129) main_task: Started on CPU0
I (00:00:00.134) main_task: Calling app_main()
I (00:00:00.146) BLE_INIT: BT controller compile version [59725b5]
I (00:00:00.148) BLE_INIT: Bluetooth MAC: 84:fc:e6:01:0d:42

I (00:00:00.153) phy_init: phy_version 1130,b4e4b80,Sep  5 2023,11:09:30
I (00:00:00.216) IBEACON_RECEIVER: ESP_GAP_BLE_SCAN_PARAM_SET_COMPLETE_EVT: ESP_OK
I (00:00:00.218) IBEACON_RECEIVER: ESP_GAP_BLE_SCAN_START_COMPLETE_EVT: ESP_OK
```

图 7.7　ESP32-C3 作为 Beacon 接收端的初始化日志

（5）Beacon 接收端执行扫描操作，成功捕获到 Beacon 发送端发出的广播数据。随后，系统会分别对 iBeacon 数据包格式和 MAC 地址进行校验，以确认这些数据确实来自指定的 Beacon 发送端，ESP32-C3 的日志输出如图 7.8 所示。

```
I (00:00:51.428) IBEACON_RECEIVER: ----------iBeacon Found----------
I (00:00:51.429) IBEACON_RECEIVER: Device address:: 84 f7 03 40 40 32
I (00:00:51.432) IBEACON_RECEIVER: Proximity UUID:: fd a5 06 93 a4 e2 4f b1 af cf c6 eb 07 64 78 25
I (00:00:51.441) IBEACON_RECEIVER: Measured power (RSSI at a 1m distance):-59 dbm
I (00:00:51.449) IBEACON_RECEIVER: RSSI of packet:-49 dbm
I (00:00:56.543) IBEACON_RECEIVER: ----------iBeacon Found----------
I (00:00:56.544) IBEACON_RECEIVER: Device address:: 84 f7 03 40 40 32
I (00:00:56.547) IBEACON_RECEIVER: Proximity UUID:: fd a5 06 93 a4 e2 4f b1 af cf c6 eb 07 64 78 25
I (00:00:56.557) IBEACON_RECEIVER: Measured power (RSSI at a 1m distance):-59 dbm
I (00:00:56.565) IBEACON_RECEIVER: RSSI of packet:-48 dbm
```

图 7.8　ESP32-C3 扫描时成功捕获 iBeacon 广播包的日志

（6）将 Beacon 发送端远离或断电后，Beacon 接收端就不能再接收来自发送端的广播数据了。此时会触发错误提示："iBeacon lose！！！"，ESP32-C3 的日志输出如图 7.9 所示。

```
I (00:01:06.777) IBEACON_RECEIVER: ----------iBeacon Found----------
I (00:01:06.778) IBEACON_RECEIVER: Device address:: 84 f7 03 40 40 32
I (00:01:06.781) IBEACON_RECEIVER: Proximity UUID:: fd a5 06 93 a4 e2 4f b1 af cf c6 eb 07 64 78 25
I (00:01:06.791) IBEACON_RECEIVER: Measured power (RSSI at a 1m distance):-59 dbm
I (00:01:06.799) IBEACON_RECEIVER: RSSI of packet:-49 dbm
E (00:02:00.256) IBEACON_RECEIVER: iBeacon lose!!!
E (00:02:30.256) IBEACON_RECEIVER: iBeacon lose!!!
E (00:03:00.256) IBEACON_RECEIVER: iBeacon lose!!!
E (00:03:30.256) IBEACON_RECEIVER: iBeacon lose!!!
E (00:04:00.256) IBEACON_RECEIVER: iBeacon lose!!!
```

图 7.9   ESP32-C3 无法扫描到 iBeacon 广播包的日志

2．程序源码解析

本次项目实践的程序设计包含两大核心部分：Beacon 发送端与 Beacon 接收端。7.2.3 节已对 Beacon 发送端进行了详细的介绍，因此这里着重解析 Beacon 接收端的程序源码，帮助读者加深了解其工作原理与实现细节。

Beacon 接收端首先完成蓝牙初始化流程（详情可参考 7.1.6 节），然后设置蓝牙扫描参数，随后启动蓝牙扫描功能。最后在获取蓝牙扫描结果的事件处理程序中，校验扫描得到的广播数据包。

Beacon 接收端使用 esp_ble_gap_set_scan_params(&ble_scan_params)函数设置蓝牙扫描参数，具体实现可参考代码 7.3，该函数接收一个名为 ble_scan_params 的蓝牙扫描参数，该参数用于控制蓝牙扫描类型、蓝牙扫描间隔时间、蓝牙扫描窗口时间和蓝牙扫描过滤策略等，以确保蓝牙设备按照预定的方式进行扫描，满足不同的应用需求。

Beacon 接收端使用 esp_ble_gap_start_scanning(0)函数启动蓝牙扫描功能，具体实现可参考代码 7.3，该函数接收一个参数，用于指定蓝牙扫描的保持时间（以秒为单位）。如果传入参数为 0，则扫描操作将持续进行，不会自动停止，直到有外部指令或条件触发其停止。

代码 7.3   ESP32 启动蓝牙扫描功能的关键代码

```
// 蓝牙扫描参数
static esp_ble_scan_params_t ble_scan_params = {
    // 扫描类型：主动扫描
    .scan_type              = BLE_SCAN_TYPE_ACTIVE,
    // 蓝牙设备地址类型：公共设备地址
    .own_addr_type          = BLE_ADDR_TYPE_PUBLIC,
    // 扫描过滤策略：允许扫描所有广播数据
    .scan_filter_policy     = BLE_SCAN_FILTER_ALLOW_ALL,
    // 扫描间隔时间
    .scan_interval          = 0x2000,
    // 扫描窗口时间
    .scan_window            = 0x30,
    // 是否过滤重复广播数据：不过滤
    .scan_duplicate         = BLE_SCAN_DUPLICATE_DISABLE
};

// 设置蓝牙扫描参数
esp_ble_gap_set_scan_params(&ble_scan_params);
```

```
// 启动蓝牙扫描功能，传入保持扫描的时间，单位为秒。如果保持扫描时间已过，就停止扫描
// 传入参数 0：一直保持扫描，不会自动停止扫描
esp_ble_gap_start_scanning(0);
```

在 GAP（通用访问配置文件）事件处理程序的蓝牙捕获扫描结果事件中，程序首先对捕获到的数据进行校验，确保它是一个有效的 iBeacon 数据包。随后进一步核实 Beacon 发送端的 MAC 地址是否与预先设定的指定的 MAC 地址匹配。一旦确认捕获到的数据来自指定的 Beacon 发送端，就会立即更新 is_exist 状态为 true，以指示该 Beacon 已被成功检测到。同时，为了直观地反馈结果，还可以设置 RGB LED 为绿灯，向用户或系统管理员显示 Beacon 的当前状态，具体实现代码可参考代码 7.4。

代码 7.4　蓝牙捕获扫描结果事件处理程序的关键代码

```
// 校验接收数据是不是 iBeacon 数据包
if (esp_ble_is_ibeacon_packet(scan_result->scan_rst.ble_adv, scan_result->scan_rst.adv_data_len)){
  // 解析并打印 iBeacon 数据包
  esp_ble_ibeacon_t *ibeacon_data = (esp_ble_ibeacon_t*)(scan_result->scan_rst.ble_adv);
  ESP_LOGI(TAG, "----------iBeacon Found----------");
  esp_log_buffer_hex("IBEACON_RECEIVER: Device address:", scan_result->scan_rst.bda, ESP_BD_ADDR_LEN);
  esp_log_buffer_hex("IBEACON_RECEIVER: Proximity UUID:", ibeacon_data->ibeacon_vendor.proximity_uuid, ESP_UUID_LEN_128);
  ESP_LOGI(TAG, "Measured power (RSSI at a 1m distance):%d dbm", ibeacon_data->ibeacon_vendor.measured_power);
  ESP_LOGI(TAG, "RSSI of packet:%d dbm", scan_result->scan_rst.rssi);
  // 判断该 iBeacon 发送端的 MAC 地址
  if (!memcmp(bd_addr, (uint8_t*)&scan_result->scan_rst.bda, sizeof(bd_addr))){
    is_exist = true;
    // 在 WS2812 结构体的内存中设置绿色的 RGB 数值
    ws2812_set_pixel(ws2812, 0, 0, 255, 0);
    // 通过 RMT 将 WS2812 结构体内存中的数据发送到各个 LED 中
    ws2812_refresh(ws2812, 50);
  }
}
```

创建周期定时器，周期时间为 30s。如果在 30s 周期时间内没有扫描到指定的 Beacon 发送端的广播数据包，则判定 Beacon 发送端为"丢失"状态，并设置 RGB LED 的颜色为绿色，具体实现可参考代码 7.5。

代码 7.5　周期定时器判断Beacon发送端是否丢失的关键代码

```
/**
 * @brief 自动重载（周期）定时器 回调函数
 */
static void periodic_timer_callback(void* arg)
{
    if(is_exist){
        // 清除扫描结果（存在状态）
        is_exist=0;
    }else{
        ESP_LOGE(TAG, "iBeacon lose!!!");
        // 设置红色的 RGB 数值到 WS2812 结构体的内存中
        ws2812_set_pixel(ws2812, 0, 255, 0, 0);
        // 通过 RMT 将 WS2812 结构体内存中的数据发送到各个 LED 中
```

```
        ws2812_refresh(ws2812, 50);
    }
}

// 自动重载定时器配置参数
const esp_timer_create_args_t periodic_timer_args = {
    // 定时器的回调函数
    .callback = &periodic_timer_callback,
    // 定时器名称，方便调试
    .name = "periodic"
};
// 创建自动重载定时器
esp_timer_create(&periodic_timer_args, &periodic_timer);
// 周期启动自动重载定时器，周期时间为 PERIODIC_US
esp_timer_start_periodic(periodic_timer, 30*1000*1000);
```

7.3 GAP 通用访问控制

本节介绍 GAP 的基础知识，然后通过一个动手实践项目帮助读者掌握蓝牙请求连接和建立连接的相关知识点。

7.3.1 GAP 简介

GAP（Generic Access Profile，通用访问配置文件协议）是 ESP Bluetooth 主机层中的关键协议，具有强制性，是蓝牙应用规范的基础。GAP 的核心功能是能够发现不同的蓝牙设备并在它们之间建立起安全、稳定且高效的连接。这个过程涵盖设备发现、连接方式管理、安全认证、关联模型建立以及服务发现等关键要素，极大地提升了蓝牙设备间交互的便捷性和可靠性。

GAP 将 BLE 设备分为 Peripheral（外围设备）和 Central（中心设备）。

- 外围设备：通常是功能单一、功耗较高以及周期性广播等待连接的 BLE 设备，如蓝牙鼠标、蓝牙键盘、蓝牙耳机等。
- 中心设备：通常是功能强大，主动连接外围设备的 BLE 设备，如智能手机。

外围设备一旦被中心设备成功连接，通常就会停止广播，对其他 BLE 设备不可见，这样其他中心设备就不会重复连接该外围设备，从而保证外围设备只接收单一命令的控制。而中心设备可以同时连接多个外围设备，实现一对多的控制。

在安全性方面，GAP 借助 SMP（安全管理协议）控制 BLE 设备之间的配对连接、密钥分发、密钥刷新、通信加密和身份验证等功能。

- 配对连接：配对是建立两个蓝牙设备间安全连接的基础步骤，通过信息交换生成共享的密钥（链路密钥），为后续加密和身份验证提供基础。
- 密钥分发：SMP 负责分发和管理在配对过程中生成的密钥，这些密钥在加密数据、验证设备身份或生成其他密钥时发挥关键的作用。
- 密钥刷新：为了确保通信的安全性，SMP 支持密钥刷新功能，可以定期更新密钥，保障通信的机密性和完整性。

❑ 通信加密：一旦配对完成，SMP 就可以使用链路密钥来加密两个设备之间的通信。加密可以防止第三方截获和解析传输的数据。配对完成后，SMP 利用链路密钥加密设备间的通信，防止数据被第三方截获和解析。
❑ 身份验证：SMP 还提供身份验证机制，可以确保连接的设备真实可靠，防止恶意设备冒充和非法连接。

开发者通常不需要直接操作 SMP，而是通过 GAP 间接实现 BLE 设备间的安全连接功能，大大简化了开发流程。

7.3.2 GAP 的常用函数

GAP 的常用函数如表 7.2 所示。

表 7.2 GAP的常用函数

属性/函数	说明
esp_ble_gap_register_callback()	注册GAP事件处理程序
esp_ble_gap_set_device_name()	设置蓝牙设备名称
esp_ble_gap_config_local_privacy()	启用或者禁用本机地址隐私功能
esp_ble_gap_set_security_param()	设置GAP安全参数，这将会覆盖默认值
esp_ble_set_encryption()	启用与配对蓝牙设备的安全连接
esp_ble_get_bond_device_num()	获取已绑定配对的设备个数
esp_ble_get_bond_device_list()	获取已绑定配对的设备列表
esp_ble_remove_bond_device()	移除指定的已绑定配对设备

7.3.3 实践：基于 GAP 实现蓝牙请求配对连接

【ESP32 源码路径：tutorial-esp32c3-getting-started/tree/master/ble/gap_security】
【Android APK 路径：tutorial-esp32c3-getting-started/tree/master/apk/nRF_Connect_4.26.0.apk】

本节主要利用前面介绍的 GAP 知识点及其常用函数进行实践：实现蓝牙请求配对连接。蓝牙设备的种类繁多，功能各异。例如，Beacon 设备主要进行广播而不支持连接，对于蓝牙鼠标和键盘等安全要求不高的设备通常可以直接连接。然而对于蓝牙手环、耳机等安全敏感度较高的设备，需要通过配对连接和绑定步骤才能建立通信。本次实践专注于如何利用 GAP 的知识和技术来实现蓝牙的配对连接。

1. 操作步骤

（1）准备一个 ESP32-C3 开发板，通过 Visual Studio Code 开发工具编译 gap_sercurity 工程源码，生成相应的固件，再将固件下载到 ESP32-C3 开发板上。

（2）ESP32-C3 上电后，首先完成蓝牙初始化等操作，然后等待配对连接，ESP32-C3 的日志输出如图 7.10 所示。

（3）准备一部智能手机。如果是 Android 手机，请安装 nRF_Connect.apk 应用程序；如果是 iPhone 手机，请在应用市场中搜索 nRF_Connect 应用并安装。

第 7 章　蓝牙通信

```
I (00:00:00.118) main_task: Started on CPU0
I (00:00:00.123) main_task: Calling app_main()
I (00:00:00.134) BLE_INIT: BT controller compile version [59725b5]
I (00:00:00.135) BLE_INIT: Bluetooth MAC: 84:f7:03:40:40:32

I (00:00:00.142) phy_init: phy_version 1130,b4e4b80,Sep  5 2023,11:09:30
I (00:00:00.203) GAP_SECURITY: ESP_GATTS_REG_EVT
I (00:00:00.205) GAP_SECURITY: ESP_GAP_BLE_SET_LOCAL_PRIVACY_COMPLETE_EVT ESP_OK
I (00:00:00.207) GAP_SECURITY: ESP_GAP_BLE_ADV_DATA_SET_COMPLETE_EVT: ESP_OK
I (00:00:00.215) GAP_SECURITY: ESP_GAP_BLE_SCAN_RSP_DATA_SET_COMPLETE_EVT: ESP_OK
I (00:00:00.224) GAP_SECURITY: ESP_GAP_BLE_ADV_START_COMPLETE_EVT: ESP_OK
I (00:00:00.230) main_task: Returned from app_main()
```

图 7.10　ESP32-C3 作为 GAP 外围设备等待配对连接的初始化日志

（4）使用 nRF_Connect 应用程序进行蓝牙扫描操作，扫描完成后，在发现的蓝牙设备列表中查找"BLE_GAP_小康师兄"，nRF_Connect 应用程序的扫描结果如图 7.11 所示。

图 7.11　nRF_Connect 应用程序扫描附近的广播信号

（5）选择"BLE_GAP_小康师兄"设备，然后单击 CONNECT 按钮，触发 nRF_Connect 应用程序向 ESP32-C3 发起蓝牙配对请求。在随后弹出的蓝牙配对请求对话框中，单击配对按钮完成整个配对过程，如图 7.12 所示。ESP32-C3 输出日志如图 7.13 所示。

图 7.12　nRF_Connect 应用程序请求配对 ESP32-C3 蓝牙设备

· 177 ·

```
I (00:03:19.779) GAP_SECURITY: ESP_GATTS_CONNECT_EVT
I (00:03:20.381) GAP_SECURITY: ESP_GAP_BLE_UPDATE_CONN_PARAMS_EVT ESP_OK
I (00:03:20.577) GAP_SECURITY: ESP_GAP_BLE_UPDATE_CONN_PARAMS_EVT ESP_OK
W (203671) BT_SMP: FOR LE SC LTK IS USED INSTEAD OF STK
I (00:03:23.029) GAP_SECURITY: ESP_GAP_BLE_KEY_EVT, type = ESP_LE_KEY_LENC
I (00:03:23.030) GAP_SECURITY: ESP_GAP_BLE_KEY_EVT, type = ESP_LE_KEY_PENC
I (00:03:23.034) GAP_SECURITY: ESP_GAP_BLE_KEY_EVT, type = ESP_LE_KEY_LID
I (00:03:23.130) GAP_SECURITY: ESP_GAP_BLE_KEY_EVT, type = ESP_LE_KEY_PID
I (00:03:23.153) GAP_SECURITY: ESP_GAP_BLE_AUTH_CMPL_EVT
I (00:03:23.154) GAP_SECURITY: ESP_GAP_BLE_AUTH_CMPL_EVT, remote BD_ADDR: 4ff9ae110271
I (00:03:23.157) GAP_SECURITY: ESP_GAP_BLE_AUTH_CMPL_EVT, address type = 1
I (00:03:23.165) GAP_SECURITY: ESP_GAP_BLE_AUTH_CMPL_EVT, pair status = success
I (00:03:23.173) GAP_SECURITY: ESP_GAP_BLE_AUTH_CMPL_EVT, auth mode = ESP_LE_AUTH_REQ_SC_BOND
I (00:03:23.182) GAP_SECURITY: show_bonded_devices, bonded devices number : 1
I (00:03:23.190) GAP_SECURITY: show_bonded_devices, bonded devices list : 1
I (00:03:23.197) GAP_SECURITY: 4f f9 ae 11 02 71
```

图 7.13　ESP32 配对连接的程序运行日志

2．程序源码解析

本次实践的主程序流程如图 7.14 所示，代码实现步骤如下：

（1）完成蓝牙初始化流程（详情可查阅 7.1.6 节）。

（2）使用 esp_ble_gap_register_callback ()函数注册蓝牙 GAP 事件处理程序。

（3）使用 esp_ble_gatts_register_callback()函数注册蓝牙 GATT 服务端事件处理程序。

（4）使用 esp_ble_gatts_app_register()函数注册蓝牙 GATT 服务端的应用 ID。

（5）使用 esp_ble_gap_set_device_name()函数设置蓝牙名称。

（6）使用 esp_ble_gap_config_local_privacy(true)函数启用隐私功能，生成一个可解析的随机地址。

图 7.14　ESP32-C3 作为 GAP 外围设备等待配对连接的主程序流程

（7）使用 esp_ble_gap_config_adv_data()函数设置蓝牙广播数据，包括主动广播数据和扫描请求响应数据，具体实现可参考代码 7.6。其中设置的蓝牙广播数据依据 Supplement to the Bluetooth Core Specification（蓝牙核心规范的补充），以确保蓝牙广播数据格式正确无误，能够被 Beacon 接收端（如智能手机）正确解析。

（8）使用 esp_ble_gap_start_advertising ()函数启动蓝牙广播功能。

（9）使用 esp_ble_gap_set_security_param()函数设置蓝牙安全参数，具体实现可参考代码 7.7。

代码 7.6　ESP32 设置蓝牙广播数据的关键代码

```
// 蓝牙广播数据，依据《蓝牙核心规范的补充》
static esp_ble_adv_data_t heart_rate_adv_config = {
    // 判断是不是扫描请求的响应数据，false 表示不是，仅是主动广播的数据
    .set_scan_rsp = false,
    // 判断是否包含发射功率，true 表示包含
    .include_txpower = true,
    // 蓝牙连接间隔的最小值，最小间隔 1.25ms
    .min_interval = 0x0006, //slave connection min interval, Time = min_interval * 1.25 msec
    // 蓝牙连接间隔的最大值，最大间隔 1.25ms
    .max_interval = 0x0010, //slave connection max interval, Time = max_interval * 1.25 msec
    // 蓝牙设备的外部特征
    .appearance = 0x00,
    // 制造商数据的长度
    .manufacturer_len = 0,
    // 指向制造商数据的指针
    .p_manufacturer_data =  NULL,
    // 服务数据的长度
    .service_data_len = 0,
    // 指向服务数据的指针
    .p_service_data = NULL,
    // UUID 的长度
    .service_uuid_len = sizeof(service_uuid),
    // 指向 UUID 的指针
    .p_service_uuid = service_uuid,
    // 发现模式：通用发现模式和不支持经典蓝牙的模式
    .flag = (ESP_BLE_ADV_FLAG_GEN_DISC | ESP_BLE_ADV_FLAG_BREDR_NOT_SPT),
};

// 蓝牙广播数据，用于扫描请求的响应数据
static esp_ble_adv_data_t heart_rate_scan_rsp_config = {
    // 判断是否扫描请求的响应数据，true 表示是
    .set_scan_rsp = true,
    // 判断是否包含设备名称，true 表示包含
    .include_name = true,
    // 制造商数据的长度
    .manufacturer_len = sizeof(manufacturer),
    // 指向制造商数据的指针
    .p_manufacturer_data = manufacturer,
};

// 设置蓝牙广播数据（主动广播数据）
esp_ble_gap_config_adv_data(&heart_rate_adv_config);
```

```
// 设置蓝牙广播数据（扫描请求响应数据）
esp_ble_gap_config_adv_data(&heart_rate_scan_rsp_config);
```

ESP32 作为蓝牙低功耗（BLE）设备，需要一套详细的安全参数来确保配对请求和响应的构建过程的安全性。这些参数涵盖设备的输入/输出功能、安全连接配对的细节、安全认证的需求及模式等多个方面。通常，配对过程始于一个中心设备（如智能手机）发起的 GAP（通用访问配置文件）配对请求，而 ESP32 则作为外围设备接收这个请求并发送配对响应。

在 ESP32 的配对响应过程中包含多种安全参数，旨在确保双方设备就可用资源和适用的配对算法达成共识。以下是这些安全参数的详细说明。

- ESP_BLE_SM_IOCAP_MODE：定义设备是否具备显示信息或接收输入的功能，如显示器和键盘。
- ESP_BLE_SM_OOB_SUPPORT：表明设备是否支持带外（Out-of-Band，OOB）密钥交换功能，如利用 NFC 或 Wi-Fi 技术来交换临时密钥（TK）。
- ESP_BLE_SM_AUTHEN_REQ_MODE：指定授权请求所需的安全特性，如绑定、安全连接（SC）、中间人保护（MITM）或无保护模式等。
- ESP_BLE_SM_MAX_KEY_SIZE：设定加密密钥允许的最大长度。
- ESP_BLE_SM_SET_INIT_KEY：定义由配对发起方生成或分发给响应方的密钥类型。
- ESP_BLE_SM_SET_RSP_KEY：说明由配对响应方生成或分发给发起方的密钥类型。

代码 7.7　设置蓝牙安全参数的关键代码

```
// 设置静态 Passkey
uint32_t passkey = 123456;
esp_ble_gap_set_security_param(ESP_BLE_SM_SET_STATIC_PASSKEY, &passkey,
sizeof(uint32_t));

// 本地设备安全认证的要求和模式：已绑定设备或者安全认证请求设备
esp_ble_auth_req_t auth_req = ESP_LE_AUTH_REQ_SC_BOND;
esp_ble_gap_set_security_param(ESP_BLE_SM_AUTHEN_REQ_MODE, &auth_req,
sizeof(uint8_t));

// 设置输入/输出能力：没有输入/输出能力
esp_ble_io_cap_t iocap = ESP_IO_CAP_NONE;
esp_ble_gap_set_security_param(ESP_BLE_SM_IOCAP_MODE, &iocap, sizeof(uint8_t));

// 设置加密密钥的最大长度
uint8_t key_size = 16;
esp_ble_gap_set_security_param(ESP_BLE_SM_MAX_KEY_SIZE, &key_size,
sizeof(uint8_t));

// 禁用 OOB 机制
uint8_t oob_support = ESP_BLE_OOB_DISABLE;
esp_ble_gap_set_security_param(ESP_BLE_SM_OOB_SUPPORT, &oob_support,
sizeof(uint8_t));

// init_key 是主设备分发给从设备的密钥
uint8_t init_key = ESP_BLE_ENC_KEY_MASK | ESP_BLE_ID_KEY_MASK;
esp_ble_gap_set_security_param(ESP_BLE_SM_SET_INIT_KEY, &init_key,
sizeof(uint8_t));
```

```
// rsp_key 是从设备分发给主设备的密钥
uint8_t rsp_key = ESP_BLE_ENC_KEY_MASK | ESP_BLE_ID_KEY_MASK;
esp_ble_gap_set_security_param(ESP_BLE_SM_SET_RSP_KEY, &rsp_key,
sizeof(uint8_t));
```

ESP32 主程序执行完成后，后续程序的核心是通过 GAP 事件处理程序执行一系列操作，如图 7.15 所示。以事件驱动的方式，使 ESP32 能够智能地响应并处理来自智能手机的配对连接请求和操作。GAP 事件处理程序的具体描述如下：

- ESP_GATTS_REG_EVT：当注册应用程序 ID 时触发的事件。
- ESP_GAP_BLE_SET_LOCAL_PRIVACY_COMPLETE_EVT：当在本地设备上启用或禁用隐私功能时触发的事件。

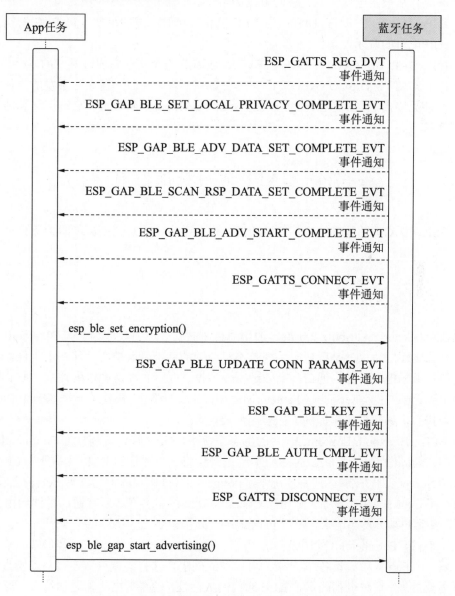

图 7.15　ESP32 配对连接过程中 GAP 事件处理程序流程

- ❑ ESP_GAP_BLE_ADV_DATA_SET_COMPLETE_EVT：当设置广播数据完成时触发的事件。
- ❑ ESP_GAP_BLE_SCAN_RSP_DATA_SET_COMPLETE_EVT：当设置扫描响应数据完成时触发的事件。
- ❑ ESP_GAP_BLE_ADV_START_COMPLETE_EVT：当 BLE 广播启动完成时触发的事件。
- ❑ ESP_GATTS_CONNECT_EVT：当 GATT 客户端连接时触发的事件，使用 esp_ble_set_encryption()函数启动与配对蓝牙设备的安全连接。
- ❑ ESP_GAP_BLE_UPDATE_CONN_PARAMS_EVT：当 BLE 更新连接参数（如连接间隔、从设备延迟等）完成时触发的事件。
- ❑ ESP_GAP_BLE_KEY_EVT：当 BLE 密钥分享时触发的事件，将 BLE 密钥分享给正在配对的蓝牙设备。
- ❑ ESP_GAP_BLE_AUTH_CMPL_EVT：当 BLE 安全认证完成时触发的事件。
- ❑ ESP_GATTS_DISCONNECT_EVT：当 GATT 客户端断开连接时触发的事件，表明当前无连接，可以使用 esp_ble_gap_start_advertising()函数重新启动广播功能并等待连接。

7.4 GATT 通用属性控制

本节介绍 GATT 的基础知识，然后通过一个动手实践项目帮助读者掌握蓝牙通信的相关知识点。

7.4.1 GATT 简介

GATT（Generic Attribute Profile，通用属性配置文件）协议作为 ESP Bluetooth 主机层中核心且强制性的协议，是蓝牙应用规范不可或缺的基础。其核心功能在于确保不同蓝牙设备间能够顺畅地进行数据通信，高效地传输数据。GATT 协议建立在 ATT（Attribute）协议基础上，通过引入 Service、Characteristic 和 Value 的概念，构建了一个基于 16 位 UUID 索引的查找表，为数据传输提供了标准化框架。

在 BLE（Bluetooth Low Energy）的生态系统中，GAP 将设备划分为 Peripheral（外围设备）和 Central（中心设备）。而 GATT 则进一步将参与通信的 BLE 设备分为 Client（客户端）和 Server（服务端）。通常情况下，Peripheral（外围设备）扮演着 Server（服务端）的角色，而 Central（中心设备）则充当 Client（客户端）的角色。所有通信事件均由 Central（中心设备/客户端）发起请求，随后 Peripheral（外围设备/服务端）进行响应。一旦两者之间建立了连接，Peripheral（外围设备/服务端）会向 Central（中心设备/客户端）建议一个连接间隔。Central（中心设备/客户端）可以在此间隔内选择尝试重新连接，以检查是否有新数据需要处理。这种机制确保了 BLE 通信的灵活性，使得数据传输更加符合实际应用的需求。

7.4.2 GATT 的常用函数

GATT 的常用函数如表 7.3 所示。

表 7.3 GATT的常用函数

属性/函数	说 明
esp_ble_gatts_register_callback()	注册蓝牙GATT服务端事件处理程序
esp_ble_gatts_app_register()	注册蓝牙GATT服务端的应用ID
esp_ble_gatts_app_unregister()	取消注册蓝牙GATT服务端的应用ID
esp_ble_gatts_create_service()	创建一个GATT服务
esp_ble_gatts_delete_service()	删除一个GATT服务
esp_ble_gatts_add_char()	在GATT服务中增加特征
esp_ble_gatts_add_char_descr()	在GATT服务的特征中增加描述符
esp_ble_gatts_start_service()	启动GATT服务
esp_ble_gatts_stop_service()	停止GATT服务
esp_ble_gatts_send_indicate()	向GATT客户端发送指示或通知
esp_ble_gatts_send_response()	向GATT客户端发送对请求的响应

7.4.3 实践：基于 GATT 实现蓝牙通信

【ESP32 源码路径：tutorial-esp32c3-getting-started/tree/master/ble/gatt_server】
【Android APK 路径：tutorial-esp32c3-getting-started/tree/master/apk/nRF_Connect_4.26.0.apk】

本节主要利用前面介绍的 GATT 知识点及其常用函数进行实践：ESP32 作为 GATT 服务端，智能手机作为 GATT 客户端，实现智能手机与 ESP32 之间的蓝牙低功耗（BLE）通信。通过这次实践，加深读者对 GATT 及蓝牙 BLE 通信机制的理解。

1. 操作步骤

（1）准备一个 ESP32-C3 开发板，通过 Visual Studio Code 开发工具编译 gatt_server 工程源码，生成相应的固件，再将固件下载到 ESP32-C3 开发板上。

（2）ESP32 上电后，完成蓝牙初始化等操作后，等待连接和通信，ESP32-C3 的日志输出如图 7.16 所示。

```
I (00:00:00.118) main_task: Started on CPU0
I (00:00:00.123) main_task: Calling app_main()
BLE_INIT: BT controller compile version [59725b5]
I (00:00:00.136) BLE_INIT: Bluetooth MAC: 84:fc:e6:01:0d:42

I (00:00:00.142) phy_init: phy_version 1130,b4e4b80,Sep  5 2023,11:09:30
I (00:00:00.205) GATT_SERVER: ESP_GATTS_REG_EVT, status: 0,  app_id: 0x55
I (00:00:00.206) GATT_SERVER: ESP_GATTS_CREATE_EVT, status: 0,  service_handle: 40
I (00:00:00.211) GATT_SERVER: ESP_GATTS_START_EVT, status: 0, service_handle: 40
I (00:00:00.218) GATT_SERVER: ESP_GATTS_ADD_CHAR_EVT, status: 0,  attr_handle: 42, service_handle: 40
I (00:00:00.228) GATT_SERVER: ESP_GATTS_ADD_CHAR_DESCR_EVT, status: 0, attr_handle: 43, service_handle: 40
I (00:00:00.240) GATT_SERVER: ESP_GAP_BLE_ADV_DATA_SET_COMPLETE_EVT: ESP_OK
I (00:00:00.247) GATT_SERVER: ESP_GAP_BLE_SCAN_RSP_DATA_SET_COMPLETE_EVT: ESP_OK
I (00:00:00.256) GATT_SERVER: ESP_GAP_BLE_ADV_START_COMPLETE_EVT: ESP_OK
```

图 7.16 ESP32 作为 GATT 服务端的初始化日志

（3）准备一部智能手机。如果是 Android 手机，请安装 nRF_Connect.apk 应用程序；如果是 iPhone 手机，请在应用市场中搜索 nRF_Connect 应用并安装。

（4）通过 nRF_Connect 应用程序进行蓝牙扫描操作，扫描完成后，在发现的蓝牙设备列表中查找"ESP_BLE_小康师兄"，然后单击 CONNECT 按钮，请求建立智能手机与 ESP32 的蓝牙连接，如图 7.17 所示。

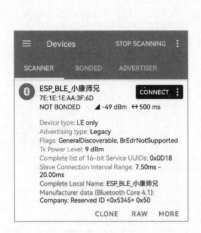
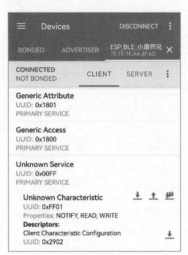

图 7.17　通过 nRF_Connect 应用程序扫描连接 ESP32

（5）通过 nRF_Connect 应用程序在"ESP_BLE_小康师兄"设备界面选择 UUID 为 0xFF01 的特征（Characteristic），向该特征写入字节数组（BYTE ARRAY）特征值"112233445566"，如图 7.18 所示，最后单击"发送"按钮，ESP32-C3 输出日志如图 7.19 所示。

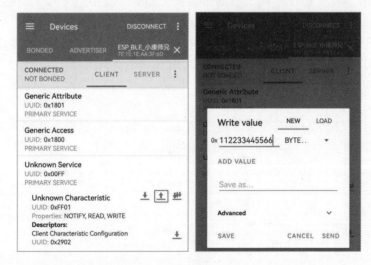

图 7.18　通过 nRF_Connect 应用程序向 ESP32 设备写入数据

```
I (00:02:50.200) GATT_SERVER: ESP_GATTS_WRITE_EVT, conn_id: 0, trans_id: 2, handle: 42
I (00:02:50.201) GATT_SERVER: ESP_GATTS_WRITE_EVT, write value:"3DUf
I (00:02:50.206) GATT_SERVER: 11 22 33 44 55 66
I (00:02:50.212) GATT_SERVER: ESP_GATTS_RESPONSE_EVT, status: 0, service_handle: 0
```

图 7.19　ESP32 接收 nRF_Connect 应用请求写入的程序运行日志

（6）通过 nRF_Connect 应用程序接着向 UUID 为 0xFF01 的特征（Characteristic）写入字符串（TEXT）特征值"auto:1"，用于触发 ESP32 并且以 1s 的间隔持续向智能手机发送数据，如图 7.20 所示，这时候该特征值就会自动变化。ESP32 输出日志如图 7.21 所示。

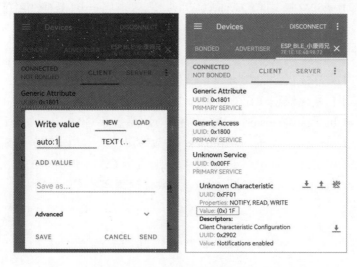

图 7.20　通过 nRF_Connect 应用请求写入"auto:1"

```
I (00:00:19.084) GATT_SERVER: ESP_GATTS_WRITE_EVT, conn_id: 0, trans_id: 2, handle: 42
I (00:00:19.085) GATT_SERVER: ESP_GATTS_WRITE_EVT, write value:auto:1
I (00:00:19.089) GATT_SERVER: 61 75 74 6f 3a 31
I (00:00:19.096) GATT_SERVER: ESP_GATTS_RESPONSE_EVT, status: 0, service_handle: 65518
I (00:00:19.248) GATT_SERVER: ESP_GATTS_CONF_EVT, status: 0, service_handle: 0
I (00:00:19.249) GATT_SERVER: esp_ble_gatts_send_indicate: ESP_OK
I (00:00:20.249) GATT_SERVER: ESP_GATTS_CONF_EVT, status: 0, service_handle: 0
I (00:00:20.249) GATT_SERVER: esp_ble_gatts_send_indicate: ESP_OK
```

图 7.21　ESP32 接收 nRF_Connect 应用请求写入"auto:1"的程序运行日志

（7）使用 nRF_Connect 应用程序接着向 UUID 为 0xFF01 的特征（Characteristic）写入字符串（TEXT）特征值"auto:0"，用于停止 ESP32 发送数据，如图 7.22 所示，ESP32-C3 输出日志如图 7.23 所示。

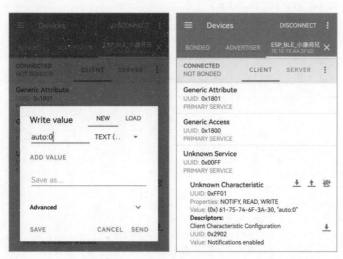

图 7.22　通过 nRF_Connect 应用请求写入"auto:0"

```
I (00:01:13.329) GATT_SERVER: ESP_GATTS_WRITE_EVT, conn_id: 0, trans_id: 3, handle: 42
I (00:01:13.329) GATT_SERVER: ESP_GATTS_WRITE_EVT, write value:auto:0
I (00:01:13.334) GATT_SERVER: 61 75 74 6f 3a 30
I (00:01:13.340) GATT_SERVER: ESP_GATTS_RESPONSE_EVT, status: 0, service_handle: 65518
```

图 7.23　ESP32 接收 nRF_Connect 应用请求写入的"auto:0"数据的运行日志

2．程序源码解析

本次实践的主程序流程如图 7.24 所示，代码实现步骤如下：
（1）完成蓝牙初始化流程（详情可查阅 7.1.6 节）。
（2）使用 esp_ble_gap_register_callback()函数注册蓝牙 GAP 事件处理程序。
（3）使用 esp_ble_gatts_register_callback()函数注册蓝牙 GATT 服务端事件处理程序。
（4）使用 esp_ble_gatts_app_register()函数注册蓝牙 GATT 服务端的应用 ID。
（5）使用 esp_ble_gap_set_device_name()函数设置蓝牙名称。

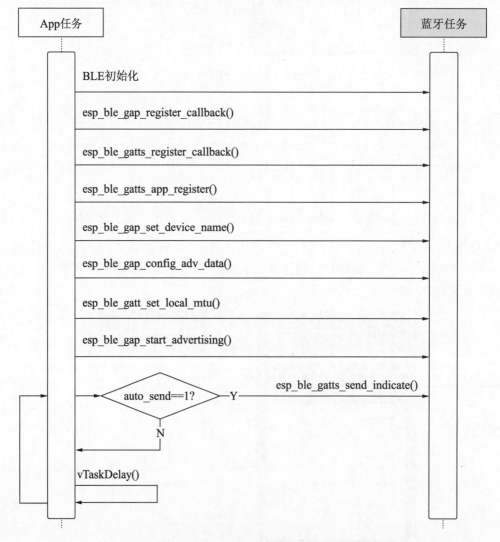

图 7.24　ESP32 作为 GATT 服务端的主程序流程

（6）使用 esp_ble_gap_config_adv_data()函数设置蓝牙广播数据，包括主动广播数据和扫描请求响应数据。

（7）使用 esp_ble_gatt_set_local_mtu()函数设置 MTU（最大传输单元）的大小。

（8）使用 esp_ble_gap_start_advertising ()函数启动蓝牙广播。

（9）程序最后进入一个循环，循环判断 auto_sends 数是否为 1，如果是，则使用 esp_ble_gatts_send_indicate()函数主动向 GATT 客户端发送数据，具体实现可参考代码 7.8。

代码 7.8　ESP32 主动向 GATT 客户端发送数据的关键代码

```
while(true){
    index++;
    vTaskDelay(1000 / portTICK_PERIOD_MS);
    if(gl_profile.auto_send){
        // 主动向 GATT 客户端发送通知
err = esp_ble_gatts_send_indicate(gl_profile.gatt_if, gl_profile.conn_id,
gl_profile.attr_handle, 1, &index, false);
        ESP_LOGI(TAG, "esp_ble_gatts_send_indicate: %s", esp_err_to_name(err));
    }
}
```

ESP32 执行主程序的操作后，通过 GAP 事件处理程序和 GATT 事件处理程序执行一系列操作，以事件驱动的方式使 ESP32 能够智能地响应并处理来自智能手机的配对连接请求和操作。本次实践的事件处理程序主要分为三个部分：

- 在开机初始化流程中触发的事件处理程序，如图 7.25 所示。
- 智能手机请求连接的事件处理程序，详情可查阅 7.3.3 节。
- 智能手机请求读写数据的事件处理程序，如图 7.26 所示。

在开机初始化流程中触发的事件处理程序的具体描述如下：

- ESP_GATTS_REG_EVT：当注册应用程序 ID 时触发的事件。在该事件处理程序中，使用 esp_ble_gatts_create_service()函数创建一个 GATT 服务。
- ESP_GATTS_CREATE_EVT：当创建 GATT 服务完成时触发的事件。在该事件处理程序中，使用 esp_ble_gatts_start_service()函数启动指定的 GATT 服务，使用 esp_ble_gatts_add_char()函数在 GATT 服务中添加特征点。
- ESP_GATTS_START_EVT：当 GATT 服务启动完成时触发的事件。
- ESP_GATTS_ADD_CHAR_EVT：当在 GATT 服务中添加特征点完成时触发的事件。使用 esp_ble_gatts_add_char_descr()函数在 GATT 服务的特征点中添加描述符。
- ESP_GATTS_ADD_CHAR_DESCR_EVT：在 GATT 服务的特征点中添加描述符完成后触发的事件。
- ESP_GAP_BLE_ADV_DATA_SET_COMPLETE_EVT：当设置广播数据完成时触发的事件。
- ESP_GAP_BLE_SCAN_RSP_DATA_SET_COMPLETE_EVT：当设置扫描响应数据完成时触发的事件。
- ESP_GAP_BLE_ADV_START_COMPLETE_EVT：当 BLE 广播启动完成时触发的事件。

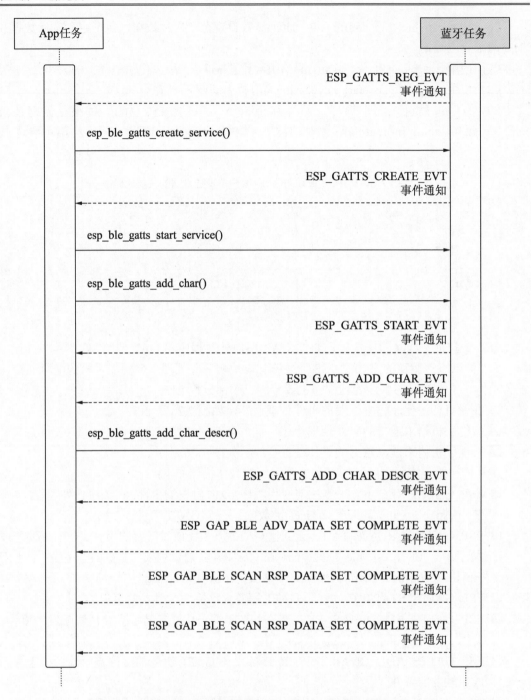

图 7.25　ESP32 蓝牙通信过程中 GAP 和 GATT 事件处理程序流程

智能手机请求读写数据的事件处理程序的具体描述如下：
- ESP_GATTS_READ_EVT：当 GATT 客户端请求读取操作时触发的事件，使用 esp_ble_gatts_send_response()函数对 GATT 客户端此次的请求发送响应。
- ESP_GATTS_WRITE_EVT：当 GATT 客户端请求写入操作时触发的事件，使用 esp_ble_gatts_send_response()函数对 GATT 客户端此次的请求发送响应。
- ESP_GATTS_RESPONSE_EVT：当发送请求响应完成时触发的事件。

❑ ESP_GATTS_CONF_EVT：当 GATT 服务端主动发送的数据确认收到时触发的事件。

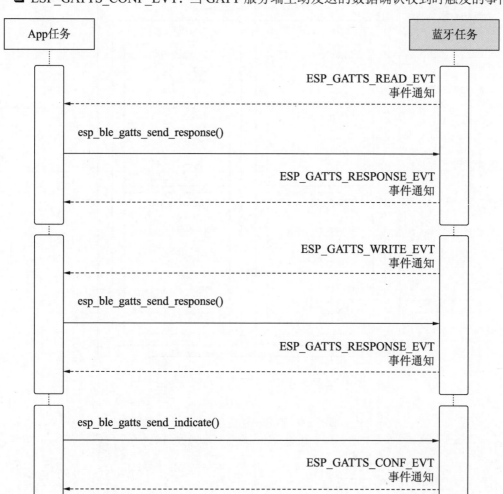

图 7.26　ESP32 蓝牙通信过程中 GATT 事件处理程序流程

综上所述，蓝牙低功耗（BLE）通信的运作机制以 GATT（通用属性配置文件）通信协议为核心。该过程始于 GATT 服务端与客户端之间建立连接，随后交换基于特定的 Service 服务的 Characteristic 特征进行数据读取与写入。

Service（服务）、Characteristic（特征）和 Descriptor（描述符）共同构建了一个层次分明的结构框架，如图 7.27 所示。在这个框架中，每个 GATT 服务由多个 Service 服务组成，每个 Service 又包含多个 Characteristic 特征，而每个 Characteristic 特征则由一个 Value 值及多个 Descriptor 描述符组成。

在本次实践中，我们仅定义了一个 Service、一个 Characteristic 和一个 Descriptor。无论 Service、Characteristic 还是 Descriptor，它们都拥有唯一的 UUID（通用唯一识别码）作为身份标识，这些 UUID 可以是 16 位（经过蓝牙组织认证）或 128 位，具体实现可参考代码 7.9。

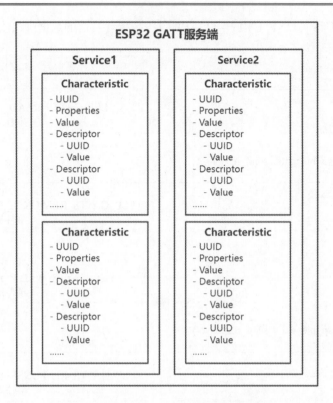

图 7.27　ESP32 GATT 服务端的服务框架

代码 7.9　ESP32 GATT服务端自定义配置文件的关键代码

```
#define GATTS_SERVICE_UUID              0x00FF
#define GATTS_CHARACTERISITIC_UUID      0xFF01
#define GATTS_DESCRIPTION_UUID          ESP_GATT_UUID_CHAR_CLIENT_CONFIG
#define GATTS_NUM_HANDLE                4

static uint8_t manufacturer[3]={'E', 'S', 'P'};
static uint8_t service_uuid[16] = {
    /* LSB <--------------------------------------------------------> MSB */
    //first uuid, 16bit, [12],[13] is the value
    0xfb, 0x34, 0x9b, 0x5f, 0x80, 0x00, 0x00, 0x80, 0x00, 0x10, 0x00, 0x00,
0x18, 0x0D, 0x00, 0x00,
};

// 自定义 GATT 配置文件结构体
struct gatts_profile_t {
    // 不同的 GATT 客户端应用使用不同的 gatt_if
    esp_gatt_if_t gatt_if;
    uint16_t conn_id;
    uint16_t service_handle;
    uint16_t attr_handle;
    esp_gatt_srvc_id_t service_id;
    esp_bt_uuid_t characterisitic_uuid;
    esp_bt_uuid_t descr_uuid;
    // GATT 服务端当前的连接状态
    uint8_t connected;
    // GATT 服务端是否主动给 GATT 客户端发送信息
    uint8_t auto_send;
};
```

```c
// GATT 配置文件，存储 GATT 通信过程需要的 ID 和句柄
static struct gatts_profile_t gl_profile = {
    // Service ID
    .service_id = {
        .is_primary = true,
        .id.inst_id = 0x00,
        .id.uuid.len = ESP_UUID_LEN_16,
        .id.uuid.uuid.uuid16 = GATTS_SERVICE_UUID
    },
    // Characteristic UUID
    .characterisitic_uuid = {
        .len = ESP_UUID_LEN_16,
        .uuid.uuid16 = GATTS_CHARACTERISITIC_UUID
    },
    // Descriptor UUID
    .descr_uuid = {
        .len = ESP_UUID_LEN_16,
        .uuid.uuid16 = GATTS_DESCRIPTION_UUID
    },
    // GATT 服务端当前的连接状态
    .connected = false,
    // GATT 服务端是否主动给 GATT 客户端发送信息
    .auto_send = false
};
```

第 3 篇 网络编程

学习 ESP32 网络编程之前，首先需要掌握计算机网络的基本知识。目前计算机网络绝大多数都采用 TCP/IP 栈，TCP/IP 栈是一系列网络协议的总和，它采用了 4 层结构，分别是链路层、网络层、传输层和应用层。

在 ESP32 的开发框架 ESP-IDF 中，采用了针对 ESP32 芯片优化和移植的 lwIP 版本 ESP-lwIP 来实现 TCP/IP 栈的功能。lwIP 因其开源和轻量级的特性在嵌入式系统领域广受欢迎，这也是 ESP32 选择它的重要原因。通过集成 ESP-lwIP，ESP32 可以充分利用 TCP/IP 栈的强大功能实现稳定且可靠的网络通信。

从本篇开始，我们将基于 ESP-lwIP 栈深入学习和探索 ESP32 网络编程。首先学习传输层中的 TCP 和 UDP，理解它们的运作机制与特点。其次学习应用层中的 HTTP 和 MQTT 协议，掌握它们在构建网络应用时的关键作用。通过本篇的学习，读者可以了解 ESP32 在网络编程方面的应用与技巧，为未来的项目开发打下坚实的基础。

- ▶▶ 第 8 章 网络传输
- ▶▶ 第 9 章 网络应用

第 8 章 网 络 传 输

ESP-IDF 通过集成 ESP-lwIP 实现了 TCP/IP 栈的丰富功能。为了确保开发者能够安全、稳定地调用这些功能，ESP-IDF 提供了特定的 API。具体来说，它支持 BSD Sockets API 和 ESP-NETIF API，这些 API 不仅可以保证调用的安全性，而且提升了操作效率，使开发者可以轻松实现 TCP Client/Server 和 UDP Client/Server 等网络传输功能。

本章将围绕 BSD Sockets API 和 ESP-NETIF API 展开介绍，首先学习网络层中 IP 地址相关的内容，然后学习传输层中 TCP 和 UDP 的内容。通过本章的学习，读者可以更全面地了解如何运用这些 API 接口实现高效、安全的网络数据传输。

8.1 网络接口简介

本节介绍 Socket 编程的基础知识，让读者熟悉 Socket API 的常用函数，如创建套接字、绑定套接字、建立套接字和关闭套接字等。

8.1.1 Socket 简介

Socket（套接字）是一种编程接口，是应用程序与 TCP/IP 栈之间的接口，它提供了一种标准的通信方式，使不同的应用程序能够在网络上进行连接和数据交换，不需要关心网络通信的底层细节和 TCP/IP 栈的具体实现。

ESP-IDF 支持 BSD Sockets API，BSD Sockets API 是一种常见的跨平台 TCP/IP Sockets API，最初源于 UNIX 操作系统的伯克利标准发行版，现已标准化为 POSIX 规范的一部分。在 ESP-IDF 中，ESP-lwIP 支持 BSD Sockets API 的所有常见用法，使用 BSD Sockets API 可以安全地调用 ESP-lwIP，实现网络通信的相关功能。

8.1.2 Sockets API 的常用函数

Sockets API 的常用函数如表 8.1 所示，其中，socket()、bind()、connect()、shutdown() 和 close() 是关键函数。

❑ socket() 函数用于创建套接字。示例如下：

```
/**
 * @brief 创建套接字。
 *
 * @param[int] domain: 地址族/协议域。
 *              - AF_INET/PF_INET: IPv4 网络协议。
```

```
 *              - AF_INET6/PF_INET6:   IPv6 网络协议。
 *              - AF_UNIX/PF_UNIX：本地进程间通信，可写 AF_LOCAL/PF_LOCAL。
 * @param[int] type：套接字类型。
 *              - SOCK_STREAM：提供流式套接字，代表 TCP。
 *              - SOCK_DGRAM：提供数据报套接字，代表 UDP。
 *              - SOCK_RAW：提供原始报套接字，允许直接访问底层协议。
 * @param[int] protocol：特定于协议的选项，通常设置为 0。在大多数情况下，当指定
domain 和 type 时，系统就能确定正确的 protocol。但在某些特殊情况下可能需要明确指定
protocol。
 *
 * @return
 *         - 成功，返回非负整数，主动连接套接字的文件描述符。
 *         - 失败，返回-1。
 */
int socket(int domain,int type,int protocol);
```

❑ bind()函数用于绑定套接字和网络地址。示例如下：

```
/**
 * @brief 绑定套接字和网络地址。
 *
 * @param[int] s：主动连接套接字的文件描述符。
 * @param[struct sockaddr *] name：这是一个指向 sockaddr 结构体的指针，该结构体
包含套接字将要绑定的地址信息。
 * @param[int] namelen：地址结构体的大小。
 *
 * @return
 *         - 成功，返回 0。
 *         - 失败，返回-1。
 */
int bind(int s,const struct sockaddr *name, socklen_t namelen);
```

❑ connect()函数用于建立套接字的连接。示例如下：

```
/**
 * @brief 建立套接字的连接。
 *
 * @param[int] s：需要连接的套接字的文件描述符。
 * @param[struct sockaddr *] s：指向 sockaddr 结构体的指针，该结构体包含目标地址
的信息。
 * @param[socklen_t] namelen：name 指向的地址结构体的长度。
 *
 * @return
 *         - 成功，返回 0。
 *         - 失败，返回-1。
 */
int connect(int s,const struct sockaddr *name,socklen_t namelen);
```

❑ shutdown()函数用于关闭套接字数据接收或发送的功能，或者两者都关闭。示例
如下：

```
/**
 * @brief 关闭套接字数据接收或发送的功能，或者两者都关闭。
 *
 * @param[int] s：需要关闭的套接字的文件描述符。
 * @param[int] how：指定套接字应该如何被关闭。
 *              - SHUT_RD：关闭套接字的读操作。之后，不能再从这个套接字中接收数据，但
是可以继续发送数据。
```

```
 *                    - SHUT_WR：关闭套接字的写操作。之后，不能再向这个套接字发送数据，但是
 可以继续接收数据。
 *                    - SHUT_RDWR：同时关闭套接字的读和写操作，这实际上等同于关闭套接字。
 *
 * @return
 *          - 成功，返回 0。
 *          - 失败，返回-1。
 */
int shutdown(int s,int how);
```

☐ close()函数用于关闭套接字并释放套接字相关所有资源。示例如下：

```
/**
 * @brief 关闭套接字并释放套接字相关的资源。
 *
 * @param[int] s：需要关闭的套接字的文件描述符。
 *
 * @return
 *          - 成功，返回 0。
 *          - 失败，返回-1。
 */
int close(int s);
```

表 8.1 Sockets API的常用函数

属性/函数	说 明
socket()	创建套接字
bind()	绑定套接字和网络地址
listen()	设置套接字为被动监听套接字
accept()	接受TCP套接字连接请求
connect()	建立套接字连接
send()	向TCP套接字发送数据
recv()	从TCP套接字中接收数据
sendto()	向UDP套接字发送数据
recvfrom()	从UDP套接字中接收数据
shutdown()	关闭套接字的数据接收或发送的功能，或者两者都关闭
close()	关闭套接字并释放套接字相关的资源
setsockopt()	设置套接字的选项
getsockopt()	获取套接字的选项
inet_ntop()	将网络地址（IPv4或者IPv6）格式化成字符串
inet_pton()	将点分十进制（对于IPv4）或冒号分隔的十六进制（对于IPv6）格式的字符串地址转换为网络字节序的二进制形式

8.2 IP 地址

本节介绍 IP 地址的基础知识和常用函数，然后通过 5 个动手实践项目帮助读者掌握静态 IP 地址和动态 IP 地址的相关知识点。

8.2.1 IP 地址简介

IP（Internet Protocol Address，互联网协议地址）是网络中进行数据传输的基础。具体来说，IP 地址是一个 32 位的二进制数，用于在互联网上唯一标识一个设备或一组设备。如果将 IP 地址转换成字符串，则由 4 组数字组成，每组数字的范围是 0～255，数字之间用点"."分隔。例如，常见的 IP 地址形式为 192.168.1.1。IP 地址的主要作用如下：

- 设备标识：每个连接到互联网的设备必须拥有一个独特的 IP 地址，通过 IP 地址可以对设备进行标识和定位，让数据能够准确地发送到特定的设备。
- 网络路由：在互联网中，数据通常需要经过多个网络节点进行传输，中间的路由器根据目标 IP 地址来决定数据的下一跳。IP 地址用于路由器转发数据包，从而将数据从源设备传输到目标设备上。
- 地理定位：通过 IP 地址，可以粗略地确定设备所在的地理位置。虽然精确程度有限，但是可以用于一些与位置相关的服务，如基于位置的广告、地理位置限制的内容访问等。
- 安全性控制：IP 地址可以用在实施网络安全措施中，例如限制特定的 IP 地址访问敏感资源，或者防止非授权设备连接到受限网络等。

综上所述，IP 地址在互联网通信中扮演着至关重要的角色，它不仅是设备在网络中的唯一标识，而且是实现数据定位与路由传输的基础。而在 ESP32 网络编程的实践中，DHCP（Dynamic Host Configuration Protocol，动态主机配置协议）则是 IP 地址管理的关键。DHCP 能够自动为网络路由和其他设备分配网络配置参数，包括 IP 地址、子网掩码、默认网关及 DNS 服务器等，极大地简化了网络配置过程，减少了手动配置可能带来的错误，显著提升了网络管理效率。

当 ESP32 作为 Soft-AP 模式运行时，它能够利用 DHCP 服务为接入的 Wi-Fi 设备自动分配 IP 地址，实现网络接入的自动化与智能化。当 ESP32 作为 Station 模式连接至 Wi-Fi 网络时，它作为 DHCP 客户端，接收由 Wi-Fi 路由自动分配的 IP 地址，确保 ESP32 在网络中的顺畅通信。因此，DHCP 在 ESP32 网络编程中的应用不仅提升了网络配置的便捷性，也为 ESP32 设备的网络通信提供了稳定可靠的基石。

8.2.2 ESP-NETIF 的常用函数

ESP-NETIF API 为 IP 地址的操作提供了强大的支持，不仅功能丰富，而且使用起来更为便捷。ESP-NETIF API 的常用函数如表 8.2 所示。其中，esp_netif_get_ip_info()函数和 esp_netif_set_ip_info()函数在后面的实践项目中发挥了关键作用，下面对这两个函数进行简要介绍。

- esp_netif_get_ip_info()函数用于获取网络接口的 IP 地址信息。示例如下：

```
/**
 * @brief 获取网络接口的 IP 地址信息。
 *
 * 如果网络接口处于活动状态（up），则直接从 TCP/IP 堆栈中读取 IP 信息。
 * 如果网络接口处于非活动状态（down），则从 ESP-NETIF 实例中保存的一份副本中读取 IP 信息。
```

```
 *
 * @param[esp_netif_t *] esp_netif: 指向 ESP-NETIF 实例的指针，需要查询 IP 地址
信息的网络接口。
 * @param[esp_netif_ip_info_t *] ip_info: 指向 esp_netif_ip_info_t 实例的指
针，用于接收查询到的 IP 地址信息。如果函数调用成功，则这个结构体将被填充相应的 IP 地址、
子网掩码和网关信息。
 *
 * @return
 *      - 成功，返回 0。
 *      - 错误，返回非零的错误码。
 */
esp_err_t esp_netif_get_ip_info(esp_netif_t *esp_netif, esp_netif_ip_
info_t *ip_info);
```

- esp_netif_set_ip_info()函数用于设置网络接口的静态 IP 地址信息。示例如下：

```
/**
 * @brief 设置网络接口的静态 IP 地址信息。
 *
 * 如果网络接口处于活动状态（up），则直接将 IP 地址信息设置到 TCP/IP 堆栈中。
 * 如果网络接口处于非活动状态（down），则将 IP 地址信息保存到 ESP-NETIF 实例的副本中。
 *
 *
 * @note 在设置新的 IP 信息之前，必须停止 DHCP 客户端/服务器（如果已为该接口启用）。
 * @note 调用此函数可能会生成 SYSTEM_EVENT_STA_GOT_IP 或 SYSTEM_EVENT_ETH_GOT_
IP 事件。
 *
 * @param[esp_netif_t *] esp_netif: 指向 ESP-NETIF 实例的指针，需要设置 IP 地址
信息的网络接口。
 * @param[const esp_netif_ip_info_t *] ip_info: 指向 esp_netif_ip_info_t 实
例的指针，用于设置的 IP 地址信息。
 *
 * @return
 *      - 成功，返回 0。
 *      - 错误，返回非零的错误码。
 */
esp_err_t esp_netif_set_ip_info(esp_netif_t *esp_netif, const esp_netif_
ip_info_t *ip_info);
```

表 8.2 ESP-NETIF API的常用函数

属性/函数	说明
esp_netif_get_ip_info()	获取网络接口的IP地址信息
esp_netif_set_ip_info()	设置网络接口的IP地址信息
esp_netif_dhcpc_start()	启动DHCP客户端
esp_netif_dhcpc_stop()	停止DHCP客户端
esp_netif_dhcps_start()	启动DHCP服务
esp_netif_dhcps_stop()	停止DHCP服务
IPSTR()	宏定义，将网络地址（IPv4）格式化为字符串
IPV6STR()	宏定义，将网络地址（IPv6）格式化为字符串

8.2.3 实践：通过 IP 事件处理程序获取 IP 地址

IP 事件一共有 8 个，通过注册 IP 事件处理程序，可以及时获取各个事件的通知消息。IP 事件在 esp-idf\components\esp_netif\include\esp_netif_types.h 的 ip_event_t 枚举类型中声明。

```
/** IP 事件声明*/
typedef enum {
    IP_EVENT_STA_GOT_IP,        /*!< Station 模式连接到 Wi-Fi 接入点，从 Wi-Fi 路由
                                     处获得 IP*/
    IP_EVENT_STA_LOST_IP,       /*!< Station 模式失去 IP 地址且 IP 地址被重置为 0 */
    IP_EVENT_AP_STAIPASSIGNED,  /*!< Soft-AP 模式分配 IP 地址给已连接的
                                     Wi-Fi 站点 */
    IP_EVENT_GOT_IP6,           /*!< Station 模式、Soft-AP 模式或者以太网接口获取
                                     IPv6 地址*/
    IP_EVENT_ETH_GOT_IP,        /*!< 以太网从已连接的路由获取 IP 地址 */
    IP_EVENT_ETH_LOST_IP,       /*!< 以太网失去 IP 地址且 IP 地址被重置为 0 */
    IP_EVENT_PPP_GOT_IP,        /*!< PPP 接口获取 IP 地址 */
    IP_EVENT_PPP_LOST_IP,       /*!< PPP 接口失去 IP 地址 */
} ip_event_t;
```

其中有两个 IP 事件前面已经见过，下面简单介绍一下。

❑ IP_EVENT_STA_GOT_IP：ESP32 作为 Station 模式成功连接到 Wi-Fi 接入点，由该接入点的 Wi-Fi 路由分配 IP 地址给 ESP32。具体内容可查阅 5.3.3 节。

❑ IP_EVENT_AP_STAIPASSIGNED：ESP32 作为 Soft-AP 模式开启临时 Wi-Fi 接入点被其他 Wi-Fi 设备连接，ESP32 通过 DHCP 自动分配和管理 IP 地址，给新接入的 Wi-Fi 设备分配 IP 地址。具体内容可查阅 5.4.3 节。

其余事件如"以太网从已连接的路由获取 IP 地址""PPP 接口获取 IP 地址"等不属于我们的讲解范围，读者如果感兴趣，可以自行查阅乐鑫官网资料进行学习。

8.2.4 实践：通过 ESP-NETIF 接口获取 IP 地址

【ESP32 源码路径：tutorial-esp32c3-getting-started/tree/master/net/get_ip】

本节基于前面介绍的内容进行实践：通过 ESP-NETIF 接口主动获取 IP 地址。

1. 操作步骤

（1）准备一个支持 2.4GHz 频段的 Wi-Fi 接入点（AP），Wi-Fi 名称为小康师兄，Wi-Fi 密码为 12345678。

（2）准备一个 ESP32-C3 开发板，通过 Visual Studio Code 开发工具编译 get_ip 工程源码，生成相应的固件，再将固件下载到 ESP32-C3 开发板上。

（3）ESP32-C3 运行程序，完成初始化后将连接到第（1）步准备的 Wi-Fi 接入点，ESP32 的日志输出如图 8.1 所示。

（4）ESP32-C3 以 1s 的时间间隔循环获取和打印 IP 地址，日志输出可参见图 8.1。从日志中可以观察到，在 ESP32-C3 成功连接到 Wi-Fi 接入点之前，其 IP 地址始终显示为 "0.0.0.0"。只有在设备成功接入 Wi-Fi 网络并从 Wi-Fi 路由器中获取到分配的 IP 地址后，

ESP32-C3 才会拥有一个有效的网络 IP 地址。

```
I (00:00:00.274) get_ip: Wi-Fi station start
I (00:00:00.276) get_ip: ip:0.0.0.0
I (559) wifi:new:<11,0>, old:<1,0>, ap:<255,255>, sta:<11,0>, prof:1
I (559) wifi:state: init -> auth (b0)
I (00:00:01.267) get_ip: ip:0.0.0.0
I (1559) wifi:state: auth -> init (200)
I (1559) wifi:new:<11,0>, old:<11,0>, ap:<255,255>, sta:<11,0>, prof:1
I (00:00:01.288) get_ip: Wi-Fi station disconnected, reason=2
I (00:00:02.267) get_ip: ip:0.0.0.0
I (00:00:03.267) get_ip: ip:0.0.0.0
I (00:00:03.701) get_ip: Wi-Fi station disconnected, reason=205
I (3989) wifi:new:<11,0>, old:<11,0>, ap:<255,255>, sta:<11,0>, prof:1
I (3989) wifi:state: init -> auth (b0)
I (3989) wifi:state: auth -> assoc (0)
I (3999) wifi:state: assoc -> run (10)
I (4029) wifi:connected with 小康师兄, aid = 12, channel 11, BW20, bssid = 3a:4e:21:aa:1e:de
I (4029) wifi:security: WPA2-PSK, phy: bgn, rssi: -27
I (4029) wifi:pm start, type: 1

I (4029) wifi:set rx beacon pti, rx_bcn_pti: 0, bcn_timeout: 25000, mt_pti: 0, mt_time: 10000
I (00:00:03.763) get_ip: Wi-Fi station connected
I (4069) wifi:AP's beacon interval = 102400 us, DTIM period = 2
I (00:00:04.267) get_ip: ip:0.0.0.0
I (00:00:04.758) esp_netif_handlers: sta ip: 192.168.43.172, mask: 255.255.255.0, gw: 192.168.43.1
I (00:00:04.759) get_ip: Got ip:192.168.43.172
I (00:00:05.267) get_ip: ip:192.168.43.172
I (00:00:06.267) get_ip: ip:192.168.43.172
I (00:00:07.267) get_ip: ip:192.168.43.172
```

图 8.1　ESP32 通过 ESP-NETIF 接口获取 IP 地址的程序日志

2. 程序源码解析

ESP32 通过 ESP-NETIF 接口获取 IP 地址的代码见代码 8.1，不仅可应用于 Station 模式，而且也适用于 Soft-AP 模式。本次实践的程序源码相对简洁，关于源码解析可查阅 5.3.3 节，这里不再赘述。与 5.3.3 的实践不同的是，本次实践的关键是 esp_netif_get_ip_info() 函数的使用，通过该函数可以直接获取 ESP32 本机网络的 IP 地址。

代码 8.1　ESP32 通过ESP-NETIF接口获取IP地址的关键源码

```
esp_netif_ip_info_t ip_info;
// 获取 IP 地址
esp_netif_get_ip_info(esp_netif, &ip_info);
// 打印 IP 地址
ESP_LOGI(TAG, "ip:" IPSTR, IP2STR(&ip_info.ip));
```

8.2.5　实践：在 Station 模式下通过 ESP-NETIF 接口设置 IP 地址

【ESP32 源码路径：tutorial-esp32c3-getting-started/tree/master/net/set_ip_in_station】

本节基于前面介绍的内容进行实践：当 ESP32 处于 Station 模式下时，通过 ESP-NETIF 接口设置静态 IP 地址。

1. 操作步骤

（1）准备一个支持 2.4GHz 频段的 Wi-Fi 接入点（AP），Wi-Fi 名称为小康师兄，Wi-Fi 密码为 12345678。

（2）准备一个 ESP32-C3 开发板，通过 Visual Studio Code 开发工具编译 set_ip_in_station 工程源码，生成相应的固件，再将固件下载到 ESP32-C3 开发板上。

（3）ESP32-C3 运行程序后，需要先关闭 DHCP 客户端，再设置静态 IP 到 ESP-NETIF 接口中，ESP32 的日志输出如图 8.2 所示。

```
I (268) cpu_start: Project name:     set_ip_in_station
I (274) cpu_start: App version:      486e0ae-dirty
I (279) cpu_start: Compile time:     Apr  7 2024 15:10:14
I (286) cpu_start: ELF file SHA256:  80240900e776a9f0...
I (292) cpu_start: ESP-IDF:          v5.1.2-dirty
I (297) cpu_start: Min chip rev:     v0.3
I (302) cpu_start: Max chip rev:     v0.99
I (306) cpu_start: Chip rev:         v0.3
I (311) heap_init: Initializing. RAM available for dynamic allocation:
I (318) heap_init: At 3FC96C60 len 000293A0 (164 KiB): DRAM
I (325) heap_init: At 3FCC0000 len 0001C710 (113 KiB): DRAM/RETENTION
I (332) heap_init: At 3FCDC710 len 00002950 (10 KiB): DRAM/RETENTION/STACK
I (339) heap_init: At 50000010 len 00001FD8 (7 KiB): RTCRAM
I (346) spi_flash: detected chip: generic
I (350) spi_flash: flash io: dio
I (355) sleep: Configure to isolate all GPIO pins in sleep state
I (361) sleep: Enable automatic switching of GPIO sleep configuration
I (368) app_start: Starting scheduler on CPU0
I (00:00:00.108) main_task: Started on CPU0
I (00:00:00.113) main_task: Calling app_main()
I (00:00:00.127) set_ip_in_station: DHCP stop successfully
I (00:00:00.127) set_ip_in_station: Static IP set successfully
```

图 8.2　在 Station 模式下通过 ESP-NETIF 接口设置静态 IP 地址的运行日志

（4）ESP32-C3 以 1s 的时间间隔循环获取 IP 和打印 IP 地址，ESP32-C3 的日志输出如图 8.3 所示。从日志中可以观察到，无论在成功连接 Wi-Fi 接入点之前还是之后，ESP32-C3 的 IP 地址始终显示为"192.168.1.2"。这表明 ESP32-C3 在连接过程中使用了固定的静态 IP 地址，而非通过 DHCP 自动获取。

```
I (561) wifi:mode : sta (84:f7:03:40:40:30)
I (561) wifi:enable tsf
I (00:00:00.283) set_ip_in_station: Wi-Fi station start
I (00:00:00.285) set_ip_in_station: ip:192.168.1.2
I (00:00:01.288) set_ip_in_station: ip:192.168.1.2
I (00:00:02.288) set_ip_in_station: ip:192.168.1.2
I (00:00:02.694) set_ip_in_station: Wi-Fi station disconnected, reason=201
I (3461) wifi:new:<5,0>, old:<1,0>, ap:<255,255>, sta:<5,0>, prof:1
I (3461) wifi:state: init -> auth (b0)
I (3471) wifi:state: auth -> assoc (0)
I (3481) wifi:state: assoc -> run (10)
I (3491) wifi:connected with 小康师兄, aid = 11, channel 5, BW20, bssid = 3a:4e:21:aa:1e:de
I (3491) wifi:security: WPA2-PSK, phy: bgn, rssi: -34
I (3501) wifi:pm start, type: 1
I (3501) wifi:set rx beacon pti, rx_bcn_pti: 0, bcn_timeout: 25000, mt_pti: 0, mt_time: 10000
I (3511) wifi:AP's beacon interval = 102400 us, DTIM period = 2
I (00:00:03.236) set_ip_in_station: Wi-Fi station connected
I (00:00:03.240) esp_netif_handlers: sta ip: 192.168.1.2, mask: 255.255.255.0, gw: 192.168.1.1
I (00:00:03.249) set_ip_in_station: Got ip:192.168.1.2
I (00:00:03.288) set_ip_in_station: ip:192.168.1.2
I (00:00:04.288) set_ip_in_station: ip:192.168.1.2
I (00:00:05.288) set_ip_in_station: ip:192.168.1.2
I (00:00:06.288) set_ip_in_station: ip:192.168.1.2
I (00:00:07.288) set_ip_in_station: ip:192.168.1.2
I (00:00:08.288) set_ip_in_station: ip:192.168.1.2
I (00:00:09.288) set_ip_in_station: ip:192.168.1.2
```

图 8.3　在 Station 模式下通过 ESP-NETIF 接口设置 IP 地址后再读取 IP 地址的程序日志

2．程序源码解析

在 Station 模式下通过 ESP-NETIF 接口设置 IP 地址的流程如图 8.4 所示，关键代码见代码 8.2。与常规的在 Station 模式下连接 Wi-Fi 接入点不同的是，在 ESP-NETIF 创建完成后与 Wi-Fi 初始化之前需要执行以下两个额外的操作：

（1）使用 esp_netif_dhcpc_stop(esp_netif)停止 DHCP 客户端。
（2）使用 esp_netif_set_ip_info(esp_netif, &ip_info)将静态 IP 地址设置到 ESP-NETIF 中。

虽然这样做确实可以为 ESP32 设置固定的 IP 地址，但是可能会使 ESP32 与 Wi-Fi 路由器之间的 IP 网段不匹配，进而导致无法正常通信。因此，在正常情况下并不推荐采用这种设置静态 IP 地址的方式。推荐做法是允许 ESP32 通过 DHCP 自动获取 IP 地址，以确保其与 Wi-Fi 路由器之间的正常通信。

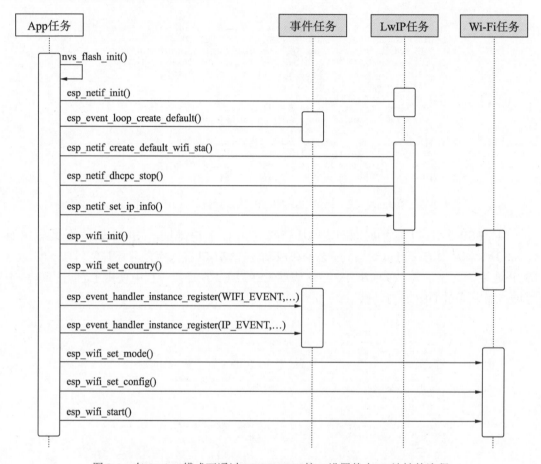

图 8.4 在 Station 模式下通过 ESP-NETIF 接口设置静态 IP 地址的流程

代码 8.2 在 Station 模式下通过 ESP-NETIF 接口设置 IP 地址的关键代码

```
// 首先使用默认的 Station 配置创建 esp_netif 对象，然后绑定 esp_netif 对象到 Wi-Fi
驱动程序上，最后注册 Wi-Fi 事件默认的处理程序
esp_netif_t* esp_netif = esp_netif_create_default_wifi_sta();

// 关闭 DHCP 客户端
ret = esp_netif_dhcpc_stop(esp_netif);
if (ret == ESP_OK) {
    ESP_LOGI(TAG, "DHCP stop successfully");
} else {
    ESP_LOGE(TAG, "Failed to stop DHCP: %s", esp_err_to_name(ret));
}

// 填充静态 IP 地址信息
```

```
esp_netif_ip_info_t ip_info = {
    // IP 地址
    .ip = { .addr = ESP_IP4TOADDR(192, 168, 1, 2) },
    // 子网掩码
    .netmask = { .addr = ESP_IP4TOADDR(255, 255, 255, 0) },
    // 网关地址
    .gw = { .addr = ESP_IP4TOADDR(192, 168, 1, 1) }
};

// 设置静态 IP 地址信息
ret = esp_netif_set_ip_info(esp_netif, &ip_info);
if (ret == ESP_OK) {
    ESP_LOGI(TAG, "Static IP set successfully");
} else {
    ESP_LOGE(TAG, "Failed to set static IP: %s", esp_err_to_name(ret));
}
```

8.2.6 实践：在 Soft-AP 模式下通过 ESP-NETIF 接口设置 IP 地址

【ESP32 源码路径：tutorial-esp32c3-getting-started/tree/master/net/set_ip_in_ap】

本节前面介绍的内容进行实践：当 ESP32 处于 Soft-AP 模式下时，通过 ESP-NETIF 接口设置静态 IP 地址。

1. 操作步骤

（1）准备一个 ESP32-C3 开发板，通过 Visual Studio Code 开发工具编译 set_ip_in_ap 工程源码，生成相应的固件，再将固件下载到 ESP32-C3 开发板上。

（2）ESP32-C3 运行程序后，需要先关闭 DHCP 服务，再设置静态 IP 到 ESP-NETIF 接口中，然后开启 DHCP 服务，ESP32 的日志输出如图 8.5 所示。

```
I (268) cpu_start: Project name:     set_ip_in_ap
I (274) cpu_start: App version:      ff48df6-dirty
I (279) cpu_start: Compile time:     Apr  7 2024 21:17:43
I (285) cpu_start: ELF file SHA256:  f71620f7f7c32197...
I (291) cpu_start: ESP-IDF:          v5.1.2-dirty
I (296) cpu_start: Min chip rev:     v0.3
I (301) cpu_start: Max chip rev:     v0.99
I (306) cpu_start: Chip rev:         v0.4
I (311) heap_init: Initializing. RAM available for dynamic allocation:
I (318) heap_init: At 3FC96C60 len 000293A0 (164 KiB): DRAM
I (324) heap_init: At 3FCC0000 len 0001C710 (113 KiB): DRAM/RETENTION
I (331) heap_init: At 3FCDC710 len 00002950 (10 KiB): DRAM/RETENTION/STACK
I (339) heap_init: At 50000010 len 00001FD8 (7 KiB): RTCRAM
I (346) spi_flash: detected chip: generic
I (350) spi_flash: flash io: dio
I (354) sleep: Configure to isolate all GPIO pins in sleep state
I (360) sleep: Enable automatic switching of GPIO sleep configuration
I (368) app_start: Starting scheduler on CPU0
I (00:00:00.107) main_task: Started on CPU0
I (00:00:00.113) main_task: Calling app_main()
I (00:00:00.127) set_ip_in_ap: DHCP stop successfully
I (00:00:00.128) set_ip_in_ap: Static IP set successfully
I (00:00:00.129) set_ip_in_ap: DHCP stop successfully
```

图 8.5 在 Soft-AP 模式下通过 ESP-NETIF 接口设置静态 IP 地址的程序日志

（3）ESP32-C3 以 1s 的时间间隔循环获取和打印 IP 地址，ESP32-C3 的日志输出如图 8.6 所示。从日志中可以观察到，Soft-AP 模式启动后，ESP32-C3 的 IP 地址始终显示为"192.168.1.1"，说明静态 IP 地址设置成功，当有新的 Wi-Fi 站点接入时，ESP32-C3 通过

第 3 篇 网络编程

DHCP 服务给其分配 IP 地址"192.168.1.2",这说明 DHCP 服务仍然可以正常工作。

```
I (00:00:00.331) esp_netif_lwip: DHCP server started on interface WIFI_AP_DEF with IP: 192.168.1.1
I (00:00:00.340) set_ip_in_ap: WiFi Soft-AP start
I (00:00:00.345) set_ip_in_ap: ip:192.168.1.1
I (00:00:01.347) set_ip_in_ap: ip:192.168.1.1
I (00:00:02.347) set_ip_in_ap: ip:192.168.1.1
I (3581) wifi:new:<1,1>, old:<1,1>, ap:<1,1>, sta:<255,255>, prof:1
I (3581) wifi:station: a2:75:49:7e:7d:ac join, AID=1, bgn, 40U
I (00:00:03.348) set_ip_in_ap: station a2:75:49:7e:7d:ac join, AID=1
I (00:00:03.349) set_ip_in_ap: ip:192.168.1.1
I (3721) wifi:<ba-add>idx:2 (ifx:1, a2:75:49:7e:7d:ac), tid:0, ssn:0, winSize:64
I (00:00:03.492) esp_netif_lwip: DHCP server assigned IP to a client, IP is: 192.168.1.2
I (00:00:04.347) set_ip_in_ap: ip:192.168.1.1
I (00:00:05.347) set_ip_in_ap: ip:192.168.1.1
I (00:00:06.347) set_ip_in_ap: ip:192.168.1.1
```

图 8.6 在 Soft-AP 模式下通过 ESP-NETIF 接口设置 IP 地址后再读取 IP 地址的程序日志

2. 程序源码解析

在 Soft-AP 模式下通过 ESP-NETIF 接口设置 IP 地址的流程如图 8.7 所示,关键代码见代码 8.3。与常规的在 Soft-AP 模式下开启 Wi-Fi 接入点不同的是,在 ESP-NETIF 创建完成后与 Wi-Fi 初始化之前需要执行以下 3 个额外的操作:

(1)使用 esp_netif_dhcps_stop(esp_netif)停止 DHCP 服务。

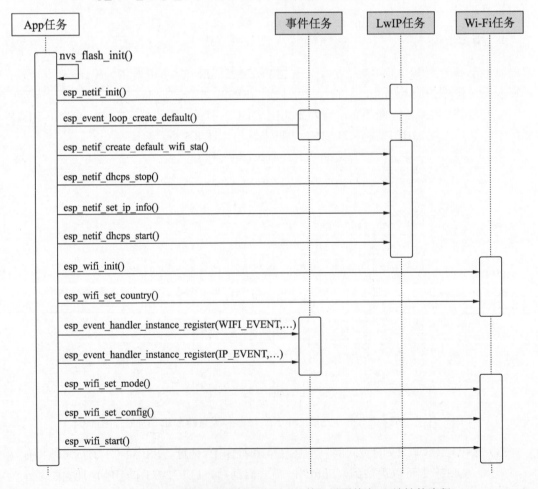

图 8.7 在 Soft-AP 模式下通过 ESP-NETIF 接口设置静态 IP 地址的流程

（2）使用 esp_netif_set_ip_info(esp_netif, &ip_info)将 IP 地址设置到 ESP-NETIF 中。
（3）使用 esp_netif_dhcps_start(esp_netif)重启 DHCP 服务。

这 3 个操作需要注意的事项如下：

- 首先，在设置 IP 地址之前，必须确保 DHCP 服务已经关闭。因为 DHCP 服务负责自动分配 IP 地址，如果 DHCP 服务处于活跃状态，那么将会与 IP 地址设置发生冲突，导致 IP 地址设置无效。
- 其次，设置完 IP 地址之后，需要重新启用 DHCP 服务。因为 DHCP 服务负责为新接入的 Wi-Fi 站点分配 IP 地址。如果 DHCP 服务未启用，当有新的 Wi-Fi 站点接入时，ESP32-C3 将无法为其分配 IP 地址，则会导致新的 Wi-Fi 站点一直卡在"正在获取 IP 地址"的状态（如图 8.8 所示），从而无法正常接入 Wi-Fi 网络。

综上所述，通过三个额外操作和两个注意事项，开发者就可以顺利地为 Soft-AP 模式下的 ESP32-C3 设置固定的 IP 地址，并且不破坏 Wi-Fi 网络的稳定性和通信的流畅性。

图 8.8 用智能手机连接 Soft-AP 时一直卡在获取 IP 地址的状态

代码 8.3 在Soft-AP模式下通过ESP-NETIF接口设置IP地址的关键代码

```c
// 首先使用默认的 AP 配置创建 esp_netif 对象，然后绑定 esp_netif 对象到 Wi-Fi 驱动程
序上，最后注册 Wi-Fi 事件的默认处理程序
esp_netif_t* esp_netif = esp_netif_create_default_wifi_ap();

// 关闭 DHCP 服务
err = esp_netif_dhcps_stop(esp_netif);
if (err == ESP_OK) {
    ESP_LOGI(TAG, "DHCP stop successfully");
} else {
    ESP_LOGE(TAG, "Failed to stop DHCP: %s", esp_err_to_name(err));
}

// 设置静态 IP 地址信息
esp_netif_ip_info_t ip_info = {
    // IP 地址
    .ip = { .addr = ESP_IP4TOADDR(192, 168, 1, 1) },
    // 子网掩码
    .netmask = { .addr = ESP_IP4TOADDR(255, 255, 255, 0) },
    // 网关地址
```

```
        .gw = { .addr = ESP_IP4TOADDR(192, 168, 1, 1) }
};

// 设置静态 IP 地址信息
err = esp_netif_set_ip_info(esp_netif, &ip_info);
if (err == ESP_OK) {
    ESP_LOGI(TAG, "Static IP set successfully");
} else {
    ESP_LOGE(TAG, "Failed to set static IP: %s", esp_err_to_name(err));
}

// 重启 DHCP 服务
err = esp_netif_dhcps_start(esp_netif);
if (err == ESP_OK) {
    ESP_LOGI(TAG, "DHCP start successfully");
} else {
    ESP_LOGE(TAG, "Failed to start DHCP: %s", esp_err_to_name(err));
}
```

8.2.7 实践：修改 Soft-AP 模式下默认的 IP 地址

在 8.2.6 节中，我们了解了如何通过 ESP-NETIF 接口动态设置 ESP32 的 IP 地址。如果开发者不想进行动态设置，仅希望修改 Soft-AP 模式下的默认 IP 地址，那么直接修改源码是一个有效的方法。具体来说，Soft-AP 模式的默认 IP 地址定义在 esp-idf/components/esp_netif/esp_netif_defaults.c 文件的 _g_esp_netif_soft_ap_ip 全局常量中（见代码 8.4）。开发者可以直接打开该文件找到 _g_esp_netif_soft_ap_ip 常量的定义，然后将其修改为所需的 IP 地址。总之，开发者通过直接修改源码中默认的 IP 地址定义，可以方便地设置 Soft-AP 模式下的固定 IP 地址，以满足特定的需求。

代码 8.4　esp-idf/components/esp_netif/esp_netif_defaults.c中
_g_esp_netif_soft_ap_ip全局常量的定义

```
const esp_netif_ip_info_t _g_esp_netif_soft_ap_ip = {
        .ip = { .addr = ESP_IP4TOADDR( 192, 168, 4, 1) },
        .gw = { .addr = ESP_IP4TOADDR( 192, 168, 4, 1) },
        .netmask = { .addr = ESP_IP4TOADDR( 255, 255, 255, 0) },
};
```

1. 操作步骤

（1）将全局常量 _g_esp_netif_soft_ap_ip 的 IP 地址和网关地址修改成"192.168.10.1"。

（2）通过 Visual Studio Code 开发工具修改 set_ip_in_ap 工程源码，注释掉 esp_netif_set_ip_info(esp_netif, &ip_info)函数。

（3）准备一个 ESP32-C3 开发板，通过 Visual Studio Code 开发工具编译 set_ip_in_ap 工程源码，生成相应的固件，再将固件下载到 ESP32-C3 开发板上。

（4）ESP32-C3 运行程序后，以 1s 的间隔循环获取和打印 IP 地址，该过程的 ESP32-C3 的日志输出可参见图 8.9。从日志中可以观察到，Soft-AP 模式启动后，ESP32-C3 的 IP 地址始终显示为"192.168.10.1"。

```
I (00:00:00.313) esp_netif_lwip: DHCP server started on interface WIFI_AP_DEF with IP: 192.168.10.1
I (00:00:00.322) set_ip_in_ap: WiFi Soft-AP start
I (00:00:00.327) set_ip_in_ap: ip:192.168.10.1
I (00:00:01.327) set_ip_in_ap: ip:192.168.10.1
I (2501) wifi:new:<1,1>, old:<1,1>, ap:<1,1>, sta:<255,255>, prof:1
I (2511) wifi:station: a2:75:49:7e:7d:ac join, AID=1, bgn, 40U
I (00:00:02.267) set_ip_in_ap: station a2:75:49:7e:7d:ac join, AID=1
I (2611) wifi:<ba-add>idx:2 (ifx:1, a2:75:49:7e:7d:ac), tid:0, ssn:1, winSize:64
I (00:00:02.327) set_ip_in_ap: ip:192.168.10.1
I (00:00:02.412) esp_netif_lwip: DHCP server assigned IP to a client, IP is: 192.168.10.2
I (00:00:03.327) set_ip_in_ap: ip:192.168.10.1
I (00:00:04.327) set_ip_in_ap: ip:192.168.10.1
I (4731) wifi:<ba-add>idx:3 (ifx:1, a2:75:49:7e:7d:ac), tid:6, ssn:0, winSize:64
I (00:00:05.327) set_ip_in_ap: ip:192.168.10.1
```

图 8.9 Soft-AP 模式开启后 AP 接入点的程序运行日志

2．程序源码解析

通过深入查阅 ESP-IDF 的源代码，我们可以追踪到_g_esp_netif_soft_ap_ip 全局常量在程序中被调用的顺序如下：

（1）esp_netif_create_default_wifi_ap()函数，见代码 8.5。
（2）ESP_NETIF_DEFAULT_WIFI_AP()函数，见代码 8.6。
（3）ESP_NETIF_BASE_DEFAULT_WIFI_AP 函数，见代码 8.7。
（4）_g_esp_netif_inherent_ap_config 函数，见代码 8.8。
（5）ESP_NETIF_INHERENT_DEFAULT_WIFI_AP()函数，见代码 8.9。
（6）_g_esp_netif_soft_ap_ip 函数，见代码 8.4。

_g_esp_netif_soft_ap_ip 全局常量即为 Soft-AP 模式的默认 IP 地址信息，包含 IP 地址、网关地址和子网掩码。修改此处代码，再重新编译固件，烧录下载，新的 IP 地址即可生效。

另外，值得注意的是，由于_g_esp_netif_soft_ap_ip 位于 ESP-IDF 的公共组件中，对它的修改将会影响所有依赖该组件的工程。因此，在进行此类修改时，必须格外谨慎。为了避免潜在的风险和不必要的麻烦，建议在修改前对原始代码进行备份，以便在需要时能够迅速恢复原始设置。

代码 8.5 esp-idf/components/esp_wifi/src/wifi_default.c中的
esp_netif_create_default_wifi_ap()函数定义

```
esp_netif_t* esp_netif_create_default_wifi_ap(void)
{
    esp_netif_config_t cfg = ESP_NETIF_DEFAULT_WIFI_AP();
    esp_netif_t *netif = esp_netif_new(&cfg);
    assert(netif);
    ESP_ERROR_CHECK(esp_netif_attach_wifi_ap(netif));
    ESP_ERROR_CHECK(esp_wifi_set_default_wifi_ap_handlers());
    return netif;
}
```

代码 8.6 esp-idf/components/esp_netif/include/esp_netif_defaults.h中的
ESP_NETIF_DEFAULT_WIFI_AP宏定义

```
#define ESP_NETIF_DEFAULT_WIFI_AP()                        \
    {                                                       \
        .base = ESP_NETIF_BASE_DEFAULT_WIFI_AP,            \
        .driver = NULL,                                     \
        .stack = ESP_NETIF_NETSTACK_DEFAULT_WIFI_AP,       \
    }
```

代码 8.7　esp-idf/components/esp_netif/include/esp_netif_defaults.h中的
ESP_NETIF_BASE_DEFAULT_WIFI_AP宏定义

```
#define ESP_NETIF_BASE_DEFAULT_WIFI_AP          &_g_esp_netif_inherent_
ap_config
```

代码 8.8　esp-idf/components/esp_netif/esp_netif_defaults.c中的
_g_esp_netif_inherent_ap_config全局常量的定义

```
#ifdef CONFIG_ESP_WIFI_SOFTAP_SUPPORT
const esp_netif_ip_info_t _g_esp_netif_soft_ap_ip = {
        .ip = { .addr = ESP_IP4TOADDR( 192, 168, 4, 1) },
        .gw = { .addr = ESP_IP4TOADDR( 192, 168, 4, 1) },
        .netmask = { .addr = ESP_IP4TOADDR( 255, 255, 255, 0) },
};

const esp_netif_inherent_config_t _g_esp_netif_inherent_ap_config =
ESP_NETIF_INHERENT_DEFAULT_WIFI_AP();
#endif
```

代码 8.9　esp-idf/components/esp_netif/include/esp_netif_defaults.h中的
ESP_NETIF_INHERENT_DEFAULT_WIFI_AP宏定义

```
#define ESP_NETIF_INHERENT_DEFAULT_WIFI_AP() \
    { \
        .flags = (esp_netif_flags_t)(ESP_NETIF_IPV4_ONLY_FLAGS(ESP_NETIF_
DHCP_SERVER) | ESP_NETIF_FLAG_AUTOUP), \
        ESP_COMPILER_DESIGNATED_INIT_AGGREGATE_TYPE_EMPTY(mac) \
        .ip_info = &_g_esp_netif_soft_ap_ip, \
        .get_ip_event = 0, \
        .lost_ip_event = 0, \
        .if_key = "WIFI_AP_DEF", \
        .if_desc = "ap", \
        .route_prio = 10, \
        .bridge_info = NULL \
    }
```

8.3　TCP 通信

本节介绍 TCP 的基础知识和常用函数，并通过两个个动手实践项目，深入 TCP 通信的相关知识点。

8.3.1　TCP 简介

TCP（Transmission Control Protocol，传输控制协议）是一种面向连接、可靠的、基于字节流的通信协议，位于 TCP/IP 栈的传输层，是 TCP/IP 栈中重要的组成部分。TCP 的主要功能包括：

- ❏ 建立连接：TCP 通过三次握手（3-way handshake）过程建立连接。在连接建立后，通信双方可以交换数据。
- ❏ 数据传输：TCP 提供有序、可靠、错误校验的数据传输服务，确保数据的顺序和完整性，避免数据丢失或重复传输。

- 流量控制：TCP 使用滑动窗口机制进行流量控制，根据接收方的处理能力控制发送方的发送速率。
- 拥塞控制：TCP 通过拥塞控制算法（如慢开始、拥塞避免、快重传和快恢复等）来避免网络拥塞，优化网络性能。
- 错误校验：TCP 通过校验和（checksum）对数据进行错误校验，确保数据的完整性。
- 连接管理：TCP 支持连接的建立、维护和关闭，提供了可靠的通信机制。

TCP 在 TCP/IP 栈中作为传输层协议，位于 IP 的上层。它提供了可靠、有序和错误校验的数据传输服务，为应用层协议（如 HTTP、FTP、SMTP 等）提供了良好的数据传输保障。

8.3.2　TCP Sockets 的常用函数

TCP Sockets 的常用函数可参考 8.1.2 节，只是其中有 4 个函数通常只用在 TCP Sockets 应用中，这 4 个函数是 listen()、accept()、recv()和 send()，下面对这几个函数进行简单介绍。

- listen()函数用于设置套接字为被动监听套接字。示例如下：

```
/**
 * @brief 设置套接字为被动监听套接字，通常用在 TCP 套接字中。
 *
 * @param[int] s：主动连接套接字的文件描述符。
 * @param[int] backlog：最大同时接收连接的请求个数。
 *
 * @return
 *     - 成功，返回 0。
 *     - 失败，返回-1。
 */
int listen(int s,int backlog);
```

- accept()函数用于接受 TCP 套接字连接请求。示例如下：

```
/**
 * @brief 接受 TCP 套接字连接请求，通常用于 TCP 套接字。
 *
 * @param[int] s：被动监听的套接字的文件描述符。
 * @param[sockaddr *] addr：指向 sockaddr 结构体的指针，用于存储接收的连接地址信息。
 * @param[socklen_t *] addrlen：指向 socklen_t 变量的指针，调用前应该设置为 addr
结构体大小，accept 函数会修改这个值，以反映实际返回的地址结构体的长度。
 *
 * @return
 *     - 成功，返回非负整数，新连接的套接字的文件描述符。
 *     - 失败，返回-1
 */
int accept(int s,struct sockaddr *addr,socklen_t *addrlen);
```

- recv()函数用于从已连接的套接字中接收数据。示例如下：

```
/**
 * @brief 从已连接的套接字中接收数据，通常用于 TCP 套接字。
 *
 * @param[int] s：需要接收数据的套接字的文件描述符。
 * @param[void *] mem：指向一个缓冲区的指针，该缓冲区用于存储接收到的数据。
 * @param[size_t] len：指定 mem 指向的缓冲区的大小，即你希望接收的最大字节数。
 * @param[int] flags：控制 recv 调用行为的标志。通常设置为 0。
```

```
 *
 * @return
 *      - 接收成功，返回实际接收到的字节数。
 *      - 连接关闭，返回 0。
 *      - 操作失败，返回-1。
 */
ssize_t recv(int s,void *mem,size_t len,int flags);
```

❑ send()函数通过已连接的套接字发送数据。示例如下：

```
/**
 * @brief 通过已连接的套接字发送数据，通常用于 TCP 套接字。
 *
 * @param[int]  s: 需要发送数据的套接字的文件描述符。
 * @param[void *] dataptr: 指向发送数据的缓冲区的指针。
 * @param[size_t] size: 发送数据的字节数。
 * @param[int]  flags: 控制 send 调用行为的标志。通常设置为 0。
 *
 * @return
 *      - 发送成功，返回实际发送的字节数。
 *      - 连接关闭，返回 0。
 *      - 操作失败，返回-1。
 */
ssize_t send(int s,const void *dataptr,size_t size,int flags);
```

8.3.3 实践：ESP32 作为 TCP 客户端与服务端通信

【ESP32 源码路径：tutorial-esp32c3-getting-started/tree/master/wifi/tcp_client】
【网络调试助手 exe 路径：tutorial-esp32c3-getting-started/tree/master/exe/NetAssist.zip】

本节基于前面介绍的 TCP Sockets 知识点及其常用函数进行实践：ESP32 作为 TCP Client 客户端，计算机作为 TCP 服务端，两者建立连接并进行通信。

1. 操作步骤

（1）准备一个支持 2.4GHz 频段的 Wi-Fi 接入点（AP），Wi-Fi 名称为小康师兄，Wi-Fi 密码为 12345678。

（2）准备一台计算机，将其 Wi-Fi 连接到第（1）步准备的名为"小康师兄"的 Wi-Fi 接入点，然后关闭所有防火墙。

（3）在计算机上运行 NetAssist.exe（网络调试助手）应用程序，在"网络调试助手"窗口中进行网络设置："协议类型"选择 TCP Server，然后选择有效的本机主机地址，"本机主机端口"设置为"12345"。完成这些设置后，单击"打开"按钮可以创建并绑定一个被动监听 TCP 套接字，如图 8.10 所示。

（4）根据"网络调试助手"窗口中显示的本机主机地址，修改 tcp_client 工程源码中宏定义 SOCKET_IP 的值。

（5）准备一个 ESP32-C3 开发板，通过 Visual Studio Code 开发工具编译修改后的 tcp_client 工程源码，生成相应的固件，再将固件下载到 ESP32-C3 开发板上。

（6）ESP32-C3 运行程序后，将连接第（1）步准备的名为"小康师兄"的 Wi-Fi 接入点。当 Wi-Fi 连接成功并获得本机网络 IP 地址后，将会连接到 TCP 服务端，服务端套接字的 IP 地址为"网络调试助手"窗口中显示的本机主机地址，端口为"12345"，ESP32 的初始化日志如图 8.11 所示。

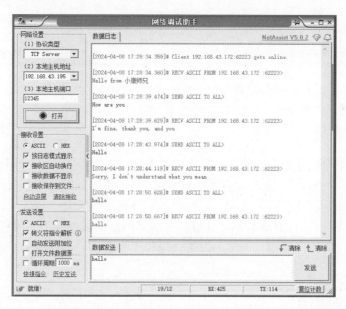

图 8.10 "网络调试助手"应用程序作为 TCP 服务端与 ESP32 进行 TCP 通信

```
I (00:00:00.270) tcp_client: Wi-Fi Sation Start
I (00:00:00.273) main_task: Returned from app_main()
I (561) wifi:new:<10,0>, old:<1,0>, ap:<255,255>, sta:<10,0>, prof:1
I (561) wifi:state: init -> auth (b0)
I (1561) wifi:state: auth -> init (200)
I (1561) wifi:new:<10,0>, old:<10,0>, ap:<255,255>, sta:<10,0>, prof:1
I (00:00:01.286) tcp_client: Wi-Fi station disconnected, reason=2
I (00:00:03.699) tcp_client: Wi-Fi station disconnected, reason=205
I (3981) wifi:new:<10,0>, old:<10,0>, ap:<255,255>, sta:<10,0>, prof:1
I (3981) wifi:state: init -> auth (b0)
I (4001) wifi:state: auth -> assoc (0)
I (4021) wifi:state: assoc -> run (10)
I (4031) wifi:connected with 小康师兄, aid = 13, channel 10, BW20, bssid = 3a:4e:21:aa:1e:de
I (4031) wifi:security: WPA2-PSK, phy: bgn, rssi: -40
I (4041) wifi:pm start, type: 1

I (4041) wifi:set rx beacon pti, rx_bcn_pti: 0, bcn_timeout: 25000, mt_pti: 0, mt_time: 10000
I (00:00:03.770) tcp_client: Wi-Fi Connected to ap
I (4131) wifi:AP's beacon interval = 102400 us, DTIM period = 2
I (00:00:05.268) esp_netif_handlers: sta ip: 192.168.43.172, mask: 255.255.255.0, gw: 192.168.43.1
I (00:00:05.269) tcp_client: Wi-Fi Got ip:192.168.43.172
I (00:00:05.274) tcp_client: Socket created, connecting to 192.168.43.195:12345
I (5621) wifi:<ba-add>idx:0 (ifx:0, 3a:4e:21:aa:1e:de), tid:0, ssn:54, winSize:64
I (00:00:05.341) tcp_client: Successfully connected
```

图 8.11 ESP32 作为 TCP 客户端与服务端通信的初始化日志

（7）ESP32-C3 连接 TCP 服务端时，首先会发送信息"Hello from 小康师兄"（见图 8.10）。

（8）在"网络调试助手"窗口中，在相应的输入框中输入数据"How are you"，单击"发送"按钮，随后，在"网络调试助手"窗口中就会收到 ESP32-C3 反馈的"I'm fine, thank you, and you"信息。继续在相应的输入框中输入数据"Hello"，单击"发送"按钮，随后，在"网络调试助手"窗口中就会收到 ESP32-C3 反馈的"Sorry, I don't understand what you mean"信息。继续在相应的输入框中输入数据 hello，单击"发送"按钮，随后，在"网络调试助手"窗口中就会收到 ESP32-C3 反馈的"hello"信息，如图 8.10 和图 8.12 所示。

（9）在"网络调试助手"窗口中关闭 TCP 服务端，此时 ESP32-C3 接收数据失败，将会关闭套接字并退出，然后重新尝试连接 TCP 服务端，再次连接失败后将会永久退出，ESP32 的日志输出如图 8.12 所示。

```
I (00:00:10.636) tcp_client: Received 11 bytes: How are you
I (00:00:15.121) tcp_client: Received 5 bytes: Hello
I (00:00:21.673) tcp_client: Received 5 bytes: hello
I (00:00:33.142) tcp_client: Received 0 bytes:
E (00:00:33.144) tcp_client: recv failed: errno 128
E (00:00:33.145) tcp_client: Shutting down socket and restarting...
I (00:00:33.152) tcp_client: Socket created, connecting to 192.168.43.195:12345
E (00:00:33.164) tcp_client: Socket unable to connect: errno 104
```

图 8.12　ESP32 作为 TCP 客户端与服务端通信的通信日志

2．程序源码解析

本次实践程序源码分为两部分：

（1）ESP32 作为 Station 模式成功连接到 Wi-Fi 接入点。此部分实践前面已介绍过，可查阅 5.3.3 节，此处不再赘述。

（2）以 ESP32 作为 TCP 客户端，计算机上的"网络调试助手"应用程序作为 TCP 服务端之间的交互，具体包括建立连接、发送数据和接收数据等，完整的通信流程如图 8.13 所示。

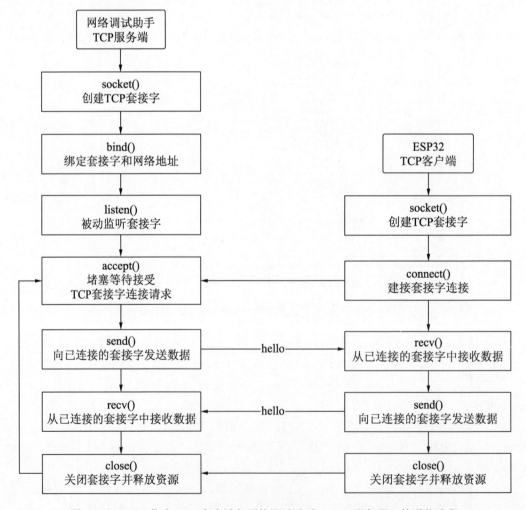

图 8.13　ESP32 作为 TCP 客户端与网络调试助手（TCP 服务器）的通信流程

TCP 客户端首先需要一个用于主动连接的 TCP 套接字，该套接字通过 socket()函数创建，然后使用 connect()函数传入远程主机的目标地址（IP 地址和端口），将套接字与远程主机的被动监听 TCP 套接字连接。一旦连接建立，便成为已连接 TCP 套接字。通过该已连接的套接字，TCP 客户端和服务端之间才能够进行数据的发送和接收。当通信结束时，该套接字也会被关闭并释放相关的资源，关键代码见代码 8.10。

代码 8.10　ESP32 作为TCP客户端与服务端通信的关键代码

```c
/**
 * @brief TCP 服务任务
 */
static void tcp_client_task(void *pvParameters)
{
    // 数据接收缓冲区
    char rx_buffer[128];

    while (1) {
        struct sockaddr_in dest_addr;
        dest_addr.sin_addr.s_addr = inet_addr(SOCKET_IP);
        dest_addr.sin_family = AF_INET;
        dest_addr.sin_port = htons(SOCKET_PORT);

        // 创建 TCP 套接字
        int sock =  socket(AF_INET, SOCK_STREAM, IPPROTO_IP);
        if (sock < 0) {
            ESP_LOGE(TAG, "Unable to create socket: errno %d", errno);
            break;
        }
        ESP_LOGI(TAG, "Socket created, connecting to %s:%d", SOCKET_IP, SOCKET_PORT);

        // 建立套接字连接
        int err = connect(sock, (struct sockaddr *)&dest_addr, sizeof(struct sockaddr_in6));
        if (err != 0) {
            ESP_LOGE(TAG, "Socket unable to connect: errno %d", errno);
            break;
        }
        ESP_LOGI(TAG, "Successfully connected");

        // 向已连接的 TCP 套接字发送数据
        err = socket_send(sock, "Hello from 小康师兄");
        if (err < 0) {
            ESP_LOGE(TAG, "Error occurred during sending: errno %d", errno);
            break;
        }

        while (1) {
            // 从已连接的 TCP 套接字中接收数据
            int len = recv(sock, rx_buffer, sizeof(rx_buffer) - 1, 0);
            if (len < 0) {
                // 接收数据失败
                ESP_LOGE(TAG, "recv failed: errno %d", errno);
                break;
            } else {
                // 假设接收到的是字符串，为确保其完整性，在字符串结尾增加一个结束符
                rx_buffer[len] = 0;
                ESP_LOGI(TAG, "Received %d bytes: %s", len, rx_buffer);
```

```
            // 数据解析、比对和应答
            if(strstr(rx_buffer, "hello")!=NULL){
                socket_send(sock, "hello");
            }else if(strstr(rx_buffer, "How are you")!=NULL){
                socket_send(sock, "I'm fine, thank you, and you");
            }else{
                socket_send(sock, "Sorry, I don't understand what you mean");
            }
        }
    }

    if (sock != -1) {
        ESP_LOGE(TAG, "Shutting down socket and restarting...");
        // 关闭套接字数据接收和数据发送功能
        shutdown(sock, SHUT_RDWR);
        // 关闭套接字并释放套接字相关资源
        close(sock);
    }
}
    // 删除本次任务
    vTaskDelete(NULL);
}
```

最后，值得注意的是，创建 TCP 客户端任务之前，必须确保 ESP32-C3 已经成功获取 IP 地址；否则，由于 ESP32-C3 尚未获得有效的网络地址，将无法创建 TCP 套接字从而与远程 TCP 服务建立连接，关键代码见代码 8.11。

代码 8.11　ESP32 作为TCP客户端的Wi-Fi/IP事件统一处理程序的关键代码

```
/**
 * @brief Wi-Fi/IP 事件统一处理程序
 *
 * @param[void *] arg: 参数，调用注册事件处理程序时传递的参数
 * @param[esp_event_base_t] event_base: 指向公开事件的唯一指针
 * @param[int32_t] event_id: 具体事件的 ID
 * @param[void *] event_data: 数据，调用事件处理程序时传递的数据
 */
static void event_handler(void* arg, esp_event_base_t event_base, int32_t event_id, void* event_data)
{
    if (event_base == WIFI_EVENT) {
        // Wi-Fi 事件
        if (event_id == WIFI_EVENT_STA_START) {
            // Wi-Fi Station 模式启动
            ESP_LOGI(TAG, "Wi-Fi Sation Start");
            // 根据当前 Wi-Fi 的配置参数连接到指定的 Wi-Fi 接入点
            esp_wifi_connect();
        } else if (event_id == WIFI_EVENT_STA_DISCONNECTED) {
            // Station 模式下 Wi-Fi 断开连接事件或者 Wi-Fi 连接失败事件
            wifi_event_sta_disconnected_t *disconn = event_data;
            //打印 Wi-Fi 连接失败的原因
            ESP_LOGI(TAG, "Wi-Fi station disconnected, reason=%d", disconn->reason);
            // 再次尝试连接到指定的 Wi-Fi 接入点
            esp_wifi_connect();
        } else if (event_id == WIFI_EVENT_STA_CONNECTED) {
```

```
            // Station 模式,已连接到指定的 Wi-Fi 接入点
            ESP_LOGI(TAG, "Wi-Fi Connected to ap");
        }
    } else if (event_base == IP_EVENT) {
        // IP 事件
        if(event_id == IP_EVENT_STA_GOT_IP){
            // 得到路由器分配的 IP 地址,打印 IP 地址
            ip_event_got_ip_t* event = (ip_event_got_ip_t*) event_data;
            ESP_LOGI(TAG, "Wi-Fi Got ip:" IPSTR, IP2STR(&event->ip_info.ip));
            //创建 1 个任务,堆栈大小为 4096,优先级为 5 级
            xTaskCreate(tcp_client_task, "tcp_client", 4096, NULL, 5, NULL);
        }
    }
}
```

8.3.4 实践:ESP32 作为 TCP 服务端与客户端通信

【ESP32 源码路径:tutorial-esp32c3-getting-started/tree/master/wifi/tcp_server】
【网络调试助手 exe 路径:tutorial-esp32c3-getting-started/tree/master/exe/NetAssist.zip】

本节主要利用前面介绍的 TCP Sockets 知识点及其常用函数进行实践:以 ESP32 作为 TCP Server 服务端,与连接该服务的客户端进行通信。

1. 操作步骤

(1)准备一个支持 2.4GHz 频段的 Wi-Fi 接入点(AP),Wi-Fi 名称为小康师兄,Wi-Fi 密码为 12345678。

(2)准备一台计算机,将其 Wi-Fi 连接到第(1)步准备的名为"小康师兄"的 Wi-Fi 接入点。

(3)准备一个 ESP32-C3 开发板,通过 Visual Studio Code 开发工具编译 tcp_server 工程源码,生成相应的固件,再将固件下载到 ESP32-C3 开发板上。

(4)ESP32-C3 运行程序后,将连接到第(1)步准备的名为"小康师兄"的 Wi-Fi 接入点。随后创建 TCP 套接字并绑定到本机地址"192.168.43.172"上,同时监听 12345 端口。ESP32 的日志输出如图 8.14 所示。

```
I (00:00:00.270) tcp_server: Wi-Fi Sation Start
I (00:00:00.273) tcp_server: Socket created
I (00:00:00.274) tcp_server: Socket bound, port 12345
I (562) wifi:new:<6,0>, old:<1,0>, ap:<255,255>, sta:<6,0>, prof:1
I (562) wifi:state: init -> auth (b0)
I (00:00:00.289) tcp_server: Socket listening
I (00:00:00.294) main_task: Returned from app_main()
I (582) wifi:state: auth -> assoc (0)
I (592) wifi:state: assoc -> run (10)
I (612) wifi:connected with 小康师兄, aid = 13, channel 6, BW20, bssid = 3a:4e:21:aa:1e:de
I (612) wifi:security: WPA2-PSK, phy: bgn, rssi: -35
I (612) wifi:pm start, type: 1

I (622) wifi:set rx beacon pti, rx_bcn_pti: 0, bcn_timeout: 25000, mt_pti: 0, mt_time: 10000
I (00:00:00.347) tcp_server: Wi-Fi Connected to ap
I (662) wifi:AP's beacon interval = 102400 us, DTIM period = 2
I (00:00:01.338) esp_netif_handlers: sta ip: 192.168.43.172, mask: 255.255.255.0, gw: 192.168.43.1
I (00:00:01.339) tcp_server: Wi-Fi Got ip:192.168.43.172
```

图 8.14 ESP32 实现 TCP 服务端的初始化日志

(5)在计算机上运行 NetAssist.exe(网络调试助手)应用程序,弹出"网络助手调试"

窗口，如图 8.15 所示。在其中进行网络设置："协议类型"选择 TCP Client，将"远程主机地址"设置为"192.168.43.172"，将"远程主机端口"设置为"12345"。完成这些设置后，单击"连接"按钮建立 TCP 套接字连接。

图 8.15　"网络调试助手"应用程序与 ESP32 进行 TCP 通信

（6）在"网络调试助手"窗口中，在相应的输入框中输入数据"hello"，单击"发送"按钮，随后就会接收到 ESP32-C3 反馈的"hello"信息。继续在相应的输入框中输入数据"How are you"，单击"发送"按钮，随后就会接收到 ESP32-C3 反馈的"I'm fine, thank you, and you"信息，ESP32 的日志输出如图 8.16 所示。

```
I (00:00:12.684) tcp_server: Socket accepted ip address: 192.168.43.195
I (00:00:12.685) tcp_server: do_transmit(55)
I (00:00:22.935) tcp_server: Received 5 bytes: hello
I (00:00:30.299) tcp_server: Received 11 bytes: How are you
W (00:00:35.203) tcp_server: Connection closed
I (00:00:35.205) tcp_server: Socket listening
```

图 8.16　ESP32 实现 TCP 服务端的通信日志

2．程序源码解析

本次实践程序的源码分为两部分：

（1）ESP32 作为 Station 模式成功连接到 Wi-Fi 接入点。此部分的实践前面已讲过，可查阅 5.3.3 节，此处不再赘述。

（2）ESP32 作为 TCP 服务端与计算机作为 TCP 客户端之间的交互，包括建立连接、发送数据和接收数据等。完整的通信流程如图 8.17 所示。

TCP 服务端首先需要一个被动监听套接字，该套接字通过 socket()函数创建，然后使用 bind()函数将套接字绑定到特定的地址和端口，再通过 listen()函数将套接字设置为被动监听状态，这样即可获得一个被动监听套接字，关键代码见代码 8.12。

第 8 章 网络传输

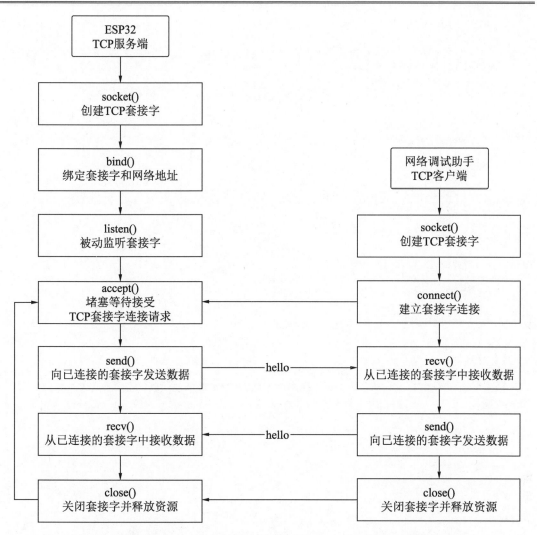

图 8.17 ESP32 作为 TCP 服务端与网络调试助手（TCP 客户端）的通信流程

代码 8.12 ESP32 作为 TCP 服务创建并绑定被动监听套接字的关键代码

```
/**
 * @brief TCP 服务任务
 */
static void tcp_server_task(void *pvParameters)
{
    char addr_str[128];
    struct sockaddr_storage dest_addr;
    struct sockaddr_in *dest_addr_ip4 = (struct sockaddr_in *)&dest_addr;
    dest_addr_ip4->sin_addr.s_addr = htonl(INADDR_ANY);
    dest_addr_ip4->sin_family = AF_INET;
    dest_addr_ip4->sin_port = htons(SOCKET_PORT);

    // 创建 TCP 套接字
    int listen_sock = socket(AF_INET, SOCK_STREAM, IPPROTO_IP);
    if (listen_sock < 0) {
        ESP_LOGE(TAG, "Unable to create socket: errno %d", errno);
        // 删除本任务
        vTaskDelete(NULL);
```

· 217 ·

```c
        return;
    }
    // 设置套接字本地地址重复使用的选项，设置为1表示允许套接字绑定一个本地地址，即使
该地址当前正被另一个套接字所使用
    int opt = 1;
    setsockopt(listen_sock, SOL_SOCKET, SO_REUSEADDR, &opt, sizeof(opt));
    ESP_LOGI(TAG, "Socket created");

    // 绑定套接字和网络地址
    int err = bind(listen_sock, (struct sockaddr *)&dest_addr, sizeof(dest_addr));
    if (err != 0) {
        ESP_LOGE(TAG, "Socket unable to bind: errno %d", errno);
        goto CLEAN_UP;
    }
    ESP_LOGI(TAG, "Socket bound, port %d", SOCKET_PORT);

    // 设置套接字为被动监听套接字
    err = listen(listen_sock, 1);
    if (err != 0) {
        ESP_LOGE(TAG, "Error occurred during listen: errno %d", errno);
        goto CLEAN_UP;
    }

    while (1) {
        ESP_LOGI(TAG, "Socket listening");
        // sockaddr_storage 结构体的空间足够大，不仅适用 IPv4 而且适用 IPv6
        struct sockaddr_storage source_addr;
        socklen_t addr_len = sizeof(source_addr);
        // 堵塞等待接受 TCP 套接字连接请求
        int sock = accept(listen_sock, (struct sockaddr *)&source_addr, &addr_len);
        if (sock < 0) {
            ESP_LOGE(TAG, "Unable to accept connection: errno %d", errno);
            break;
        }

        // 设置套接字是否启用 TCP 连接保活机制的选项，非零值代表启用保活机制，该机制用
于检测处于空闲状态的套接字连接是否仍处于活动状态
        setsockopt(sock, SOL_SOCKET, SO_KEEPALIVE, &KEEPALIVE_ALIVE, sizeof(int));
        // 设置 TCP 套接字连接保活机制中空闲时间的选项
        setsockopt(sock, IPPROTO_TCP, TCP_KEEPIDLE, &KEEPALIVE_IDLE, sizeof(int));
        // 设置 TCP 套接字连接保活机制中间隔时间的选项
        setsockopt(sock, IPPROTO_TCP, TCP_KEEPINTVL, &KEEPALIVE_INTERVAL, sizeof(int));
        // 设置 TCP 套接字连接保活机制中探测次数的选项
        setsockopt(sock, IPPROTO_TCP, TCP_KEEPCNT, &KEEPALIVE_COUNT, sizeof(int));
        if (source_addr.ss_family == PF_INET) {
            // 将网络地址（IPv4 或者 IPv6）格式化成字符串
            inet_ntop(PF_INET, &(((struct sockaddr_in *)&source_addr)->sin_addr), addr_str, sizeof(addr_str) - 1);
            ESP_LOGI(TAG, "Socket accepted ip address: %s", addr_str);
        }
        // 与已连接的套接字客户端进行数据传输
        do_transmit(sock);
    }
```

```
CLEAN_UP:
    // 关闭套接字并释放套接字相关的资源
    close(listen_sock);
    // 删除本次任务
    vTaskDelete(NULL);
}
```

被动监听套接字长期存在，该套接字通过 accept()函数堵塞等待 TCP 客户端连接。当有 TCP 客户端发起连接请求时，accept()函数会返回一个已连接的套接字。通过这个已连接的套接字，TCP 客户端和服务端之间才能够进行数据的发送和接收。当通信结束时，该套接字也会被关闭并释放相关资源，关键代码见代码 8.13。

代码 8.13　ESP32 作为TCP服务创建并绑定被动监听套接字的关键代码

```
/**
 * @brief 与已连接的套接字客户端进行数据传输
 *
 * @param[int] sock: 已连接的套接字
 */
static void do_transmit(int sock)
{
    // 数据接收的长度
    int rx_len;
    // 数据接收的缓冲区
    char rx_buffer[128];
    ESP_LOGI(TAG,"do_transmit(%d)", sock);

    do {
        // 从已连接的套接字中接收数据并存储到 rx_buffer 中
        rx_len = recv(sock, rx_buffer, sizeof(rx_buffer) - 1, 0);
        if (rx_len < 0) {
            // 发生异常
            ESP_LOGE(TAG, "Error occurred during receiving: errno %d", errno);
        } else if (rx_len == 0) {
            // 套接字已关闭
            ESP_LOGW(TAG, "Connection closed");
        } else {
            // 假设接收到的是字符串，为确保其完整性，在字符串结尾增加一个结束符
            rx_buffer[rx_len] = 0;
            ESP_LOGI(TAG, "Received %d bytes: %s", rx_len, rx_buffer);

            if(strstr(rx_buffer, "hello")!=NULL){
                socket_send(sock, "hello\r\n");
            }else if(strstr(rx_buffer, "How are you")!=NULL){
                socket_send(sock, "I'm fine, thank you, and you\r\n");
            }else{
                socket_send(sock, "Sorry, I don't understand what you mean\r\n");
            }
        }
        // 如果套接字异常或者关闭就退出循环
    } while (rx_len > 0);

    // 关闭套接字数据接收和发送的功能
    shutdown(sock, SHUT_RDWR);
    // 关闭套接字并释放套接字相关的资源
```

```
    close(sock);
}
```

8.4 UDP 通信

本节介绍 UDP 的基础知识和常用函数，并通过一个动手实践项目，熟练掌握 UDP 通信的相关知识点。

8.4.1 UDP 简介

UDP（User Datagram Protocol，用户数据报协议）是一种无连接的传输层协议，与 TCP 相比，它不需要烦琐的连接和握手过程即可实现通信。UDP 在 IP 报文的基础上增加了端口号和长度字段。每个 UDP 报文都包含源端口、目的端口、长度、校验和以及数据字段。UDP 的主要特点如下：

- 无连接：UDP 发送数据前不需要建立连接，减少了系统开销和发送数据的时延。
- 不可靠性：UDP 不提供数据报确认、排序及流量控制等功能，因此它被认为是不可靠的协议。正因为这些特性，使 UDP 具有较小的头部开销，数据传输效率较高。
- 面向报文：UDP 对应用程序提交的报文，在添加首部后就向下交付给 IP 层，既不拆分，也不合并，而是保留这些报文的边界。因此，应用程序需要选择大小合适的报文。
- 支持多播和广播：支持一对一、一对多、多对一和多对多的交互通信。

UDP 适用于对实时性要求较高，但对数据传输的可靠性要求不高的应用，如实时视频流、实时语音、在线游戏等。在这些应用中，即使偶尔丢失一些数据包，也不会对整体的应用体验造成太大的影响。但对于需要确保数据完整性和顺序的应用，如文件传输等，更适合使用 TCP。

8.4.2 UDP Sockets 的常用函数

UDP Sockets 的常用函数可参考 8.1.2 节，只是其中有 2 个函数通常只用在 UDP Sockets 应用中，这两个函数是 recvform()和 sendto()，下面简单介绍一下。

- recvfrom()函数用于从 UDP 套接字中接收数据。示例如下：

```
/**
 * @brief 从UDP套接字中接收数据，通常用于UDP套接字。
 *
 * @param[int] s: 需要接收数据的套接字的文件描述符。
 * @param[void *] mem: 指向一个缓冲区的指针，该缓冲区用于存储接收到的数据。
 * @param[size_t] len: 指定mem指向的缓冲区的大小，即希望接收的最大字节数。
 * @param[int] flags: 控制recvfrom调用行为的标志，通常设置为0。
 * @param[struct sockaddr *] from: 指向sockaddr结构体的指针，该结构体用于存储
发送方的地址信息。
 * @param[socklen_t *] fromlen: 指向socklen_t类型变量的指针，用于传递from结
构体的大小，并在调用后更新为实际存储的地址信息的大小。
```

```
 *    @return
 *         - 接收成功，返回实际接收到的字节数。
 *         - 连接关闭，返回 0。
 *         - 操作失败，返回-1。
 */
ssize_t recvfrom(int s,void *mem,size_t len,int flags,struct sockaddr
*from,socklen_t *fromlen);
```

❑ sendto()函数通过 UDP 套接字发送数据。示例如下：

```
/**
 * @brief 通过 UDP 套接字发送数据。
 *
 * @param[int] s: 需要发送数据的套接字的文件描述符。
 * @param[void *] dataptr: 指向发送数据的缓冲区的指针。
 * @param[size_t] size: 发送数据的字节数。
 * @param[int] flags: 控制 sendto 调用行为的标志，通常设置为 0。
 * @param[struct sockaddr *] to: 指向 sockaddr 结构体的指针，该结构体包含目标地
址的信息。
 * @param[socklen_t *] tolen: 指定 to 指向的 sockaddr 结构体的长度。
 *
 * @return
 *         - 发送成功，返回实际发送的字节数。
 *         - 连接关闭，返回 0。
 *         - 操作失败，返回-1。
 */
ssize_t sendto(int s,const void *dataptr,size_t size,int flags,const struct
sockaddr *to,socklen_t tolen);
```

8.4.3 实践：基于 ESP32 实现 UDP 通信和数据传输

【ESP32 源码路径：tutorial-esp32c3-getting-started/tree/master/wifi/udp】
【网络调试助手 exe 路径：tutorial-esp32c3-getting-started/tree/master/exe/NetAssist.zip】

本节主要利用前面介绍的 UDP Sockets 知识点及其常用函数进行实践：ESP32 与计算机进行 UDP 通信。

1. 操作步骤

（1）准备一个支持 2.4GHz 频段的 Wi-Fi 接入点（AP），Wi-Fi 名称为小康师兄，Wi-Fi 密码为 12345678。

（2）准备一台计算机，将其 Wi-Fi 连接到第（1）步准备的名为"小康师兄"的 Wi-Fi 接入点，并关闭所有防火墙。

（3）在计算机上运行 NetAssist.exe（网络调试助手）应用程序，弹出"网络助手调试"窗口，如图 8.18 所示。在其中将"协议类型"选择为 UDP，选择有效的本机主机地址，将"本机主机端口"设置为"12345"。完成这些设置后，单击"打开"按钮，创建并绑定一个 UDP 套接字。

（4）根据"网络调试助手"窗口中显示的本机主机地址，修改 udp 工程源码中宏定义 SOCKET_IP 的值。

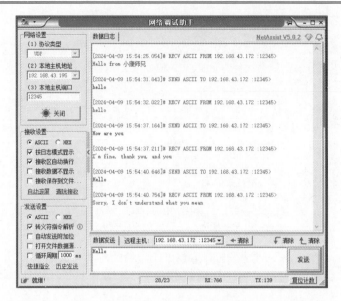

图 8.18　ESP32 与"网络调试助手"应用程序进行 UDP 通信

（5）准备一个 ESP32-C3 开发板，通过 Visual Studio Code 开发工具编译修改后的 tcp_client 工程源码，生成相应的固件，再将固件下载到 ESP32-C3 开发板上。

（6）ESP32-C3 运行程序后，它将连接到第（1）步准备的名为"小康师兄"的 Wi-Fi 接入点。当 Wi-Fi 连接成功并获得本机网络 IP 地址时，该程序将创建 UDP 套接字并绑定固定端口号。然后通过 UDP 给远程目标主机发送"Hello from 小康师兄"，ESP32 的日志输出如图 8.19 所示。

```
I (00:00:00.274) udp: Wi-Fi Sation Start
I (00:00:00.276) main_task: Returned from app_main()
I (560) wifi:new:<1,0>, old:<1,0>, ap:<255,255>, sta:<1,0>, prof:1
I (560) wifi:state: init -> auth (b0)
I (1570) wifi:state: auth -> init (200)
I (1570) wifi:new:<1,0>, old:<1,0>, ap:<255,255>, sta:<1,0>, prof:1
I (00:00:01.289) udp: Wi-Fi station disconnected, reason=2
I (00:00:03.701) udp: Wi-Fi station disconnected, reason=205
I (3990) wifi:new:<1,0>, old:<1,0>, ap:<255,255>, sta:<1,0>, prof:1
I (3990) wifi:state: init -> auth (b0)
I (4000) wifi:state: auth -> assoc (0)
I (4010) wifi:state: assoc -> run (10)
I (4040) wifi:connected with 小康师兄, aid = 13, channel 1, BW20, bssid = 32:37:22:77:1d:be
I (4040) wifi:security: WPA2-PSK, phy: bgn, rssi: -23
I (4040) wifi:pm start, type: 1

I (4050) wifi:set rx beacon pti, rx_bcn_pti: 0, bcn_timeout: 25000, mt_pti: 0, mt_time: 10000
I (00:00:03.777) udp: Wi-Fi Connected to ap
I (4080) wifi:AP's beacon interval = 102400 us, DTIM period = 2
I (00:00:04.777) esp_netif_handlers: sta ip: 192.168.43.172, mask: 255.255.255.0, gw: 192.168.43.1
I (00:00:04.778) udp: Wi-Fi Got ip:192.168.43.172
I (00:00:04.782) udp: Socket bound, port 12345
```

图 8.19　ESP32 作为 TCP 客户端与服务端通信的初始化日志

（7）在"网络调试助手"窗口中，在相应的输入框中输入数据"hello"，单击"发送"按钮，随后，在"网络调试助手"窗口中就会接收到 ESP32-C3 反馈的"hello"信息。继续在相应的输入框中输入数据"How are you"，单击"发送"按钮，随后，在"网络调试助手"窗口中就会接收到 ESP32-C3 反馈的"I'm fine, thank you, and you"信息。继续在相应的输入框中输入数据"Hello"，单击"发送"按钮。随后，在"网络调试助手"窗口中就会接收到 ESP32-C3 反馈的"Sorry, I don't understand what you mean"信息，如图 8.18 和

图 8.20 所示。

```
I (00:00:13.181) udp: Received 5 bytes form: hello, from 192.168.43.195:14640
I (13490) wifi:<ba-add>idx:0 (ifx:0, 32:37:22:77:1d:be), tid:0, ssn:42, winSize:64
I (00:00:18.399) udp: Received 11 bytes form: How are you, from 192.168.43.195:14640
I (00:00:21.946) udp: Received 5 bytes form: Hello, from 192.168.43.195:14640
```

图 8.20　ESP32 作为 TCP 客户端与服务端通信的通信日志

2．程序源码解析

本次实践的程序源码分为两部分：

（1）ESP32-C3 作为 Station 模式成功连接到 Wi-Fi 接入点。此部分内容前面已经介绍过，详情可查阅 5.3.3 节，此处不再赘述。

（2）ESP32-C3 和"网络调试助手"应用程序通过 UDP 网络协议进行数据通信，整体通信流程如图 8.21 所示。

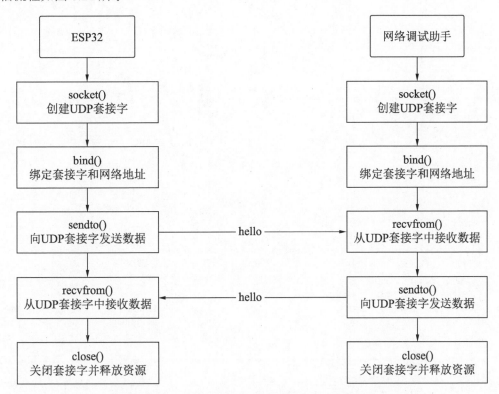

图 8.21　ESP32 与网络调试助手进行 UDP 通信交互流程

在 UDP 通信中，首先需要使用 bind() 函数绑定一个固定的端口号，这样其他 UDP 应用才可以通过 sendto() 函数指定目标 UDP 的 IP 地址和端口号，向其发送数据。其次使用 recvfrom() 函数接收来自其他 UDP 应用的数据，并且获取发送端的 IP 地址和端口信息。关键代码见代码 8.14。

UDP 套接字具备双重功能，既能主动发送数据，也能被动等待接收数据。这与 TCP 套接字显著不同，TCP 套接字在调用 listen() 函数后，只能通过 accept() 函数被动地等待 TCP 客户端的连接。然而，正如每个事物都有其两面性一样，UDP 通信方式虽然赋予了更高的灵活性，但也因此失去了数据通信的可靠性。在追求高效和实时性的应用场景中，UDP 可能是一个理想的选择；但在需要确保数据完整性和准确性的场合，则建议考虑 TCP。

代码 8.14　ESP32 与网络调试助手进行UDP通信的关键代码

```c
/**
 * @brief 向 UDP 套接字发送字符串
 *
 * @param[int] sock：需要发送字符串的套接字的文件描述符。
 * @param[char *] ip_addr：指向需要发送的远程目标主机 IP 地址。
 * @param[char *] str：指向需要发送的字符串的指针。
 */
int socket_send(int sock, char *ip_addr, char *str)
{
    // 远程目标主机地址
    struct sockaddr_in dest_addr;
    // IPv4 网络协议
    dest_addr.sin_family = AF_INET;
    // 绑定远程主机 IP 地址
    dest_addr.sin_addr.s_addr = inet_addr(ip_addr);
    // 绑定远程主机端口号
    dest_addr.sin_port = htons(SOCKET_PORT);

    // 向 UDP 套接字发送数据
    int err = sendto(sock, str, strlen(str), 0, (struct sockaddr *)&dest_addr, sizeof(dest_addr));
    if (err < 0) {
        ESP_LOGE(TAG, "Error occurred during sending: errno %d", errno);
    }
    return err;
}

/**
 * @brief UDP 通信任务
 */
static void udp_task(void *pvParameters)
{
    // 数据接收缓冲区
    char rx_buffer[128];
    // IP 地址转换区
    char addr_str[128];

    while (1) {
        // 远程目标主机地址
        struct sockaddr_in dest_addr;
        // IPv4 网络协议
        dest_addr.sin_family = AF_INET;
        // 绑定任意 IP 地址
        dest_addr.sin_addr.s_addr = htonl(INADDR_ANY);
        // 绑定固定端口号
        dest_addr.sin_port = htons(SOCKET_PORT);

        // 创建 UDP 套接字
        int sock = socket(AF_INET, SOCK_DGRAM, IPPROTO_IP);
        if (sock < 0) {
            ESP_LOGE(TAG, "Unable to create socket: errno %d", errno);
            break;
        }
```

```c
        // 绑定套接字和远程目标主机地址
        int err = bind(sock, (struct sockaddr *)&dest_addr, sizeof(dest_addr));
        if (err < 0) {
            ESP_LOGE(TAG, "Socket unable to bind: errno %d", errno);
        }
        ESP_LOGI(TAG, "Socket bound, port %d", SOCKET_PORT);

        // UDP 往远程主机发送数据
        socket_send(sock, SOCKET_IP, "Hello from 小康师兄");
        while (1) {

            // 远程主机存储地址,为了兼容 IPv4 和 IPv6,分配了足够大的内存
            struct sockaddr_storage source_addr;
            socklen_t socklen = sizeof(source_addr);
            // 从 UDP 套接字中接收数据
            int len = recvfrom(sock, rx_buffer, sizeof(rx_buffer) - 1, 0, (struct sockaddr *)&source_addr, &socklen);

            if (len < 0) {
                // 接收数据失败
                ESP_LOGE(TAG, "recv failed: errno %d", errno);
                break;
            } else {
                // 如果接收到的是字符串,为确保完整性,则在字符串结尾增加一个结束符
                rx_buffer[len] = 0;
                // 将网络地址(通常是 IPv4 地址)从二进制格式转换为点分十进制的字符串格式
                struct sockaddr_in *addr_in = ((struct sockaddr_in *)&source_addr);
                inet_ntoa_r(addr_in->sin_addr, addr_str, sizeof(addr_str) - 1);
                ESP_LOGI(TAG, "Received %d bytes form: %s, from %s:%d", len, rx_buffer, addr_str, addr_in->sin_port);

                // 对接收数据进行解析、比对,最后做出应答
                if(strstr(rx_buffer, "hello")!=NULL){
                    socket_send(sock, addr_str, "hello");
                }else if(strstr(rx_buffer, "How are you")!=NULL){
                    socket_send(sock, addr_str, "I'm fine, thank you, and you");
                }else{
                    socket_send(sock, addr_str, "Sorry, I don't understand what you mean");
                }
            }
        }

        if (sock != -1) {
            ESP_LOGE(TAG, "Shutting down socket and restarting...");
            // 关闭套接字的数据接收和发送功能
            shutdown(sock, SHUT_RDWR);
            // 关闭套接字并释放套接字相关的资源
            close(sock);
        }
    }
    // 删除本次任务
    vTaskDelete(NULL);
}
```

第 9 章 网 络 应 用

TCP/IP 栈是一系列网络协议的集合，它采用四层的层次化结构，包括链路层、网络层、传输层和应用层。简单介绍如下：

- 链路层：主要工作是将电信号分组为数据帧，并以广播形式通过物理介质发送给接收方。它处理与硬件相关的细节，为上层协议提供了一个统一的接口，确保数据能够在物理层上可靠传输。
- 网络层：主要工作是定义网络地址、区分不同的网段、在子网内进行 MAC 寻址、将数据包从源地址路由到目标地址。主要协议包括 IP（用于数据包的路由和转发）、ICMP（用于发送控制消息）、ARP 和 RARP（用于地址解析）等。
- 传输层：主要工作是定义端口、标识应用程序身份、实现端口到端口的通信。主要协议包括 TCP（提供可靠的数据传输服务）、UDP（提供无连接的数据报服务）等。
- 应用层：主要工作是定义各种协议来规范数据的格式和传输方式，主要协议包括 HTTP（网页浏览）、FTP（文件传输）、SMTP（电子邮件通信）、MQTT（物联网设备通信）等。

其中，应用层是开发者和用户经常接触的一层。应用层基于传输层进一步定义了各种协议来规范数据的格式和传输方式。常见的应用层协议有 HTTP/HTTPS（用于网页浏览）、MQTT（用于物联网设备通信）、FTP（用于文件传输）以及 SMTP（用于电子邮件通信）等。

值得一提的是，HTTP/HTTPS 和 MQTT 在物联网产品中扮演着不可或缺的角色，它们是实现设备间通信和设备与服务器间通信的关键协议。本章将重点介绍 HTTP/HTTPS 和 MQTT 的基本知识和典型应用。以及如何巧妙地结合这两种协议，实现 ESP32 的主动触发远程升级和被动触发远程升级功能，从而为用户提供更加灵活和便捷的物联网体验。

9.1 HTTP/HTTPS 客户端应用

本节介绍 HTTP/HTTPS 的基础知识及其常用函数，然后通过两个动手实践项目帮助读者掌握 HTTP/HTTPS 的相关知识点。

9.1.1 HTTP/HTTPS 简介

HTTP（Hypertext Transfer Protocol，超文本传输协议）是一个基于 TCP 的应用层协议。它进一步规范了客户端（如浏览器）与服务器之间交互的消息格式和响应方式。HTTP 的特点如下：

- 短连接：HTTP 采用短连接的方式，即每次连接仅处理一个请求。一旦服务器处理完客户端的请求并收到相应的应答,连接就会立即断开。这种设计能够减轻服务器的负担,使得服务器能够高效地处理大量独立的请求。
- 无状态:HTTP 本身并不具备记忆能力,即每次请求都是独立的,服务器不会记住之前的状态。为了弥补这个不足,开发者引入了 Cookie 和 Session 等机制,使得服务器能够在一定程度上跟踪和识别客户端的状态。
- 简单、快速:HTTP 的工作流程直观且高效,主要包括客户端发起请求、服务器响应请求和数据传输等步骤。客户端向服务器发送包含请求方法(如 GET、POST 等)、资源 URL 和协议版本等信息的 HTTP 请求。服务器根据请求内容进行处理后,通过 TCP 连接发送 HTTP 响应包给客户端,实现数据的快速交换。

HTTPS(Hypertext Transfer Protocol Secure,安全超文本传输协议)是一种增强型的安全的 HTTP,它通过传输加密和身份认证机制,为网络通信提供了更高的安全性保障。HTTP/HTTPS 广泛应用于各种场景,如浏览器、手机、终端设备和服务器之间的通信以及服务器和服务器之间的通信。通过 HTTP/HTTPS,各种应用可以按照协议的格式对数据进行编码和解码,将数据可靠、安全地进行传输。

HTTP/HTTPS 的应用主要包括服务器和客户端两个方面,但在 ESP32 的实际应用中,其更多是以 HTTP/HTTPS 客户端的角色出现,较少作为 HTTP/HTTPS 服务器使用。因此这里不深入探讨 HTTP/HTTPS 服务器的应用,重点介绍如何快速实现 ESP32 的 HTTP/HTTPS 客户端功能。

为了方便开发者能够基于 ESP32 编程迅速实现 HTTP/HTTPS 客户端功能,ESP-IDF 框架提供了 esp_http_client 组件。这个组件包含一系列用于发送 HTTP 请求和接收响应的 API,使得开发者能够轻松与 HTTP 服务器进行通信,无论获取数据还是发送数据,都非常简单、高效。这个特性极大地简化了开发者实现 ESP32 的 HTTP/HTTPS 客户端功能的流程,为他们的工作带来了极大的便利。

9.1.2 HTTP/HTTPS 客户端的常用函数

HTTP/HTTPS 的常用函数如表 9.1 所示。其中,esp_http_client_init()是使用 HTTP/HTTPS 客户端功能不可或缺的核心配置函数,该函数的入参和返回值如下:

```
/**
 * @brief 初始化 HTTP 客户端会话。
 *
 * @param[esp_http_client_config_t *] config:HTTP 客户端配置参数。
 *
 * @return esp_http_client_handle_t 句柄。
 */
esp_http_client_handle_t esp_http_client_init(const esp_http_client_config_t *config);
```

表 9.1 HTTP/HTTPS客户端的常用函数

属性/函数	说明
esp_http_client_init()	初始化HTTP客户端会话,创建esp_http_client_handle_t句柄
esp_http_client_perform()	执行esp_http_client多个操作,包括打开连接、交换数据、关闭连接等

续表

属性/函数	说明
esp_http_client_set_url()	为HTTP客户端设置URL
esp_http_client_set_header()	为HTTP客户端设置请求头
esp_http_client_set_username()	为HTTP客户端设置请求用户名，通常用于HTTP认证，如Basic认证
esp_http_client_set_password()	为HTTP客户端设置请求密码，通常用于HTTP认证，如Basic认证
esp_http_client_set_authtype()	为HTTP客户端设置认证类型
esp_http_client_set_method()	为HTTP客户端设置请求方法，如GET、POST、PUT、DELETE等
esp_http_client_set_post_field()	为HTTP客户端设置POST请求数据
esp_http_client_set_timeout_ms()	为HTTP客户端设置请求超时时间
esp_http_client_open()	打开HTTP请求连接
esp_http_client_write()	通过HTTP请求连接向服务器写入数据
esp_http_client_fetch_headers()	读取服务器响应头
esp_http_client_is_chunked_response()	检查服务器响应数据是否被分块
esp_http_client_read()	从HTTP响应流中读取数据
esp_http_client_get_status_code()	获取HTTP响应状态码
esp_http_client_get_content_length()	获取HTTP响应内容长度
esp_http_client_close()	关闭HTTP连接，但是仍然保留HTTP客户端的资源
esp_http_client_cleanup()	关闭连接，释放所有分配给HTTP客户端实例的内存
esp_http_client_read_response()	多次调用esp_http_client_read()函数，直到数据全部接收完毕或者缓冲区已满

9.1.3 实践：基于 esp_http_client 实现 HTTP 客户端请求

【ESP32 源码路径：tutorial-esp32c3-getting-started/tree/master/net/simple_http】

本节主要利用前面介绍的 HTTP/HTTPS 客户端的知识点及其常用函数进行实践：ESP32 基于 esp_http_client 实现 HTTP 客户端请求功能。

1. 操作步骤

（1）准备一个支持 2.4GHz 频段的 Wi-Fi 接入点（AP），Wi-Fi 名称为"小康师兄"，Wi-Fi 密码为"12345678"。

（2）准备一个 HTTP 服务器并开放 GET、POST、PUT、DELETE 等多个方法的接口。

（3）准备一个 ESP32-C3 开发板，通过 Visual Studio Code 开发工具编译 simple_http 工程源码，生成相应的固件，再将固件下载到 ESP32-C3 开发板上。

（4）ESP32-C3 运行程序后，首先会进行 Wi-Fi 初始化并尝试连接到第（1）步已准备好的名为"小康师兄"的 Wi-Fi 接入点。

（5）ESP32-C3 连接 Wi-Fi 接入点成功并获得本机网络 IP 地址后，程序将创建 HTTP 请求任务。

（6）在 HTTP 请求任务中，ESP32 将作为客户端，依次向 HTTP 服务器发起 GET、POST、PUT、DELETE 等多个方法的不同接口的请求。ESP32 的日志输出如图 9.1 所示。

```
I (00:00:00.269) simple_http: Wi-Fi Sation Start
I (00:00:00.271) main_task: Returned from app_main()
I (596) wifi:new:<1,0>, old:<1,0>, ap:<255,255>, sta:<1,0>, prof:1
I (606) wifi:state: init -> auth (b0)
I (616) wifi:state: auth -> assoc (0)
I (616) wifi:state: assoc -> run (10)
I (626) wifi:connected with 小康师兄, aid = 8, channel 1, BW20, bssid = 02:fc:1f:9b:20:de
I (636) wifi:security: WPA2-PSK, phy: bgn, rssi: -49
I (636) wifi:pm start, type: 1

I (636) wifi:set rx beacon pti, rx_bcn_pti: 0, bcn_timeout: 25000, mt_pti: 0, mt_time: 10000
I (00:00:00.322) simple_http: Wi-Fi Connected to ap
I (656) wifi:AP's beacon interval = 102400 us, DTIM period = 2
I (00:00:01.318) esp_netif_handlers: sta ip: 192.168.43.143, mask: 255.255.255.0, gw: 192.168.43.1
I (00:00:01.319) simple_http: Wi-Fi Got ip:192.168.43.143
I (00:00:01.324) simple_http: ----------------------------------
I (00:00:01.346) simple_http: http_request keyueli.cn:8080/v1/admin/test/get
I (1686) wifi:<ba-add>idx:0 (ifx:0, 02:fc:1f:9b:20:de), tid:0, ssn:627, winSize:64
I (00:00:01.512) simple_http: HTTP Status = 200
I (00:00:01.513) simple_http: HTTP Response = {"msg":"操作成功","code":200,"data":{"key":"小康师兄1","value":"hello world for esp32"}}
I (00:00:01.522) simple_http: ----------------------------------
I (00:00:01.542) simple_http: http_request keyueli.cn:8080/v1/admin/test/post
I (00:00:01.655) simple_http: HTTP Status = 200
I (00:00:01.656) simple_http: HTTP Response = {"msg":"Test{key='kangweijian', value='hello'}","code":200}
I (00:00:01.661) simple_http: ----------------------------------
I (00:00:01.682) simple_http: http_request keyueli.cn:8080/v1/admin/test/postByBody
I (00:00:02.074) simple_http: HTTP Status = 200
I (00:00:02.075) simple_http: HTTP Response = {"msg":"Test{key='小康师兄', value='hello for post'}","code":200}
I (00:00:02.081) simple_http: ----------------------------------
I (00:00:02.102) simple_http: http_request keyueli.cn:8080/v1/admin/test/put
I (00:00:02.257) simple_http: HTTP Status = 200
I (00:00:02.257) simple_http: HTTP Response = {"msg":"Test{key='小康师兄', value='hello for put'}","code":200}
I (00:00:02.264) simple_http: ----------------------------------
I (00:00:02.284) simple_http: http_request keyueli.cn:8080/v1/admin/test/delete
I (00:00:02.483) simple_http: HTTP Status = 200
I (00:00:02.484) simple_http: HTTP Response = {"msg":"操作成功","code":200}
```

图 9.1　ESP32 实现 HTTP 客户端请求功能的运行日志

2．ESP32程序源码解析

本次实践的程序源码分为两部分：

（1）ESP32-C3 作为 Station 模式成功连接到 Wi-Fi 接入点。此部分内容前面已经介绍过，详情可查阅 5.3.3 节，此处不再赘述。

（2）ESP32-C3 成功接入 Wi-Fi 网络后，创建并启动一个 HTTP 请求任务，在该任务中实现 HTTP 客户端请求功能。

在 HTTP 请求任务中，ESP32 将作为 HTTP 客户端依次向 HTTP 服务器发起 GET、POST、PUT、DELETE 等多个方法的不同接口的请求，具体实现见代码 9.1。关键在于 http_request() 函数的使用。通过该函数发起多个 HTTP 请求，包括使用查询参数发起 GET 请求、使用查询参数发起 POST 请求、使用请求体发起 POST 请求、使用请求体发起 PUT 请求、使用查询参数发起 DELETE 请求等。

代码 9.1　HTTP请求任务的关键代码

```c
// 请求应答数据缓冲区
char response_buffer[4096] = {0};

/**
 * @brief HTTP 请求任务
 */
void http_request_task(void *pvParameters)
{
    // HTTP 请求函数，采用 GET 方法，使用 Query Parameters（查询参数）
    http_request("/v1/admin/test/get", HTTP_METHOD_GET, "id=1", NULL, response_buffer);
    // HTTP 请求，采用 POST 方法，使用 Query Parameters（查询参数）
    http_request("/v1/admin/test/post", HTTP_METHOD_POST,
```

```c
    "key=kangweijian&value=hello", NULL, response_buffer);
    // HTTP 请求,采用 POST 方法,使用 Request Body(请求体)
    http_request("/v1/admin/test/postByBody", HTTP_METHOD_POST, NULL,
"{\"key\":\"小康师兄\",\"value\":\"hello for post\"}", response_buffer);
    // HTTP 请求,采用 PUT 方法,使用 Request Body(请求体)
    http_request("/v1/admin/test/put", HTTP_METHOD_PUT, NULL, "{\"key\":\
"小康师兄\",\"value\":\"hello for put\"}", response_buffer);
    // HTTP 请求,采用 DELETE 方法,使用 Query Parameters(查询参数)
    http_request("/v1/admin/test/delete", HTTP_METHOD_DELETE, "id=1",
NULL, response_buffer);
    // 任务结束,删除任务
    vTaskDelete(NULL);
}
```

http_request()函数是笔者通过 esp_http_client 组件二次封装的,简化了 HTTP 请求的发起过程,能够轻松、快速地发起各种类型的 HTTP 请求。函数定义见代码 9.2,其执行流程如下:

(1)配置 HTTP 客户端的参数,包括 HTTP 服务器的主机地址、端口号和请求路径等。
(2)初始化 HTTP 客户端,创建 HTTP 客户端的句柄。
(3)设置 HTTP 请求的方法。
(4)确认是否存在 HTTP 请求的请求体,如果存在,则添加 HTTP 请求体,并在 HTTP 请求头中添加请求体的类型。
(5)使用 esp_http_client_perform(client)函数依次执行对 esp_http_client 组件的多个操作,包括建立 HTTP 连接、交换数据、关闭连接等。
(6)关闭 HTTP 连接,释放所有分配给 HTTP 客户端实例的内存。

代码 9.2　HTTP 客户端请求函数的定义

```c
// 是否请求 HTTPS 服务器
#define HTTPS_ENABLE            0
// HTTP/HTTPS 服务器主机地址
#define HTTP_SERVER_HOST        "keyueli.cn"
// HTTP/HTTPS 服务器端口号
#define HTTP_SERVER_PORT        8080

/**
 * @brief HTTP 客户端请求
 *
 * @param[const char*] path: HTTP 服务请求的路径
 * @param[esp_http_client_method_t] method: HTTP 服务请求的方法
 * @param[const char*] query: HTTP 服务请求的查询参数
 * @param[const char*] field: HTTP 服务请求的请求体
 * @param[const char*] response_buffer: HTTP 服务请求的应答数据缓冲区
 *
 * @return
 *      - 成功,返回 ESP_OK
 *      - 失败,返回非零的错误代码。
 */
esp_err_t http_request(const char *path, esp_http_client_method_t method,
const char *query, const char *field, char* response_buffer)
{
    // 打印日志
    ESP_LOGI(TAG, "http_request %s:%d%s", HTTP_SERVER_HOST, HTTP_SERVER_
PORT, path);
```

```c
    // 清空缓冲区
    memset(response_buffer, 0, strlen(response_buffer));

    // HTTP 客户端配置参数
    esp_http_client_config_t config = {
        .host = HTTP_SERVER_HOST,               //HTTP 服务器的主机地址
        .port = HTTP_SERVER_PORT,               //HTTP 服务器的服务端口
        .path = path,                           //HTTP 服务请求的路径
        .query = query,                         //HTTP 服务请求的查询参数
        .event_handler = _http_event_handler,   //HTTP 事件处理程序
        .user_data = response_buffer,           //HTTP 服务请求的自定义数据
.crt_bundle_attach = esp_crt_bundle_attach,     //SSL 证书添加
#if HTTPS_ENABLE==1
        //HTTP 传输方式：TCP 不加密传输、SSL 加密传输
        .transport_type = HTTP_TRANSPORT_OVER_SSL,
#endif
    };

    // HTTP 客户端初始化
    esp_http_client_handle_t client = esp_http_client_init(&config);

    // 设置 HTTP 方法
    esp_http_client_set_method(client, method);
    if(field!=NULL)
    {
        // 添加 HTTP 请求头
        esp_http_client_set_header(client, "Content-Type", "application/json");
        // 添加 HTTP 请求体
        esp_http_client_set_post_field(client, field, strlen(field));
    }
    // HTTP 客户端请求的组合函数，执行 esp_http_client 多个操作，包括打开连接、交换数据、关闭连接等
    esp_err_t err = esp_http_client_perform(client);
    if (err == ESP_OK) {
        ESP_LOGI(TAG, "HTTP Status = %d", esp_http_client_get_status_code(client));
        ESP_LOGI(TAG, "HTTP Response = %s", response_buffer);
    } else {
        ESP_LOGE(TAG, "HTTP request failed: %s", esp_err_to_name(err));
    }
    // 关闭 HTTP 连接，释放所有分配给 HTTP 客户端实例的内存
    esp_http_client_cleanup(client);
    return err;
}
```

HTTP 请求的两个关键步骤：第一步是需要将数据上传到 HTTP 服务器的相应接口；第二步是需要接收来自 HTTP 服务器的应答数据。第一步通过前面的操作已经完成，而第二步则稍显复杂。esp_http_client 组件并未提供直接用于接收数据的便捷函数。因此，我们需要通过 HTTP 事件处理程序（见代码 9.3）手动读取数据，并将其存储到 HTTP 客户端的用户自定义数据区域中。

代码 9.3　HTTP 事件处理程序的关键代码

```c
/**
 * @brief HTTP 事件处理程序
 *
```

```c
 * @param[esp_http_client_event_t] evt：HTTP 客户端的事件数据
 *
 * @return
 *      - 成功，返回 ESP_OK
 *      - 失败，返回非零的错误代码。
 */
esp_err_t _http_event_handler(esp_http_client_event_t *evt)
{
    static int output_len;
    switch(evt->event_id) {
        // 当 HTTP 请求发生错误时
        case HTTP_EVENT_ERROR:
            ESP_LOGD(TAG, "HTTP_EVENT_ERROR");
            break;
        // 当 HTTP 成功连接到服务器时
        case HTTP_EVENT_ON_CONNECTED:
            ESP_LOGD(TAG, "HTTP_EVENT_ON_CONNECTED");
            break;
        // 在向服务器发送完所有头部信息后
        case HTTP_EVENT_HEADER_SENT:
            ESP_LOGD(TAG, "HTTP_EVENT_HEADER_SENT");
            break;
        // 当从服务器接收到每个头部信息时
        case HTTP_EVENT_ON_HEADER:
            ESP_LOGD(TAG, "HTTP_EVENT_ON_HEADER, key=%s, value=%s",
evt->header_key, evt->header_value);
            break;
        // 当从服务器接收到数据时，可能包含数据包的多个部分
        case HTTP_EVENT_ON_DATA:
            ESP_LOGD(TAG, "HTTP_EVENT_ON_DATA, len=%d, %s", evt->data_len,
(char *)evt->data);
            // 检查服务器响应数据是否被分块
            if (esp_http_client_is_chunked_response(evt->client)) {
                // 分块复制数据到 HTTP 客户端用户自定义数据缓冲区
                if (evt->user_data) {
                    memcpy(evt->user_data + output_len, evt->data,
evt->data_len);
                }
                output_len += evt->data_len;
            }else{
                // 复制数据到 HTTP 客户端用户自定义数据缓冲区
                memcpy(evt->user_data, evt->data, evt->data_len);
            }
            break;
        // 当 HTTP 会话完成时
        case HTTP_EVENT_ON_FINISH:
            ESP_LOGD(TAG, "HTTP_EVENT_ON_FINISH");
            output_len = 0;
            break;
        // 当 HTTP 连接断开时
        case HTTP_EVENT_DISCONNECTED:
            ESP_LOGD(TAG, "HTTP_EVENT_DISCONNECTED");
            int mbedtls_err = 0;
            esp_err_t err = esp_tls_get_and_clear_last_error(evt->data,
&mbedtls_err, NULL);
            if (err != 0) {
                output_len = 0;
                ESP_LOGI(TAG, "Last esp error code: 0x%x", err);
                ESP_LOGI(TAG, "Last mbedtls failure: 0x%x", mbedtls_err);
```

```
            }
            break;
        // 当拦截 HTTP 重定向时
        case HTTP_EVENT_REDIRECT:
            ESP_LOGD(TAG, "HTTP_EVENT_REDIRECT");
            esp_http_client_set_header(evt->client, "From", "user@example.com");
            esp_http_client_set_header(evt->client, "Accept", "text/html");
            esp_http_client_set_redirection(evt->client);
            break;
    }
    return ESP_OK;
}
```

3. HTTP/HTTPS服务器源码

HTTP/HTTPS 服务器的源码（见代码 9.4）仅作为参考。在本次实践中，HTTP 服务器是通过使用基于 Java 语言的 Spring Boot 框架迅速构建而成的。当然，读者完全可以根据自身需求选择其他框架进行搭建，例如基于 PHP 语言的 Laravel 或 ThinkPHP 框架，或者基于 Python 语言的 Flask 或 Django 框架等，这些都是可行的选择。

代码 9.4　HTTP服务器Controller源码

```java
@RestController("/admin/test")
@RequestMapping("/v1/admin/test")
public class TestController extends BaseController
{
    @GetMapping("/get")
    public AjaxResult get(@RequestParam int id)
    {
        return AjaxResult.success(new Test("小康师兄"+id, "hello world for esp32"));
    }

    @PostMapping("/post")
    public AjaxResult post(String key, String value)
    {
        return AjaxResult.success(new Test(key, value).toString());
    }

    @PostMapping("/postByBody")
    public AjaxResult post(@RequestBody Test test)
    {
        return AjaxResult.success(test.toString());
    }

    @PutMapping("/put")
    public AjaxResult put(@RequestBody Test test)
    {
        return AjaxResult.success(test.toString());
    }

    @DeleteMapping("/delete")
    public AjaxResult delete(@RequestParam int id)
    {
        return AjaxResult.success();
    }
}
```

9.1.4 实践：基于 esp_http_client 实现 HTTPS 客户端请求

本次实践的操作步骤与 9.1.3 节中的操作步骤大部分一致，因此相同的部分不再重复说明。接下来重点介绍两者的不同之处。

- 在操作步骤的第（2）步中，我们需要准备一个 HTTPS 服务器。与 HTTP 服务器相比，HTTPS 服务器的一个显著区别在于它必须绑定域名，并根据该域名去申请 SSL 证书，以确保数据传输的安全性。而 HTTP 服务器则相对简单，仅需一个 IP 地址即可进行通信。
- 在 ESP-IDF 的 menuconfig 中启用 HTTPS 功能，如图 9.2 所示。
- 在 simple_http 工程源码中需要修改一些宏定义（见代码 9.5）来适应 HTTPS 通信。具体来说，我们需要将 HTTPS_ENABLE 宏定义设置为 1，以启用 HTTPS 功能。同时，还需要修改 HTTPS 服务器对应的主机地址和端口号，确保客户端能够正确地服务器建立连接。

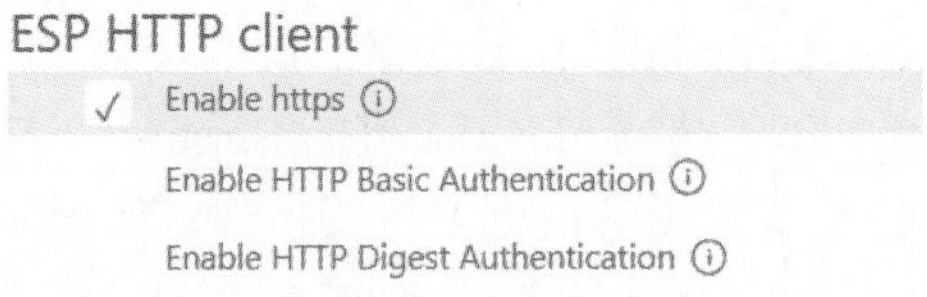

图 9.2 ESP-IDF 中 menuconfig 启用 HTTPS 功能

代码 9.5　HTTP/HTTPS服务器相关的宏定义

```
// 是否请求 HTTPS 服务器
#define HTTPS_ENABLE            1
// HTTP/HTTPS 服务器主机地址
#define HTTP_SERVER_HOST        "keyueli.cn"
// HTTP/HTTPS 服务器端口号
#define HTTP_SERVER_PORT        8443
```

9.2　MQTT 客户端应用

本节介绍 MQTT 的基础知识，然后通过一个动手实践项目帮助读者掌握 MQTT 的相关知识点。

9.2.1　MQTT 简介

MQTT（Message Queuing Telemetry Transport，消息队列遥测传输）是一种轻量级的发布/订阅消息传输协议，MQTT 的特点主要体现在以下几个方面。

- 轻量级：MQTT 协议简单、小巧，易于实现，并且网络传输开销小，适合在资源受限的设备（如嵌入式系统或低功耗传感器）上使用。
- 发布/订阅模式：MQTT 采用发布/订阅模式实现消息的一对多分发。发布者发布消息到 MQTT 代理（Broker），订阅该主题（Topic）的客户端都能收到该消息，实现了解耦和消息的多播。
- 多种 QoS 等级：MQTT 提供了 3 种服务质量（QoS）等级，分别是"至多一次"（QoS 0）、

"至少一次"（QoS 1）和"只有一次"（QoS 2），以满足不同应用对消息可靠性的需求。
- 支持离线消息：当客户端离线时，MQTT 代理可以保存客户端订阅的主题消息，当客户端重新上线时，可以接收这些离线期间的消息。
- 安全性：MQTT 支持多种认证和加密方式，如用户名/密码认证、TLS/SSL 加密等，以确保数据传输的安全性。

为了方便开发者基于 ESP32 高效、快捷地实现 MQTT 客户端功能，ESP-IDF 框架提供了 ESP-MQTT 组件。该组件功能强大，全面支持 MQTT v5.0 协议，支持订阅、发布、认证、遗嘱消息、保持连接的心跳机制，支持 3 种服务质量（QoS）等级，以满足不同应用场景的需求。除此之外，ESP-MQTT 组件还提供不同基础协议的 MQTT 通信，包括基于 TCP 的 MQTT 通信、基于 Mbed TLS 的 SSL 加密通信和基于 WebSocket 和 WebSocket Secure 的 MQTT 通信方式，可以适应不同的应用场景，为开发者提供更多的支持。

9.2.2 MQTT 客户端的常用函数

MQTT 客户端的常用函数如表 9.2 所示。其中，esp_mqtt_client_init()是使用 MQTT 客户端功能不可或缺的核心配置函数，该函数的入参和返回值如下：

```
/**
 * @brief 初始化 MQTT 客户端。
 *
 * @param[esp_mqtt_client_config_t *] config：MQTT 客户端配置参数。
 *
 * @return esp_mqtt_client_handle_t 句柄。
 */
esp_mqtt_client_handle_t esp_mqtt_client_init(const esp_mqtt_client_config_t *config);
```

表 9.2 MQTT客户端的常用函数

属性/函数	说　　明
esp_mqtt_client_init();	基于MQTT配置参数，创建MQTT客户端句柄
esp_mqtt_client_set_uri();	为MQTT客户端设置连接URI
esp_mqtt_set_config();	为MQTT客户端设置配置参数
esp_mqtt_client_start();	MQTT客户端启动任务
esp_mqtt_client_reconnect();	MQTT客户端重新连接
esp_mqtt_client_disconnect();	MQTT客户端断开连接
esp_mqtt_client_stop();	MQTT客户端停止任务
esp_mqtt_client_subscribe_single();	MQTT客户端订阅单个主题
esp_mqtt_client_subscribe_multiple();	MQTT客户端订阅多个主题
esp_mqtt_client_unsubscribe();	MQTT客户端取消订阅单个主题
esp_mqtt_client_publish();	MQTT客户端发布消息到某个主题
esp_mqtt_client_destroy();	MQTT客户端销毁并释放所有资源和内存
esp_mqtt_client_register_event();	MQTT客户端注册事件处理程序
esp_mqtt_client_unregister_event();	MQTT客户端取消注册事件处理程序

9.2.3　实践：基于 ESP32 实现 MQTT 客户端连接 MQTT 代理服务器

【ESP32 源码路径：tutorial-esp32c3-getting-started/tree/master/net/simple_mqtt】

【MQTT 客户端路径：tutorial-esp32c3-getting-started/tree/master/exe/MQTTX-Setup-1.9.10-x64.zip】

本节主要利用前面介绍的 MQTT 知识点和 MQTT 客户端的常用函数进行实践：基于 ESP32 实现 MQTT 客户端功能，连接公共 MQTT 代理服务器，并与运行在计算机上的 MQTT 应用程序进行通信。

1. 操作步骤

（1）准备一个支持 2.4GHz 频段的 Wi-Fi 接入点（AP），Wi-Fi 名称为"小康师兄"，Wi-Fi 密码为"12345678"。

（2）准备一个 MQTT 代理服务器，在本次实践中，我们选择使用 mqtt.eclipseprojects.io，这是一个专门用于测试和开发的公共 MQTT 代理服务器，具有可靠和稳定的优点，是我们测试 MQTT 通信的理想选择。

（3）准备一个 MQTT 客户端工具，在本次实践中，我们选择使用 MQTTX 应用程序，这是一款功能强大且易于使用的客户端软件。读者可以直接访问 MQTTX 官方网站（https://mqttx.app/downloads）进行下载，如图 9.3 所示。当然，为了方便起见，也可以从 tutorial-esp32c3-getting-started 的 Gitee 仓库中下载预置的 MQTTX 安装程序（/exe/MQTTX-Setup-1.9.10-x64.zip），解压后直接双击即可安装。

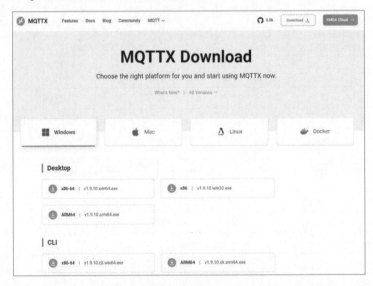

图 9.3　MQTTX 官网下载页面

（4）启动 MQTTX 应用程序，在主界面的左侧边栏中单击新建连接按钮以创建一个新的连接。接着在新建连接界面中填写连接的"名称""服务器地址""端口"和其他参数。完成这些设置后，单击右上角的"连接"按钮，即可尝试与 MQTT 代理服务器建立连接，如图 9.4 所示。

第 9 章 网络应用

图 9.4 新建连接

（5）运行 MQTTX 应用程序，在主界面中选择一个 MQTT 连接，连接成功后，单击"添加订阅"按钮创建一个新的订阅。在弹出的"添加订阅"对话框中输入需要订阅的主题"/kangweijian/mqttx"和其他参数。完成这些设置后，单击"确定"按钮，即可添加订阅，如图 9.5 所示。

图 9.5 添加订阅

（6）准备一个 ESP32-C3 开发板，通过 Visual Studio Code 开发工具编译 simple_mqtt 工程源码，生成相应的固件，再将固件下载到 ESP32-C3 开发板上。

（7）ESP32 运行程序后，首先会进行 Wi-Fi 初始化并尝试连接到第（1）步已准备好的名为"小康师兄"的 Wi-Fi 接入点。

（8）ESP32 连接 Wi-Fi 接入点成功并获得本机网络 IP 地址后，程序将进行初始化并启动 MQTT 客户端驱动程序。

（9）当 ESP32 作为 MQTT 客户端连接 MQTT 服务器成功时，ESP32 首先订阅"/kangweijian/esp32"主题，然后通过 MQTT 向"/kangweijian/mqttx"主题发布"hello from 小康师兄"的消息。ESP32-C3 的日志输出如图 9.6 所示。

```
I (00:00:00.273) simple_mqtt: Wi-Fi Sation Start
I (00:00:00.275) main_task: Returned from app_main()
I (606) wifi:new:<6,0>, old:<1,0>, ap:<255,255>, sta:<6,0>, prof:1
I (606) wifi:state: init -> auth (b0)
I (666) wifi:state: auth -> assoc (0)
I (686) wifi:state: assoc -> run (10)
I (886) wifi:connected with 小康师兄, aid = 10, channel 6, BW20, bssid = 02:37:ba:8c:68:7a
I (886) wifi:security: WPA2-PSK, phy: bgn, rssi: -54
I (886) wifi:pm start, type: 1

I (886) wifi:set rx beacon pti, rx_bcn_pti: 0, bcn_timeout: 25000, mt_pti: 0, mt_time: 10000
I (00:00:00.575) simple_mqtt: Wi-Fi Connected to ap
I (976) wifi:AP's beacon interval = 102400 us, DTIM period = 2
I (00:00:01.568) esp_netif_handlers: sta ip: 192.168.43.143, mask: 255.255.255.0, gw: 192.168.43.1
I (00:00:01.570) simple_mqtt: Wi-Fi Got ip:192.168.43.143
I (00:00:01.575) simple_mqtt: Other event id:7
I (1906) wifi:<ba-add>idx:0 (ifx:0, 02:37:ba:8c:68:7a), tid:0, ssn:293, winSize:64
I (00:00:02.497) simple_mqtt: MQTT连接成功
I (00:00:02.499) simple_mqtt: sent subscribe successful, msg_id=63415
I (00:00:02.501) simple_mqtt: sent publish successful, msg_id=58343
I (00:00:02.906) simple_mqtt: MQTT订阅成功, msg_id=63415
I (00:00:03.520) simple_mqtt: MQTT发布消息成功, msg_id=58343
```

图 9.6　基于 ESP32 实现 MQTT 客户端连接公共 MQTT 代理服务器的运行日志

（10）打开 MQTTX 应用程序，其主界面如图 9.7 所示。在主题输入框输入"/kangweijian/esp32"，消息输入框中输入"hello"，单击"发送"按钮。因为，ESP32 订阅了"/kangweijian/esp32"主题，所以会收到 MQTTX 应用程序发布的"hello"消息。ESP32 收到消息后，向"/kangweijian/mqttx"主题发布"hello"消息。因为，MQTTX 应用程序接收订阅"/kangweijian/mqttx"主题，所以会收到 ESP32 发布的"hello"信息。

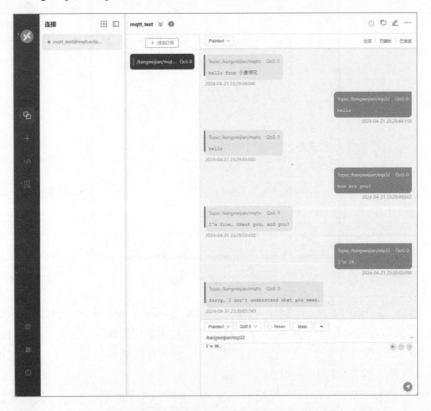

图 9.7　MQTTX 应用程序接收订阅消息和发布消息

（11）继续向"/kangweijian/esp32"主题发布"How are you?"消息。ESP32 收到 MQTTX 应用程序发布的"How are you?"消息后，向"/kangweijian/mqttx"主题发布"I'm fine, thank you, and you?"消息。

（12）继续向"/kangweijian/esp32"主题发布"I'm OK."消息。ESP32 收到 MQTTX 应用程序发布的"I'm OK."消息后，向"/kangweijian/mqttx"主题发布"Sorry, I don't understand what you mean."消息。

步骤（10）到（12）的 ESP32 的日志输出如图 9.8 所示。

```
I (00:00:13.654) simple_mqtt: /**************MQTT接收消息**************/
I (00:00:13.655) simple_mqtt: TOPIC=/kangweijian/esp32
I (00:00:13.657) simple_mqtt: DATA=hello
I (00:00:14.063) simple_mqtt: MQTT发布消息成功, msg_id=56495
I (00:00:19.183) simple_mqtt: /**************MQTT接收消息**************/
I (00:00:19.184) simple_mqtt: TOPIC=/kangweijian/esp32
I (00:00:19.186) simple_mqtt: DATA=How are you?
I (00:00:19.596) simple_mqtt: MQTT发布消息成功, msg_id=31999
I (00:00:32.497) simple_mqtt: /**************MQTT接收消息**************/
I (00:00:32.498) simple_mqtt: TOPIC=/kangweijian/esp32
I (00:00:32.500) simple_mqtt: DATA=I'm OK.
I (00:00:32.905) simple_mqtt: MQTT发布消息成功, msg_id=52598
```

图 9.8 基于 ESP32 实现 MQTT 客户端接收订阅消息和发布消息的运行日志

2．程序源码解析

本次实践的程序源码分为三部分：

（1）ESP32 作为 Station 模式成功连接到 Wi-Fi 接入点。此部分内容前面已经介绍过，详情可查阅 5.3.3 节，此处不再赘述。

（2）ESP32 成功接入 Wi-Fi 网络后，初始化并启动 MQTT 客户端。

（3）ESP32 通过 MQTT 事件处理程序完成各项事务，如与 MQTT 服务器建立连接、接收订阅消息和发布消息等。

初始化并启动 MQTT 客户端的具体实现见代码 9.6，具体流程如下：

（1）使用 esp_mqtt_client_init()函数根据 MQTT 客户端配置参数，创建 MQTT 客户端句柄。

（2）使用 esp_mqtt_client_register_event()函数注册 MQTT 事件处理程序。

（3）使用 esp_mqtt_client_start()函数启动 MQTT 客户端。

以上步骤的关键是 esp_mqtt_client_config_t 这个 MQTT 客户端配置参数的类型，该配置参数类型详细规定了 MQTT 客户端需要连接的服务器地址、确保通信安全所需的加密证书、进行身份验证所需的凭据、控制 MQTT 会话持续性的参数、定义 MQTT 任务运行优先级和堆栈大小的配置，以及用于接收和发送 MQTT 消息的数据缓存空间等。

以实际应用为例，若用户希望使用 SSL 证书通过加密端口与 MQTT 服务器建立连接，那么仅需要调整 mqtt_cfg 变量中的相关配置即可。具体而言，用户需要修改 MQTT 服务器的地址，并配置相应的 SSL 加密证书，见代码 9.6。

代码 9.6 基于ESP32 初始化并启动MQTT客户端的关键源码

```
#define MQTT_BROKER_TSL_URL    "mqtts://mqtt.eclipseprojects.io:8883"

extern const uint8_t mqtt_eclipseprojects_io_pem_start[]    asm("_binary_mqtt_eclipseprojects_io_pem_start");
```

```c
extern const uint8_t mqtt_eclipseprojects_io_pem_end[]   asm("_binary_
mqtt_eclipseprojects_io_pem_end");

/**
 * @brief MQTT 客户端初始化并启动
 */
static void mqtt_init(void)
{
    esp_mqtt_client_config_t mqtt_cfg = {
        // MQTT 服务器地址
        .broker = {
            .address.uri = MQTT_BROKER_TSL_URL,
            .verification.certificate = (const char *)mqtt_eclipseprojects_io_pem_start
        }
    };

    // 基于 MQTT 配置参数，创建 MQTT 客户端句柄
    esp_mqtt_client_handle_t client = esp_mqtt_client_init(&mqtt_cfg);
    // MQTT 客户端注册事件处理程序
    esp_mqtt_client_register_event(client, ESP_EVENT_ANY_ID, mqtt_event_handler, NULL);
    // MQTT 客户端启动任务
    esp_mqtt_client_start(client);
}
```

基于 ESP32 实现 MQTT 客户端功能的核心是通过 MQTT 事件处理程序执行一系列操作，以事件驱动方式，使 ESP32 能够接收订阅消息和对外发布消息，程序流程如图 9.9 所示，具体实现见代码 9.7，事件处理程序如下：

- MQTT_EVENT_CONNECTED 事件：当 MQTT 客户端成功与 MQTT 服务器建立连接时，MQTT 驱动程序会触发 MQTT_EVENT_CONNECTED 事件，并将其发送给相应的事件处理任务。在 MQTT_EVENT_CONNECTED 事件处理程序中，首先，使用 esp_mqtt_client_subscribe()函数订阅"/kangweijian/esp32"主题，以便接收该主题下发布的消息。然后使用 esp_mqtt_client_publish()函数向"kangweijian/mqttx"主题发布一条内容为"hello"消息。这两个操作是 ESP32 通过 MQTT 协议与运行在计算机的 MQTTX 应用程序进行通信的必要条件。值得注意的是，订阅主题和发布消息的操作必须在 MQTT 客户端成功连接 MQTT 服务器后进行。所以，我们将这两个操作放到了 MQTT_EVENT_CONNECTED 事件处理程序中。
- MQTT_EVENT_DATA 事件：当 MQTT 客户端收到一个订阅消息时，MQTT 驱动程序会触发 MQTT_EVENT_DATA 事件，并将其发送给相应的事件处理任务。在 MQTT_EVENT_DATA 事件处理程序中，根据消息的主题和内容，使用 esp_mqtt_client_publish()函数向"kangweijian/mqttx"主题发布不同内容的消息。
- MQTT_EVENT_DISCONNECTED 事件：当 MQTT 客户端与 MQTT 服务器断开连接时，MQTT 驱动程序会触发 MQTT_EVENT_CONNECTED 事件，并将其发送给相应的事件处理任务。
- MQTT_EVENT_SUBSCRIBED 事件：当 MQTT 客户端确认 MQTT 客户端的订阅的请求时，MQTT 驱动程序会触发 MQTT_EVENT_SUBSCRIBED 事件并将其发送给相应的事件处理任务。
- MQTT_EVENT_UNSUBSCRIBED 事件：当 MQTT 客户端确认 MQTT 客户端的取

消订阅的请求时，MQTT 驱动程序会触发 MQTT_EVENT_UNSUBSCRIBED 事件，并将其发送给相应的事件处理任务。
- MQTT_EVENT_PUBLISHED 事件：当 MQTT 客户端确认 MQTT 客户端的消息发布的请求时，MQTT 驱动程序会触发 MQTT_EVENT_PUBLISHED 事件，并将其发送给相应的事件处理任务。

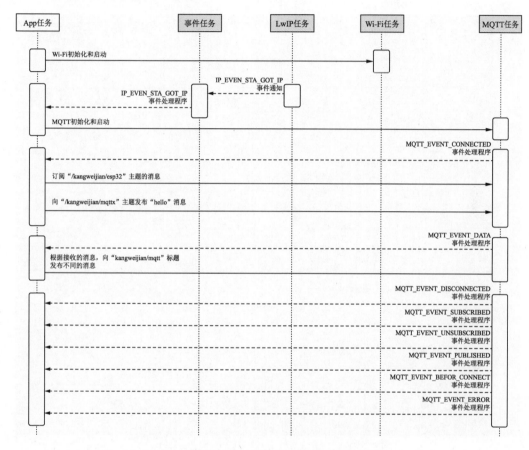

图 9.9　基于 ESP32 实现 MQTT 客户端的流程

代码 9.7　MQTT 事件处理程序关键代码

```
/**
 * @brief MQTT 事件处理程序
 *
 *   此函数由 MQTT 客户端事件循环调用。
 *
 * @param[void *] handler_args: 参数，调用注册事件处理程序时传递的参数。
 * @param[esp_event_base_t] base: 事件处理器的基础，指向公开事件的唯一指针。
 * @param[int32_t] event_id: 接收到的事件 ID。
 * @param[void *] event_data: 数据，调用事件处理程序时传递的数据，类型为
esp_mqtt_event_handle_t。
 */
static void mqtt_event_handler(void *handler_args, esp_event_base_t base,
int32_t event_id, void *event_data)
{
    ESP_LOGD(TAG, "Event dispatched from event loop base=%s, event_id=%"
```

```c
                PRIi32 "", base, event_id);
    esp_mqtt_event_handle_t event = event_data;
    esp_mqtt_client_handle_t client = event->client;
    int msg_id;
    switch ((esp_mqtt_event_id_t)event_id) {
        // MQTT 连接成功事件
        case MQTT_EVENT_CONNECTED:
            ESP_LOGI(TAG, "MQTT 连接成功");
            // 先订阅关于"/kangweijian/01"的消息，qos=0
            msg_id = esp_mqtt_client_subscribe(client, "/kangweijian/esp32", 0);
            ESP_LOGI(TAG, "sent subscribe successful, msg_id=%d", msg_id);

            // 向"/kangweijian/01"发布消息，qos=0，不保留消息
            msg_id = esp_mqtt_client_publish(client, "/kangweijian/mqttx", "hello from 小康师兄", 0, 1, 0);
            ESP_LOGI(TAG, "sent publish successful, msg_id=%d", msg_id);
            break;
        // MQTT 断开连接事件
        case MQTT_EVENT_DISCONNECTED:
            ESP_LOGI(TAG, "MQTT 断开连接");
            break;

        // MQTT 订阅成功事件
        case MQTT_EVENT_SUBSCRIBED:
            ESP_LOGI(TAG, "MQTT 订阅成功, msg_id=%d", event->msg_id);
            break;
        // MQTT 取消订阅成功事件
        case MQTT_EVENT_UNSUBSCRIBED:
            ESP_LOGI(TAG, "MQTT 取消订阅成功, msg_id=%d", event->msg_id);
            break;
        // MQTT 发布消息成功事件
        case MQTT_EVENT_PUBLISHED:
            ESP_LOGI(TAG, "MQTT 发布消息成功, msg_id=%d", event->msg_id);
            break;
        // MQTT 接收消息事件
        case MQTT_EVENT_DATA:
            ESP_LOGI(TAG, "/***************MQTT 接收消息***************/");
            ESP_LOGI(TAG, "TOPIC=%.*s", event->topic_len, event->topic);
            ESP_LOGI(TAG, "DATA=%.*s", event->data_len, event->data);
            // 数据解析并比对，然后做出应答
            if(strstr(event->data, "hello")!=NULL){
                esp_mqtt_client_publish(client, "/kangweijian/mqttx", "hello", 0, 1, 0);
            }else if(strstr(event->data, "How are you")!=NULL){
                esp_mqtt_client_publish(client, "/kangweijian/mqttx", "I'm fine, thank you, and you?", 0, 1, 0);
            }else{
                esp_mqtt_client_publish(client, "/kangweijian/mqttx", "Sorry, I don't understand what you mean.", 0, 1, 0);
            }
            break;
        // MQTT 发生异常事件
        case MQTT_EVENT_ERROR:
            ESP_LOGI(TAG, "MQTT 发生异常");
            break;
        // MQTT 连接之前的事件
        case MQTT_EVENT_BEFORE_CONNECT:
```

```
                ESP_LOGI(TAG, "MQTT 连接之前");
                break;
            default:
                ESP_LOGI(TAG, "Other event id:%d", event->event_id);
                break;
        }
    }
```

9.3 OTA 应用

本节介绍 OTA 的基础知识，然后通过 3 个实践项目，帮助读者掌握多种 OTA 的使用方法。

9.3.1 OTA 简介

OTA（Over-The-Air，空中升级）也称为远程升级，是物联网设备在正常工作期间通过接收来自服务器的远程升级指令，以 Wi-Fi、蓝牙或以太网等通信方式从服务器上下载固件并自动完成固件更新的功能。

为了确保 OTA 远程升级顺利进行，在设备上需要预先配置一个分区表，该表至少包含两个 OTA 应用程序分区（即 ota_0 和 ota_1）以及一个 OTA 数据分区。当 OTA 功能启动时，新的应用固件镜像会被写入当前未用于启动的 OTA 应用分区中。经过严格的镜像验证后，OTA 数据分区会进行更新并指定在下一次启动时采用该新镜像。至此，OTA 远程升级工作顺利完成，最后只需要调用 esp_restart()函数让 ESP32 重启，即可执行新的固件程序。

为了方便开发者基于 ESP32 快速实现 OTA 远程升级功能，ESP-IDF 框架提供了 esp-https-ota 组件。该组件不仅支持通过 HTTP/HTTPS 协议下载固件、进行签名验证和固件升级等操作，还提供了丰富的高级 API，使开发者能够更深入地了解 OTA 过程，并满足各种控制需求。这个组件的引入，极大地简化了开发者进行 OTA 功能开发的流程，提升了开发效率。

9.3.2 HTTPS OTA 的常用函数

HTTP/HTTPS OTA 的常用函数如表 9.3 所示，这些函数可以方便开发者通过 HTTP/HTTPS 升级固件。

表 9.3 HTTPS OTA 的常用函数

属性/函数	说 明
esp_https_ota()	HTTP/HTTPS OTA远程固件升级组合函数
esp_https_ota_begin()	启动HTTP/HTTPS OTA固件升级
esp_https_ota_perform()	从HTTP/HTTPS流中读取固件数据并下载到OTA分区中
esp_https_ota_is_complete_data_received()	检查固件是否下载完成
esp_https_ota_finish()	关闭HTTP/HTTPS连接并清理释放HTTP/HTTPS OTA上下文，切换BOOT分区到包含新固件的OTA分区

续表

属性/函数	说 明
esp_https_ota_abort()	关闭HTTP/HTTPS连接，并清理释放HTTP/HTTPS OTA上下文
esp_https_ota_get_img_desc()	从固件响应头中读取应用程序描述信息，包括固件版本号等信息
esp_https_ota_get_image_len_read()	获取到目前为止已经下载的固件大小
esp_https_ota_get_image_size()	获取固件大小

其中，esp_https_ota()函数是一个组合函数，包含 esp_https_ota_begin()、esp_https_ota_perform()、esp_https_ota_abort()和 esp_https_ota_finish()等多个函数。该函数的定义见代码9.8。

代码9.8　esp_https_ota函数的定义

```
/**
 * @brief    HTTP/HTTPS OTA 远程固件升级。
 *
 * 此函数分配 HTTP/HTTPS OTA 固件升级上下文，建立 HTTP/HTTPS 连接，
 * 从 HTTP/HTTPS 流读取固件镜像数据并写入 OTA 分区，最后完成 HTTP/HTTPS 固件升级操作。
 * 该 API 支持 URL 重定向。
 * 如果 URL 的 CA 证书不同，则必须将其追加到 ota_config->http_config 的 cert_pem 成
 员中。
 *
 * 此函数处理整个 OTA 操作，因此如果使用此 API,则不应调用 esp_https_ota 组件中的其他 API。
 * 如果需要更多信息及控制 HTTPS OTA 过程，则可以使用 esp_https_ota_begin 和后续的 API。
 * 如果此函数成功执行并返回，则必须调用 esp_restart()函数从新的固件镜像中启动。
 *
 * @param[esp_https_ota_config_t *] ota_config: 指向 esp_https_ota_config_t
 结构体的指针。
 *
 * @return
 *    - ESP_OK: OTA 数据更新成功，下次重启时将使用指定的分区。
 *    - ESP_FAIL: OTA 升级失败。
 *    - ESP_ERR_INVALID_ARG: 无效参数。
 *    - ESP_ERR_OTA_VALIDATE_FAILED: 无效的固件镜像。
 *    - ESP_ERR_NO_MEM: 内存不足。
 *    - ESP_ERR_FLASH_OP_TIMEOUT or ESP_ERR_FLASH_OP_FAIL: Flash 写入失败。
 *    - 返回的其他错误代码，请参考 ESP-IDF 中 app_update 组件的 OTA 文档。
 */
esp_err_t esp_https_ota(const esp_https_ota_config_t *ota_config);
```

esp_https_ota()函数的使用很简单，只要传入 esp_https_ota_config_t 类型的 HTTP/HTTPS OTA 配置参数，然后堵塞等待 HTTP/HTTPS OTA 固件升级结果。如果 esp_https_ota()函数执行完毕并成功返回，则直接调用 esp_restart()函数重新启动 ESP32，然后即可执行新的固件镜像，见代码9.9。

代码9.9　esp_https_ota函数的应用

```
esp_err_t ret = esp_https_ota(&ota_config);
if (ret == ESP_OK) {
    ESP_LOGI(TAG, "OTA Succeed, Rebooting...");
    esp_restart();
} else {
    ESP_LOGE(TAG, "Firmware upgrade failed");
}
```

9.3.3　实践：基于 esp_https_ota 实现远程固件升级

【ESP32 源码路径：tutorial-esp32c3-getting-started/tree/master/net/simple_ota】

本节主要利用前面介绍的 HTTP/HTTPS OTA 知识点及其常用函数进行实践：基于 ESP32 实现远程固件升级功能。

1. 操作步骤

（1）准备一个支持 2.4GHz 频段的 Wi-Fi 接入点（AP），Wi-Fi 名称为"小康师兄"，Wi-Fi 密码为"12345678"。

（2）通过 Visual Studio Code 开发工具打开"simple_ota"工程源码，修改源码：将固件版本号"FIRMWARE_VERSION_CODE"修改为"2"；固件版本"FIRMWARE_VERSION"修改为"2.0.0"；在 build 目录下生成相应的固件"simple_ota.bin"并修改固件名为"simple_ota_v2.0.0.bin"。

（3）准备一个 FTP 服务器，将"simple_ota_v2.0.0.bin"固件上传到 FTP 服务器上并记录该固件的下载链接。

（4）准备一个 ESP32-C3 开发板，继续修改"simple_ota"工程源码，将固件版本号"FIRMWARE_VERSION_CODE"修改为"1"，固件版本"FIRMWARE_VERSION"修改为"1.0.0"，固件版本"FIRMWARE_URL"修改为第（3）步记录的固件下载链接。然后编译生成相应的固件，最后将固件下载到 ESP32-C3 开发板上。

（5）ESP32 运行程序后，首先会进行 Wi-Fi 初始化并尝试连接第（1）步已准备好的名为"小康师兄"的 Wi-Fi 接入点，ESP32 的日志输出如图 9.10 所示。

```
I (00:00:00.269) simple_ota: Wi-Fi Sation Start
E (00:00:00.271) simple_ota: simple_ota v1.0.0
I (608) wifi:new:<10,0>, old:<1,0>, ap:<255,255>, sta:<10,0>, prof:1
I (618) wifi:state: init -> auth (b0)
I (00:00:00.282) main_task: Returned from app_main()
I (628) wifi:state: auth -> assoc (0)
I (628) wifi:state: assoc -> run (10)
I (658) wifi:connected with 小康师兄, aid = 10, channel 10, BW20, bssid = 62:6d:8e:b1:4e:f4
I (658) wifi:security: WPA2-PSK, phy: bgn, rssi: -38
I (658) wifi:pm start, type: 1

I (658) wifi:set rx beacon pti, rx_bcn_pti: 0, bcn_timeout: 25000, mt_pti: 0, mt_time: 10000
I (00:00:00.336) simple_ota: Wi-Fi Connected to ap
I (758) wifi:AP's beacon interval = 102400 us, DTIM period = 2
I (00:00:01.328) esp_netif_handlers: sta ip: 192.168.43.5, mask: 255.255.255.0, gw: 192.168.43.1
I (00:00:01.329) simple_ota: Wi-Fi Got ip:192.168.43.5
```

图 9.10　进行 Wi-Fi 初始化并连接接入点的程序运行日志

（6）当 ESP32 连接 Wi-Fi 接入点成功并获得本机网络 IP 地址时，程序将创建 HTTP/HTTPS OTA 远程升级任务，实现远程固件升级功能，ESP32 的日志输出如图 9.11 所示。

（7）远程升级完成后，ESP32 重启后将会运行新的固件镜像，ESP32 的日志输出如图 9.12 所示。

2. 程序源码解析

本次实践的程序源码分为两部分：

（1）ESP32 作为 Station 模式成功连接到 Wi-Fi 接入点。此部分内容前面已经介绍过，详情可查阅 5.3.3 节，此处不再赘述。

（2）当 ESP32-C3 成功接入 Wi-Fi 网络时，将创建并启动一个 OTA 远程固件升级任务，基于 esp_https_ota 实现远程固件升级功能，程序流程如图 9.13 所示。

```
I (00:00:01.323) simple_ota: Starting HTTP/S OTA
I (1668) wifi:<ba-add>idx:0 (ifx:0, 62:6d:8e:b1:4e:f4), tid:0, ssn:441, winSize:64
I (00:00:01.491) esp-x509-crt-bundle: Certificate validated
I (00:00:02.197) esp_https_ota: Starting OTA...
I (00:00:02.198) esp_https_ota: Writing to partition subtype 16 at offset 0x110000
I (00:00:32.176) esp_image: segment 0: paddr=00110020 vaddr=3c0a0020 size=2ee18h (192024) map
I (00:00:32.201) esp_image: segment 1: paddr=0013ee40 vaddr=3fc90200 size=011d8h (  4568)
I (00:00:32.203) esp_image: segment 2: paddr=00140020 vaddr=42000020 size=901a4h (590244) map
I (00:00:32.283) esp_image: segment 3: paddr=001d01cc vaddr=3fc913d8 size=01884h (  6276)
I (00:00:32.285) esp_image: segment 4: paddr=001d1a58 vaddr=40380000 size=1017ch ( 65916)
I (00:00:32.302) esp_image: segment 0: paddr=00110020 vaddr=3c0a0020 size=2ee18h (192024) map
I (00:00:32.328) esp_image: segment 1: paddr=0013ee40 vaddr=3fc90200 size=011d8h (  4568)
I (00:00:32.329) esp_image: segment 2: paddr=00140020 vaddr=42000020 size=901a4h (590244) map
I (00:00:32.413) esp_image: segment 3: paddr=001d01cc vaddr=3fc913d8 size=01884h (  6276)
I (00:00:32.415) esp_image: segment 4: paddr=001d1a58 vaddr=40380000 size=1017ch ( 65916)
```

图 9.11　基于 esp_http_ota 实现远程固件升级功能的程序运行日志

```
I (00:00:33.128) simple_ota: Wi-Fi Sation Start
E (00:00:33.131) simple_ota: simple_ota v2.0.0
I (587) wifi:new:<10,0>, old:<1,0>, ap:<255,255>, sta:<10,0>, prof:1
I (597) wifi:state: init -> auth (b0)
I (00:00:33.142) main_task: Returned from app_main()
I (607) wifi:state: auth -> assoc (0)
I (607) wifi:state: assoc -> run (10)
I (627) wifi:connected with 小康师兄, aid = 12, channel 10, BW20, bssid = 62:6d:8e:b1:4e:f4
I (627) wifi:security: WPA2-PSK, phy: bgn, rssi: -44
I (627) wifi:pm start, type: 1

I (627) wifi:set rx beacon pti, rx_bcn_pti: 0, bcn_timeout: 25000, mt_pti: 0, mt_time: 10000
I (00:00:33.184) simple_ota: Wi-Fi Connected to ap
I (717) wifi:AP's beacon interval = 102400 us, DTIM period = 2
I (00:00:34.177) esp_netif_handlers: sta ip: 192.168.43.5, mask: 255.255.255.0, gw: 192.168.43.1
I (00:00:34.178) simple_ota: Wi-Fi Got ip:192.168.43.5
E (00:00:34.182) simple_ota: 固件已经是最新版本，不需要升级！
```

图 9.12　ESP32 运行新固件镜像的程序运行日志

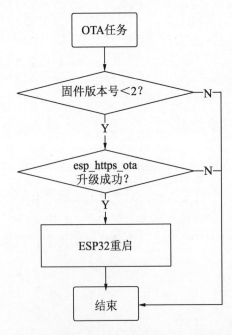

图 9.13　ESP32 基于 esp_https_ota 实现远程固件升级流程

OTA 远程固件升级的首要条件是核实当前固件的版本号是否低于 2，只有当版本号小于 2 时，才会触发固件升级流程。这个设置条件是为了避免因固件升级而陷入无休止的循环之中。

随后，通过调用 esp_https_ota()函数来执行远程固件升级任务。该函数在执行过程中会阻塞其他任务，直至升级操作完成并返回成功状态。一旦升级成功，接着调用 esp_restart()函数重启 ESP32 设备，从而加载并执行新的固件程序。核心代码参见代码 9.10。其中，esp_https_ota()函数扮演着至关重要的角色，其执行流程如下：

（1）初始化 HTTP/HTTPS OTA 固件升级的上下文环境，为升级操作做好准备。
（2）建立起稳定的 HTTP/HTTPS 连接，确保固件升级数据可靠地传输。
（3）从 HTTP/HTTPS 流中读取固件镜像数据，并将其不断写入 OTA 分区。
（4）顺利完成 HTTP/HTTPS 固件升级操作，重启后新固件就能够正确加载并运行了。

代码 9.10　ESP32 基于esp_https_ota实现远程固件升级功能的关键代码

```c
/**
 * @brief 远程固件升级任务
 */
static void simple_ota_task(void *pvParameter)
{
    // HTTP/HTTPS 客户端配置参数
    esp_http_client_config_t config = {
        // 固件下载链接
        .url = FIRMWARE_URL,
        // 启用服务器验证的证书捆绑包功能
        .crt_bundle_attach = esp_crt_bundle_attach,
        // 启用保活机制
        .keep_alive_enable = true,
    };

    // HTTP/HTTPS OTA 配置参数
    esp_https_ota_config_t ota_config = {
        // HTTP/HTTPS 客户端配置参数
        .http_config = &config,
    };

    if(FIRMWARE_VERSION_CODE<2){
        // 如果当前固件版本号小于 2，则进行固件升级
        ESP_LOGI(TAG, "Starting HTTP/HTTPS OTA");
        // HTTP/HTTPS OTA 组合函数，用于快捷启动 HTTP/HTTPS OTA远程升级功能
        esp_err_t ret = esp_https_ota(&ota_config);
        if (ret == ESP_OK) {
            // ESP32 重启
            esp_restart();
        } else {
            ESP_LOGE(TAG, "Firmware upgrade failed");
        }
    }
    // 无限循环
    while (1) {
        vTaskDelay(pdMS_TO_TICKS(1000));
    }
}
```

值得注意的是，为了启用 OTA 固件升级功能，预先配置一个分区表是不可或缺的步骤。

这个分区表必须包含至少两个 OTA 应用程序分区（即 ota_0 和 ota_1）和一个 OTA 数据分区。为了确保配置的正确性，我们需要在 menuconfig 中设置 Partition Table。在 Visual Studio Code IDE 界面中单击左下角的设置按钮，进入 SDK 配置编辑界面，在其中选择 Factory app, two OTA definitions 选项，如图 9.14 所示。

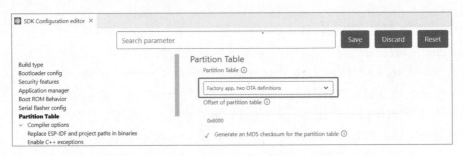

图 9.14　在 menuconfig 中配置 Partition Table 分区表

9.3.4　实践：基于 esp_https_ota 和 HTTP/HTTPS 实现设备主动升级

【ESP32 源码路径：tutorial-esp32c3-getting-started/tree/master/net/ota_http】

本节结合 9.1.3 节和 9.3.3 节的相关知识点，通过实践项目来展示 ESP32 如何通过 HTTP 请求查询云端服务器的固件信息，并根据返回的固件信息进行判断，实现主动升级远程固件的功能。

1. 操作步骤

（1）准备一个支持 2.4GHz 频段的 Wi-Fi 接入点（AP），Wi-Fi 名称为"小康师兄"，Wi-Fi 密码为"12345678"。

（2）通过 Visual Studio Code 开发工具打开"ota_http"工程源码，修改源码：将固件版本号"FIRMWARE_VERSION_CODE"修改为"2"；固件版本"FIRMWARE_VERSION"修改为"2.0.0"；在 build 目录下生成相应的固件"ota_http.bin"并修改固件名为"ota_http_v2.0.0.bin"。

（3）准备一个 FTP 服务器，将"ota_http_v2.0.0.bin"固件上传到 FTP 服务器，并记录该固件的下载链接。

（4）准备一个 HTTP 服务器，开放一个支持 GET 方法的接口，通过这个接口，客户端可以请求并获取服务器当前最新的固件版本信息。在本次实践中，我们设定最新固件的名称为"ota_http_v2.0.0"，固件版本号为"2"，而固件的下载链接则采用第 3 步中获取的固件下载链接。

（5）准备一个 ESP32-C3 开发板，继续修改"ota_http"工程源码，将固件版本号"FIRMWARE_VERSION_CODE"修改为"1"，固件版本"FIRMWARE_VERSION"修改为"1.0.0"。然后编译生成相应的固件，最后将固件下载到 ESP32-C3 开发板上。

（6）ESP32-C3 运行程序后，首先会进行 Wi-Fi 初始化并尝试连接到第（1）步已准备好的名为"小康师兄"的 Wi-Fi 接入点。

（7）ESP32-C3 连接 Wi-Fi 接入点成功并获得本机网络 IP 地址后，程序将创建 HTTP/

HTTPS OTA 远程升级任务。

（8）在 HTTP/HTTPS OTA 远程升级任务中，ESP32 作为客户端主动向第（4）步中准备好的支持 GET 方法的 HTTP 接口发起请求，以获取服务器当前最新的固件版本信息，ESP32 的日志输出如图 9.15 所示。

```
I (00:00:00.269) wifi: Wi-Fi Sation Start
E (00:00:00.271) ota_http: ota_http v1.0.0
I (00:00:00.272) main_task: Returned from app_main()
I (1700) wifi:new:<10,0>, old:<1,0>, ap:<255,255>, sta:<10,0>, prof:1
I (1700) wifi:state: init -> auth (b0)
I (1710) wifi:state: auth -> assoc (0)
I (1710) wifi:state: assoc -> run (10)
I (1740) wifi:connected with 小康师兄, aid = 7, channel 10, BW20, bssid = 72:b1:a4:1c:2d:3b
I (1740) wifi:security: WPA2-PSK, phy: bgn, rssi: -49
I (1750) wifi:pm start, type: 1

I (1750) wifi:set rx beacon pti, rx_bcn_pti: 0, bcn_timeout: 25000, mt_pti: 0, mt_time: 10000
I (00:00:01.418) wifi: Wi-Fi Connected to ap
I (1830) wifi:AP's beacon interval = 102400 us, DTIM period = 2
I (00:00:02.418) esp_netif_handlers: sta ip: 192.168.43.172, mask: 255.255.255.0, gw: 192.168.43.1
I (00:00:02.419) wifi: Wi-Fi Got ip:192.168.43.172
I (00:00:02.423) http_client: ────────────────────────────────────────────
I (00:00:02.445) http_client: http_request keyueli.cn:8080/v1/admin/test/queryFirmware
I (2810) wifi:<ba-add>idx:0 (ifx:0, 72:b1:a4:1c:2d:3b), tid:0, ssn:1, winSize:64
I (00:00:02.583) http_client: HTTP Status = 200
I (00:00:02.584) http_client: HTTP Response = {"msg":"操作成功","code":200,"data":{"firmwareName":"ota_htt
p_v2.0.0","firmwareVersion":"2.0.0","firmwareVersionCode":2,"firmwareVersionUrl":"https://keyueli.cn:8443/
profile/firmware/ota_http_v2.0.0.bin"}}
```

图 9.15　ESP32 通过 HTTP 接口获取服务器当前最新固件版本信息的程序运行日志

（9）一旦获取到这些信息，ESP32 首先会判断其当前固件版本号是否与服务器上的最新固件版本号相匹配。如果两者一致，则说明 ESP32 的固件已是最新版本，无须进行更新操作。如果不一致，则表明存在固件升级需求，根据接口返回的固件下载链接，进行固件升级操作，ESP32 的日志输出如图 9.16 所示。

```
I (00:00:02.423) http_client: ────────────────────────────────────────────
I (00:00:02.445) http_client: http_request keyueli.cn:8080/v1/admin/test/queryFirmware
I (2810) wifi:<ba-add>idx:0 (ifx:0, 72:b1:a4:1c:2d:3b), tid:0, ssn:1, winSize:64
I (00:00:02.583) http_client: HTTP Status = 200
I (00:00:02.584) http_client: HTTP Response = {"msg":"操作成功","code":200,"data":{"firmwareName":"ota_htt
p_v2.0.0","firmwareVersion":"2.0.0","firmwareVersionCode":2,"firmwareVersionUrl":"https://keyueli.cn:8443/
profile/firmware/ota_http_v2.0.0.bin"}}
I (00:00:02.603) ota_http: Starting HTTP/S OTA
I (00:00:02.772) esp-x509-crt-bundle: Certificate validated
I (00:00:03.717) esp_https_ota: Starting OTA...
I (00:00:03.718) esp_https_ota: Writing to partition subtype 16 at offset 0x110000
I (00:00:51.138) esp_image: segment 0: paddr=00110020 vaddr=3c0c0020 size=355d0h (218576) map
I (00:00:51.167) esp_image: segment 1: paddr=001455f8 vaddr=3fc90400 size=02abch ( 10940)
I (00:00:51.170) esp_image: segment 2: paddr=001480bc vaddr=40380000 size=07f5ch ( 32604)
I (00:00:51.179) esp_image: segment 3: paddr=00150020 vaddr=42000020 size=b1d90h (728464) map
I (00:00:51.274) esp_image: segment 4: paddr=00201db8 vaddr=40387f5c size=08328h ( 33576)
I (00:00:51.283) esp_image: segment 0: paddr=00110020 vaddr=3c0c0020 size=355d0h (218576) map
I (00:00:51.311) esp_image: segment 1: paddr=001455f8 vaddr=3fc90400 size=02abch ( 10940)
I (00:00:51.314) esp_image: segment 2: paddr=001480bc vaddr=40380000 size=07f5ch ( 32604)
I (00:00:51.323) esp_image: segment 3: paddr=00150020 vaddr=42000020 size=b1d90h (728464) map
I (00:00:51.420) esp_image: segment 4: paddr=00201db8 vaddr=40387f5c size=08328h ( 33576)
I (51820) wifi:state: run -> init (0)
```

图 9.16　ESP32 基于 esp_http_ota 实现远程固件升级功能的程序运行日志

（10）远程升级完成后，ESP32-C3 重启后将会运行新的固件镜像。通过 HTTP 接口查询服务器的最新固件版本信息，发现与本机固件版本一致，不需要进行固件升级，ESP32 的日志输出如图 9.17 所示。

2．ESP32程序源码解析

本次实践的程序源码分为两部分：

（1）ESP32 作为 Station 模式成功连接 Wi-Fi 接入点。此部分内容前面已经介绍过，详情可查阅 5.3.3 节，此处不再赘述。

```
I (00:00:52.161) wifi: Wi-Fi Sation Start
E (00:00:52.163) ota_http: ota_http v2.0.0
I (00:00:52.164) main_task: Returned from app_main()
I (620) wifi:new:<10,0>, old:<1,0>, ap:<255,255>, sta:<10,0>, prof:1
I (630) wifi:state: init -> auth (b0)
I (640) wifi:state: auth -> assoc (0)
I (660) wifi:state: assoc -> run (10)
I (700) wifi:connected with 小康师兄, aid = 8, channel 10, BW20, bssid = 72:b1:a4:1c:2d:3b
I (700) wifi:security: WPA2-PSK, phy: bgn, rssi: -47
I (700) wifi:pm start, type: 1

I (710) wifi:set rx beacon pti, rx_bcn_pti: 0, bcn_timeout: 25000, mt_pti: 0, mt_time: 10000
I (00:00:52.260) wifi: Wi-Fi Connected to ap
I (740) wifi:AP's beacon interval = 102400 us, DTIM period = 2
I (00:00:53.259) esp_netif_handlers: sta ip: 192.168.43.172, mask: 255.255.255.0, gw: 192.168.43.1
I (00:00:53.261) wifi: Wi-Fi Got ip:192.168.43.172
I (00:00:53.265) http_client: ---------------------------------------------------------------
I (00:00:53.286) http_client: http_request keyueli.cn:8080/v1/admin/test/queryFirmware
I (1760) wifi:<ba-add>idx:0 (ifx:0, 72:b1:a4:1c:2d:3b), tid:0, ssn:1, winSize:64
I (00:00:53.472) http_client: HTTP Status = 200
I (00:00:53.473) http_client: HTTP Response = {"msg":"操作成功","code":200,"data":{"firmwareName":"ota_htt
p_v2.0.0","firmwareVersion":"2.0.0","firmwareVersionCode":2,"firmwareVersionUrl":"https://keyueli.cn:8443/
profile/firmware/ota_http_v2.0.0.bin"}}
E (00:00:53.492) ota_http: 固件已经是最新版本，不需要升级！
```

图 9.17　ESP32 运行新固件镜像的程序运行日志

（2）ESP32 成功接入 Wi-Fi 网络后会创建并启动一个 OTA 远程固件升级任务，在该任务中实现设备主动升级功能。

OTA 远程固件升级任务的程序流程如图 9.18 所示，具体实现见代码 9.11，具体步骤如下：

（1）通过 HTTP GET 接口向云端服务器发起请求，查询最新的固件信息。基于返回的信息，系统将自动判断是否需要执行主动升级任务。关于 HTTP 请求的详细操作，可查阅 9.1.3 节，此处不再赘述。

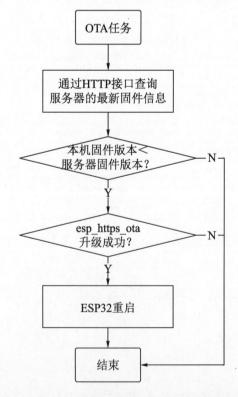

图 9.18　ESP32 基于 esp_https_ota 和 HTTP/HTTPS 实现设备主动升级功能的流程

（2）判断本机固件版本是否小于服务器固件版本，如果不小于，则任务结束，无须进行升级。如果小于，则利用之前获取的固件下载链接，通过 esp_https_ota 功能实现远程固件升级功能。关于 esp_https_ota 的详细操作，可查阅 9.3.3 节，此处不再赘述。

代码 9.11　ESP32 通过 HTTP 获取服务器固件版本信息的关键代码

```c
/**
 * @brief 固件升级任务
 */
void ota_task(void *pvParameter)
{
    // HTTP 请求，采用 GET 方法，使用 Query Parameters（查询参数）
    http_request("/v1/admin/test/queryFirmware", HTTP_METHOD_GET, "",
NULL, response_buffer);

    // 将字符串解析成 JSON 对象
    cJSON* root = cJSON_Parse(response_buffer);
    if(root==NULL)
    {
        ESP_LOGE(TAG, "cJSON_Parse root error!");
        goto ota_task_exit;
    }

    cJSON* data = cJSON_GetObjectItem(root, "data");
    if(data==NULL)
    {
        ESP_LOGE(TAG, "cJSON_Parse data error!");
        goto ota_task_exit;
    }

    // 固件链接
    char* firmware_url = cJSON_GetStringValue(cJSON_GetObjectItem(data,
"firmwareVersionUrl"));
    // 固件版本号
    int firmware_version_code = cJSON_GetObjectItem(data,
"firmwareVersionCode")->valueint;

    if(firmware_url==NULL)
    {
        ESP_LOGE(TAG, "cJSON_Parse firmware url error!");
        goto ota_task_exit;
    }

    // 本地固件版本<云端固件版本
    if(FIRMWARE_VERSION_CODE<firmware_version_code){
        // 执行固件升级
        ota_do(firmware_url);
    }else{
        ESP_LOGE(TAG, "固件已经是最新版本，不需要升级!");
    }

ota_task_exit:
    // 删除 JSON 对象，释放内存
    cJSON_Delete(root);
    // 任务结束，删除任务
    vTaskDelete(NULL);
}
```

3. HTTP/HTTPS服务器源码

HTTP/HTTPS 服务器的源码（见代码 9.12）仅作为参考，该源码用于实现一个支持 GET 方法的 HTTP 接口。该接口的主要功能是返回固件版本信息，以便用户或系统能够查询当前运行的固件版本详情。

代码 9.12　HTTP查询服务器最新固件版本信息接口的关键代码

```
@RestController("/admin/test")
@RequestMapping("/v1/admin/test")
public class TestController extends BaseController
{
    @GetMapping("/queryFirmware")
    public AjaxResult queryFirmware()
    {
        JSONObject jsonObject = new JSONObject();
        jsonObject.put("firmwareName", "ota_http_v2.0.0");
        jsonObject.put("firmwareVersion", "2.0.0");
        jsonObject.put("firmwareVersionCode", 2);
        jsonObject.put("firmwareVersionUrl", "https://keyueli.cn:8443/profile/firmware/ota_http_v2.0.0.bin");
        return AjaxResult.success(jsonObject);
    }
}
```

9.3.5　实践：基于 esp_https_ota 和 MQTT 实现云端触发升级

【ESP32 源码路径：tutorial-esp32c3-getting-started/tree/master/net/ota_mqtt】

【MQTT 客户端路径：tutorial-esp32c3-getting-started/tree/master/exe/MQTTX-Setup-1.9.10-x64.zip】

本节结合 9.2.3 节和 9.3.4 节的相关知识点，通过实践项目详细展示 ESP32 如何借助 MQTT 代理服务器触发并实现设备的远程升级功能。通过这个实践项目，读者可以深入了解如何结合 HTTP/HTTPS 通信与 MQTT 协议，为物联网设备提供高效且灵活的远程升级解决方案。

1．操作步骤

（1）准备一个支持 2.4GHz 频段的 Wi-Fi 接入点（AP），Wi-Fi 名称为"小康师兄"，Wi-Fi 密码为"12345678"。

（2）准备、安装并运行 MQTTX 应用程序，具体操作步骤请查阅 9.2.3 节操作步骤的第（2）步到第（4）步。

（3）通过 Visual Studio Code 开发工具打开"ota_mqtt"工程源码，修改源码：将固件版本号"FIRMWARE_VERSION_CODE"修改为"2"；固件版本"FIRMWARE_VERSION"修改为"2.0.0"；在 build 目录下生成相应的固件"ota_http.bin"，修改固件名为"ota_mqtt_v2.0.0.bin"。

（4）准备一个 FTP 服务器，将"ota_mqtt_v2.0.0.bin"固件上传到 FTP 服务器上并记录该固件的下载链接。

（5）准备一个 ESP32-C3 开发板，继续修改"ota_mqtt"工程源码，将固件版本号

"FIRMWARE_VERSION_CODE"修改为"1",固件版本"FIRMWARE_VERSION"修改为"1.0.0"。然后编译生成相应的固件,最后将固件下载到ESP32-C3开发板上。

(6) ESP32 运行程序后,首先会进行 Wi-Fi 初始化并尝试连接第(1)步已准备好的名为"小康师兄"的 Wi-Fi 接入点。

(7) ESP32 连接 Wi-Fi 接入点成功并获得本机网络 IP 地址后,程序将初始化 MQTT 并启动 MQTT 客户端。

(8) ESP32 连接 MQTT 服务器成功后,ESP32 首先订阅"/kangweijian/esp32/ota"主题,步骤(6)到步骤(8)的 ESP32 的日志输出如图 9.19 所示。

```
I (00:00:00.273) wifi: Wi-Fi Sation Start
E (00:00:00.275) ota_mqtt: ota_mqtt v1.0.0
I (00:00:00.276) main_task: Returned from app_main()
I (610) wifi:new:<6,0>, old:<1,0>, ap:<255,255>, sta:<6,0>, prof:1
I (620) wifi:state: init -> auth (b0)
I (620) wifi:state: auth -> assoc (0)
I (630) wifi:state: assoc -> run (10)
I (650) wifi:connected with 小康师兄, aid = 13, channel 6, BW20, bssid = 72:b9:d5:3e:17:8a
I (650) wifi:security: WPA2-PSK, phy: bgn, rssi: -44
I (650) wifi:pm start, type: 1

I (660) wifi:set rx beacon pti, rx_bcn_pti: 0, bcn_timeout: 25000, mt_pti: 0, mt_time: 10000
I (00:00:00.338) wifi: Wi-Fi Connected to ap
I (690) wifi:AP's beacon interval = 102400 us, DTIM period = 2
I (00:00:01.338) esp_netif_handlers: sta ip: 192.168.43.5, mask: 255.255.255.0, gw: 192.168.43.1
I (00:00:01.339) wifi: Wi-Fi Got ip:192.168.43.5
I (00:00:01.343) mqtt_client: MQTT连接之前
I (1680) wifi:<ba-add>idx:0 (ifx:0, 72:b9:d5:3e:17:8a), tid:0, ssn:120, winSize:64
I (00:00:03.949) mqtt_client: MQTT连接成功
I (00:00:03.952) mqtt_client: sent subscribe successful, msg_id=35767
I (00:00:04.358) mqtt_client: MQTT订阅成功, msg_id=35767
```

图 9.19 ESP32 实现 MQTT 连接和订阅的程序运行日志

(9) 运行 MQTTX 应用程序,在其界面中操作:在主题输入框中输入"/kangweijian/esp32/ota",在消息输入框中输入固件信息,单击"发送"按钮。因为 ESP32 订阅了"/kangweijian/esp32/ota"主题,所以会收到 MQTTX 应用程序发布的固件信息,如图 9.20 所示。ESP32 的日志输出如图 9.21 所示。

图 9.20 MQTTX 应用程序接收订阅消息和发布消息

```
I (00:00:43.559) mqtt_client: /**************MQTT接收消息***************/
I (00:00:43.559) mqtt_client: TOPIC=/kangweijian/esp32/ota
I (00:00:43.562) mqtt_client: DATA={
  "firmwareName":"ota_mqtt_v2.0.0",
  "firmwareVersion":"v2.0.0",
  "firmwareVersionCode":2,
  "firmwareVersionUrl":"https://keyueli.cn:8443/profile/firmware/ota_mqtt_v2.0.0.bin"
}
```

图 9.21　ESP32 接收到 MQTT 订阅消息的程序运行日志

（10）当 ESP32 通过 MQTT 获取到固件信息时，ESP32 首先判断其当前固件版本号是否与服务器上的最新固件版本号相匹配。如果两者一致，则说明 ESP32 的固件已是最新版本，无须进行更新操作。如果不一致，则表明存在固件升级的需求，需要根据固件信息中的固件下载链接进行固件升级操作。ESP32 的日志输出如图 9.22 所示。

```
E (00:00:43.583) ota_mqtt: ota_task|60: https://keyueli.cn:8443/profile/firmware/ota_mqtt_v2.0.0.bin
I (00:00:43.593) ota_mqtt: Starting HTTP/S OTA
I (00:00:44.272) esp-x509-crt-bundle: Certificate validated
I (00:00:45.260) esp_https_ota: Starting OTA...
I (00:00:45.261) esp_https_ota: Writing to partition subtype 16 at offset 0x110000
I (00:01:21.879) esp_image: segment 0: paddr=00110020 vaddr=3c0b0020 size=36b70h (224112) map
I (00:01:21.908) esp_image: segment 1: paddr=00146b98 vaddr=3fc8ec00 size=02974h ( 10612)
I (00:01:21.910) esp_image: segment 2: paddr=00149514 vaddr=40380000 size=06b04h ( 27396)
I (00:01:21.919) esp_image: segment 3: paddr=00150020 vaddr=42000020 size=a2238h (664120) map
I (00:01:22.008) esp_image: segment 4: paddr=001f2260 vaddr=40386b04 size=07fa0h ( 32672)
I (00:01:22.016) esp_image: segment 0: paddr=00110020 vaddr=3c0b0020 size=36b70h (224112) map
I (00:01:22.045) esp_image: segment 1: paddr=00146b98 vaddr=3fc8ec00 size=02974h ( 10612)
I (00:01:22.048) esp_image: segment 2: paddr=00149514 vaddr=40380000 size=06b04h ( 27396)
I (00:01:22.056) esp_image: segment 3: paddr=00150020 vaddr=42000020 size=a2238h (664120) map
I (00:01:22.146) esp_image: segment 4: paddr=001f2260 vaddr=40386b04 size=07fa0h ( 32672)
```

图 9.22　ESP32 基于 esp_http_ota 实现远程固件升级功能的程序运行日志

（11）远程升级完成后，ESP32 重启后会运行新的固件镜像。在 ESP32 连接到 MQTT 服务器之后，重新执行第（10）步，程序判断当前的固件版本号与服务器一致，则无须进行固件升级。ESP32 的日志输出如图 9.23 所示。

```
I (00:01:22.860) wifi: Wi-Fi Sation Start
E (00:01:22.862) ota_mqtt: ota_mqtt v2.0.0
I (00:01:22.863) main_task: Returned from app_main()
I (600) wifi:new:<6,0>, old:<1,0>, ap:<255,255>, sta:<6,0>, prof:1
I (610) wifi:state: init -> auth (b0)
I (620) wifi:state: auth -> assoc (0)
I (620) wifi:state: assoc -> run (10)
I (650) wifi:connected with 小康师兄, aid = 9, channel 6, BW20, bssid = 72:b9:d5:3e:17:8a
I (650) wifi:security: WPA2-PSK, phy: bgn, rssi: -56
I (650) wifi:pm start, type: 1
I (650) wifi:set rx beacon pti, rx_bcn_pti: 0, bcn_timeout: 25000, mt_pti: 0, mt_time: 10000
I (00:01:22.928) wifi: Wi-Fi Connected to ap
I (710) wifi:AP's beacon interval = 102400 us, DTIM period = 2
I (820) wifi:<ba-add>idx:0 (ifx:0, 72:b9:d5:3e:17:8a), tid:0, ssn:0, winSize:64
I (00:01:23.919) esp_netif_handlers: sta ip: 192.168.43.5, mask: 255.255.255.0, gw: 192.168.43.1
I (00:01:23.920) wifi: Wi-Fi Got ip:192.168.43.5
I (00:01:23.925) mqtt_client: MQTT连接之前
I (00:01:26.361) mqtt_client: MQTT连接成功
I (00:01:26.364) mqtt_client: sent subscribe successful, msg_id=6673
I (00:01:26.712) mqtt_client: MQTT订阅成功, msg_id=6673
I (00:06:18.405) mqtt_client: /**************MQTT接收消息***************/
I (00:06:18.406) mqtt_client: TOPIC=/kangweijian/esp32/ota
I (00:06:18.409) mqtt_client: DATA={
  "firmwareName":"ota_mqtt_v2.0.0",
  "firmwareVersion":"v2.0.0",
  "firmwareVersionCode":2,
  "firmwareVersionUrl":"https://keyueli.cn:8443/profile/firmware/ota_mqtt_v2.0.0.bin"
}
E (00:06:18.430) mqtt_client: 固件已经是最新版本，不需要升级!
```

图 9.23　ESP32 运行新固件镜像的程序运行日志

2. 程序源码解析

本次实践的程序源码主要沿用了 9.2.3 节中的源码设计，只是在 MQTT 接收消息事件处理程序中进行了修改，使用 cJSON 库对消息内容进行解析，基于解析结果，程序会进一步判断固件版本号，并根据需要决定是否触发远程固件升级的操作，具体实现见代码 9.13。

代码 9.13　ESP32 通过MQTT获取服务器固件版本信息的关键代码

```
// MQTT 接收消息事件
ESP_LOGI(TAG, "/***************MQTT 接收消息***************/");
ESP_LOGI(TAG, "TOPIC=%.*s", event->topic_len, event->topic);
ESP_LOGI(TAG, "DATA=%.*s", event->data_len, event->data);

// 收到 OTA 主题的消息
if(strstr(event->topic, "/kangweijian/esp32/ota")!=NULL)
{
    // 字符串解析成 JSON 对象
    cJSON* root = cJSON_Parse(event->data);
    if(root==NULL)
    {
        ESP_LOGE(TAG, "cJSON_Parse root error!");
        goto json_exit;
    }

    // 固件链接
    char* firmware_url = cJSON_GetStringValue(cJSON_GetObjectItem(root,
"firmwareVersionUrl"));
    // 固件版本号
    int firmware_version_code = cJSON_GetObjectItem(root,
"firmwareVersionCode")->valueint;

    if(firmware_url==NULL)
    {
        ESP_LOGE(TAG, "cJSON_Parse firmware url error!");
        goto json_exit;
    }

    // 本地固件版本小于云端固件版本
    if(FIRMWARE_VERSION_CODE<firmware_version_code){
        // 执行固件升级任务
        char *buffer = malloc(strlen(firmware_url)+1);
        memset(buffer, 0, strlen(firmware_url)+1);
        memcpy(buffer, firmware_url, strlen(firmware_url));
        xTaskCreate(&ota_task, "ota_task", 8192, buffer, 5, NULL);
    }else{
        ESP_LOGE(TAG, "固件已经是最新版本，不需要升级！");
    }

json_exit:
    // 删除 JSON 对象并释放内存
    cJSON_Delete(root);
}
```

第 4 篇
项目实战

作为本书的压轴篇章,本篇通过整合前面的知识点,精心设计了两个综合项目,旨在全面展示 ESP32 的强大功能和广泛应用。

- ❑ 项目一:基于阿里云物联网平台的智能灯泡。本项目结合 MQTT 网络应用、Wi-Fi 配网、RMT 接口、NVS 和 GPIO 等知识点,通过阿里云物联网平台,实现通过手机 App 或者微信小程序远程控制智能灯泡开关及其颜色变化等功能。本项目是 Wi-Fi 技术智能家居中的典型应用。

- ❑ 项目二:基于蓝牙通信技术的指纹密码锁。本项目结合蓝牙通信应用、UART 串口、GPIO、PWM 控制和 NVS 等知识点,实现蓝牙钥匙解锁、指纹解锁和密码解锁等功能,还可以通过手机 App 或者微信小程序控制智能门锁,并支持查询所有用户权限、开锁记录和告警记录等功能。该项目是低功耗蓝牙技术在智能家居中的典型应用。

以上两个综合项目不仅全方位地展示了 ESP32 在不同应用场景下的强大功能,而且通过实际操作可以加深对 ESP32 开发的理解和应用,帮助读者掌握 ESP32 的开发技巧,为未来的物联网项目创新奠定坚实的基础。

- ▶▶ 第 10 章　基于 Wi-Fi 技术的智能灯泡项目实战
- ▶▶ 第 11 章　基于蓝牙技术的指纹密码锁项目实战

第 10 章　基于 Wi-Fi 技术的智能灯泡项目实战

智能灯泡是智能家居领域的典型应用，其中，基于 ESP32 方案的智能灯泡的应用更多。智能灯泡大多集成了如下功能，为用户带来了前所未有的便捷与舒适体验。

- 亮度调节：具备亮度调节功能，可根据不同场景需求自由调节亮度，以适应不同的场景需求。
- 彩光变换：具备多彩颜色选择功能，拥有高达 1677 万种颜色的选择，能够呈现丰富多样的效果。
- 断电记忆：具备记忆灯光状态功能，当断电后再来电时，能够自动恢复断电前的灯光状态，让用户无须担心因断电而打乱原有的照明设置。
- 定时开关：具备灯光定时开启或关闭功能，用户无须手动操作即可轻松享受智能家居带来的便捷。
- 情景切换：预设了多种情景模式，只需要一键即可轻松切换至心仪的氛围照明场景，随心所欲地营造温馨或浪漫的氛围。
- 音乐同步：灯光与音乐完美融合，灯光随着音乐节奏律动，为用户营造绝佳的视听盛宴，让居家生活也能丰富多彩。

以下是一个基于 ESP32 的智能灯泡企业级解决方案的框架，如图 10.1 所示，其核心构成分为智能灯泡、手机 App、企业服务与数据库三大模块。

图 10.1　智能灯泡系统框架

- 智能灯泡：ESP32 作为主控制器，主要用到 RMT 接口和 Wi-Fi 功能。
  - 通过 BluFi 方式进行 Wi-Fi 配网；

➢ 通过 RMT 接口控制 RGB 三色灯；
➢ 通过 MQTT 连接阿里云物联网平台；
➢ 通过 MQTT 消息发布将设备信息和灯光状态上报给阿里云物联网平台；
➢ 通过 MQTT 消息订阅接收阿里云物联网平台的远程控制。
❑ 手机 App：面向终端用户的移动应用，如小米米家和美的美居等。
➢ 通过 HTTP API 与企业服务器交互；
➢ 实现亮度调节、彩光变换、定时开关、情景变化和音乐同步等功能。
❑ 企业服务与数据库：存储用户数据和设备数据的云端服务器，通过 HTTP/HTTPS 与指纹密码锁和手机 App 交互。
➢ 实现用户注册、登录和鉴权等用户接口；
➢ 实现设备查询、控制和管理等设备接口；
➢ 通过阿里云物联网平台提供的云端 API，实现设备状态查询和设备远程控制。

10.1 智能灯泡的实现步骤

千言万语，终归要付诸实践。跟着本节的操作说明，一起完成智能灯泡项目的搭建。

10.1.1 阿里云物联网平台准备工作

阿里云物联网平台提供安全可靠的设备连接通信功能，支持设备数据采集上云和云端数据下发设备端等。此外，阿里云物联网平台还提供方便快捷的设备管理功能，支持物模型定义，数据结构化存储和远程调试、监控、运维。阿里云物联网平台的产品架构如图 10.2 所示。

图 10.2 阿里云物联网平台的产品架构

开通阿里云物联网平台服务(https://iot.console.aliyun.com)之后,在 ESP32 接入阿里云物联网平台前需要做以下准备工作:

(1)创建产品(https://iot.console.aliyun.com/product/createProduct);
(2)添加设备(https://iot.console.aliyun.com/devices);
(3)定义功能(产品页下的功能定义)。

1. 创建产品

(1)在阿里云物联网平台主页面的左上方选择"地域",然后选择"实例概览"选项,再选择公共实例或者企业实例,进入阿里云物联网实例页面。

(2)在左侧导航栏中选择"设备管理"|"产品"选项进入产品列表页面。

(3)单击"创建产品"按钮,进入新建产品(设备模型)页面,在其中进行如下设置,如图 10.3 所示。

❏ 输入产品名称:智能灯泡;
❏ 选择所属品类:自定义品类;
❏ 选择节点类型:直连设备;
❏ 选择连网方式:Wi-Fi;
❏ 选择数据格式:ICA 标准数据格式(Alink JSON)。

单击"确认"按钮,完成产品创建。

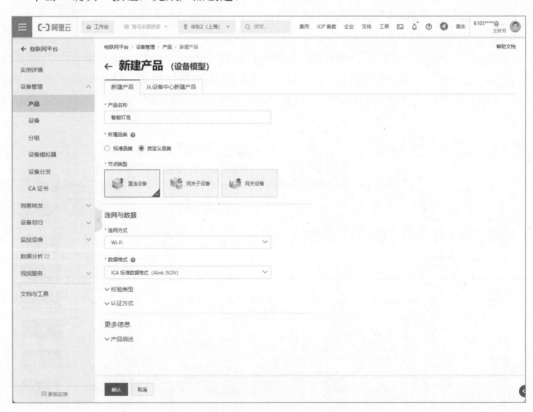

图 10.3 在阿里云物联网平台上创建产品

(4)在产品列表页面中选择智能灯泡产品,进入智能灯泡的详情页面。单击

ProductSecret 查看产品证书，如图 10.4 所示。

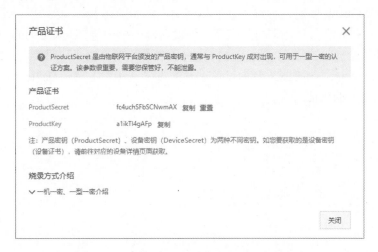

图 10.4　在阿里云物联网平台上查看产品证书

2．添加设备

（1）在阿里云物联网实例主页面的左侧导航栏中选择"设备管理|设备"，进入设备列表页面。单击"添加设备"按钮，在弹出的"添加设备"对话框中输入备注名称，单击"确认"按钮，如图 10.5 所示。

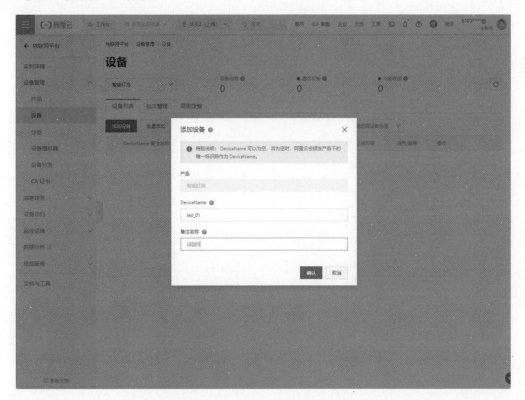

图 10.5　在阿里云物联网平台上添加设备

（2）设备添加完成后，在设备列表页面中选择 led_01 设备，led_01 设备的详情页面，然后单击 DeviceSecret 按钮查看设备证书和密钥，如图 10.6 所示。

（3）DeviceName：用户定义的某产品内的设备唯一标识符。DeviceName 与 ProductKey 组合作为设备的全局唯一标识，用来与物联网平台进行连接认证和通信。

（4）DeviceSecret：物联网平台为设备颁发的设备密钥，需要与 DeviceName 成对使用，用于"一机一密"的认证方案。

图 10.6　在阿里云物联网平台上查看设备证书

3．定义功能

（1）在"智能灯泡"的产品详情页面选择"功能定义"标签，单击"编辑草稿"按钮弹出"编辑草稿"页面。

（2）单击"添加自定义功能"按钮，弹出添加自定义功能窗口，在其中添加 3 个自定义功能，如图 10.7 所示。

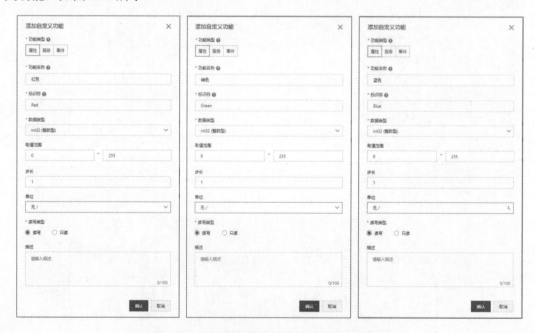

图 10.7　在阿里云物联网平台上编辑产品功能

（3）单击"发布上线"按钮将编辑好的功能（物模型）发布上线，如图10.8所示。

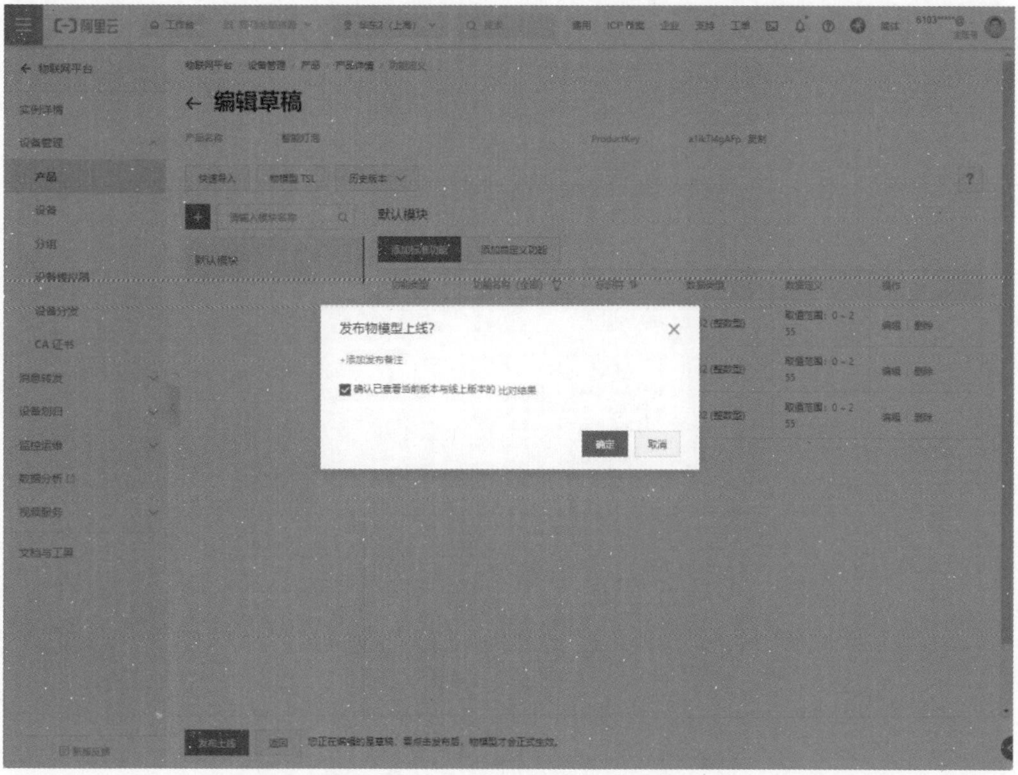

图10.8 在阿里云物联网平台上发布物模型

10.1.2 ESP32固件烧录并运行程序

【ESP32源码路径：tutorial-esp32c3-getting-started/tree/master/examples/rgb_led】

（1）通过Visual Studio Code开发工具打开rgb_led工程源码，修改源码中关于阿里云设备与产品的证书和密钥，修改源码中MQTT服务器的地址，见代码10.1。

代码10.1 修改阿里云设备与产品的证书和密钥

```
// 修改阿里云设备与产品的证书和密钥
#define PRUDUCT_KEY          "a1ikTI4gAFp"
#define PRUDUCT_SECRET       "fc4uchSFbSCNwmAX"
#define DEVICE_NAME          "led_01"
#define DEVICE_SECRET        "f1d4517ee4fb85e72fbdc78aa9d7b3cf"

// 修改MQTT服务器地址
#define MQTT_HOSTNAME        ".iot-as-mqtt.cn-shanghai.aliyuncs.com"
#define MQTT_PORT            1883
```

（2）准备一个ESP32-C3开发板，通过Visual Studio Code开发工具编译rgb_led工程源码生成相应的固件，再将固件下载到ESP32-C3开发板上。

（3）在ESP32上运行程序，然后依次执行RGB LED初始化、按键初始化、Wi-Fi初始化和BluFi初始化等操作。这些初始化过程在ESP32上的日志输出如图10.9所示。

```
I (00:00:00.128) main_task: Started on CPU0
I (00:00:00.133) main_task: Calling app_main()
E (00:00:00.144) NVS_PARAM: nvs_open, error: ESP_ERR_NVS_NOT_FOUND
I (00:00:00.145) gpio: GPIO[8]| InputEn: 1| OutputEn: 0| OpenDrain: 0| Pullup: 1| Pulldown: 0| Intr:3
I (00:00:00.155) gpio: GPIO[9]| InputEn: 1| OutputEn: 0| OpenDrain: 0| Pullup: 1| Pulldown: 0| Intr:3
I (00:00:00.166) pp: pp rom version: 9387209
I (00:00:00.170) net80211: net80211 rom version: 9387209
I (577) wifi:wifi driver task: 3fca7378, prio:23, stack:6656, core=0
I (577) wifi:wifi firmware version: 91b9630
I (577) wifi:wifi certification version: v7.0
I (587) wifi:config NVS flash: enabled
I (587) wifi:config nano formating: disabled
I (587) wifi:Init data frame dynamic rx buffer num: 32
I (597) wifi:Init static rx mgmt buffer num: 5
I (597) wifi:Init management short buffer num: 32
I (607) wifi:Init dynamic tx buffer num: 32
I (607) wifi:Init static tx FG buffer num: 2
I (617) wifi:Init static rx buffer size: 1600
I (617) wifi:Init static rx buffer num: 10
I (617) wifi:Init dynamic rx buffer num: 32
I (00:00:00.231) wifi_init: rx ba win: 6
I (00:00:00.235) wifi_init: tcpip mbox: 32
I (00:00:00.240) wifi_init: udp mbox: 6
I (00:00:00.244) wifi_init: tcp mbox: 6
I (00:00:00.249) wifi_init: tcp tx win: 5744
I (00:00:00.253) wifi_init: tcp rx win: 5744
I (00:00:00.258) wifi_init: tcp mss: 1440
I (00:00:00.263) wifi_init: WiFi IRAM OP enabled
I (00:00:00.268) wifi_init: WiFi RX IRAM OP enabled
I (00:00:00.275) phy_init: phy_version 1130,b4e4b80,Sep  5 2023,11:09:30
I (707) wifi:mode : sta (84:f7:03:05:a8:44)
I (707) wifi:enable tsf
I (00:00:00.316) Wi-Fi: Wi-Fi Sation Start
I (00:00:00.317) BLE_INIT: BT controller compile version [59725b5]
I (00:00:00.322) BLE_INIT: Bluetooth MAC: 84:f7:03:05:a8:46

I (00:00:00.344) BluFi: BD ADDR: 84:f7:03:05:a8:46
I (00:00:00.346) BluFi: init finish
I (00:00:00.347) BluFi: BLUFI VERSION 0103
```

图 10.9　智能灯泡在 ESP32 上的初始化日志

10.2　智能灯泡功能演示

10.2.1　BluFi 配网演示

（1）准备一个支持 2.4GHz 频段的 Wi-Fi 接入点（AP），其 Wi-Fi 名称为"小康师兄"，Wi-Fi 密码为"12345678"。

（2）长按 ESP32-C3 开发板上的 BOOT 按键超过 3s，触发 ESP32 进入基于 BluFi 的 Wi-Fi 配网模式。

（3）准备一部智能手机。如果是 Android 手机，请安装 EspBlufiForAndroid.apk 应用程序；如果是 iPhone 手机，请在应用市场上搜索 EspBlufi 应用并安装。使用 EspBlufi 应用程序进行 Wi-Fi 配网操作时，首先需要搜索附近的 BluFi 设备，然后单击"连接"按钮，将智能手机与 BluFi 设备（ESP32）建立连接。

（4）打开 EspBlufi 应用程序，在其主界面中单击"配网"按钮，进入 BluFi 配网界面，在其中输入 Wi-Fi 密码。单击"确认"按钮后，EspBlufi 会自动将 Wi-Fi SSID 和密码打包并进行加密，然后通过蓝牙通道传输给 ESP32，EspBlufi 应用程序配网成功，如图 10.10 所示。

图 10.10　EspBluFi 应用程序配网成功

（5）ESP32 一旦接收到来自 EspBlufi 应用程序发送的数据，它就会解析出其中包含的 Wi-Fi 接入点的 SSID 和密码。然后 ESP32 将尝试连接该 Wi-Fi 接入点。ESP32 的日志输出如图 10.11 所示。

```
I (00:02:06.108) Button: GPIO[9] 中断触发, level: 0
I (00:02:09.358) Button: GPIO[9] 中断触发, level: 1
W (00:02:09.358) Button: 按键长按
I (00:02:24.265) BluFi: ble connect
I (00:02:41.466) BluFi: set Wi-Fi mode 1
I (00:02:41.499) BluFi: recv STA SSID 小康师兄
I (00:02:44.898) BluFi: wifi_scan count = 0, err=0
I (00:02:44.914) BluFi: recv STA PASSWORD 12345678
I (00:02:44.915) BluFi: requset Wi-Fi connect to AP
I (165317) wifi:new:<1,0>, old:<1,0>, ap:<255,255>, sta:<1,0>, prof:1
I (165597) wifi:state: init -> auth (b0)
I (165597) wifi:state: auth -> assoc (0)
I (165607) wifi:state: assoc -> run (10)
I (165637) wifi:connected with 小康师兄, aid = 1, channel 1, BW20, bssid = 02:60:ae:4e:b4:f3
I (165637) wifi:security: WPA2-PSK, phy: bgn, rssi: -47
I (165657) wifi:pm start, type: 1

I (165657) wifi:set rx beacon pti, rx_bcn_pti: 14, bcn_timeout: 25000, mt_pti: 14, mt_time: 10000
I (00:02:45.263) Wi-Fi: Wi-Fi Connected to ap
I (165737) wifi:AP's beacon interval = 102400 us, DTIM period = 2
I (00:02:46.258) esp_netif_handlers: sta ip: 192.168.43.5, mask: 255.255.255.0, gw: 192.168.43.1
I (00:02:46.259) Wi-Fi: Wi-Fi Got ip:192.168.43.5
```

图 10.11　BluFi 配网过程在 ESP32 上的运行日志

10.2.2　在阿里云物联网平台上在线调试设备演示

（1）ESP32-C3 连接 Wi-Fi 接入点成功并获得本机网络 IP 地址后，程序将从本地读取设备参数，如果设备参数不存在，则使用代码中定义的默认设备参数，经过加密授权后连接到阿里云物联网平台的 MQTT 服务器上，如图 10.12 所示。

```
I (00:00:04.139) Wi-Fi: Wi-Fi Got ip:192.168.43.5
E (00:00:04.143) NVS_PARAM: nvs_get_str length, error: ESP_ERR_NVS_NOT_FOUND
E (00:00:04.151) NVS_PARAM: nvs_get_str length, error: ESP_ERR_NVS_NOT_FOUND
E (00:00:04.158) NVS_PARAM: nvs_get_str length, error: ESP_ERR_NVS_NOT_FOUND
E (00:00:04.166) NVS_PARAM: nvs_get_str length, error: ESP_ERR_NVS_NOT_FOUND
E (00:00:04.174) MQTT_CLIENT: 设备参数null，使用默认设备参数
I (00:00:04.182) MQTT_CLIENT: HostName: a1ikTI4gAFp.iot-as-mqtt.cn-shanghai.aliyuncs.com
I (00:00:04.190) MQTT_CLIENT: username: led_01&a1ikTI4gAFp
I (00:00:04.196) MQTT_CLIENT: clientid: a1ikTI4gAFp.led_01|timestamp=2524608000000,securemode=2,signmethod=hmacsha256|
I (00:00:04.207) MQTT_CLIENT: password: 857A2128C2BBA66F4B2F32423DDC8BD73FFDAE663A0337B55DD56AF750EA92F1
I (00:00:04.218) MQTT_CLIENT: subscribe_title: /sys/a1ikTI4gAFp/led_01/thing/service/property/set
I (00:00:04.227) MQTT_CLIENT: publish_title: /sys/a1ikTI4gAFp/led_01/thing/event/property/post
I (4661) wifi:<ba-add>idx:0 (ifx:0, 02:60:ae:4e:b4:f3), tid:0, ssn:130, winSize:64
I (00:00:04.369) MQTT_CLIENT: MQTT连接成功事件
```

图 10.12　ESP32 连接阿里云物联网平台的运行日志

（2）登录阿里云物联网平台（https://iot.console.aliyun.com/devices）。

（3）在左侧导航栏中选择"监控运维"|"在线调试"。

（4）在"在线调试"页面中选择设备智能灯泡->led_01 设备。

（5）选择"属性调试"选项卡，输入红色、绿色、蓝色数值，然后单击"设置"按钮，如图 10.13 所示。

（6）ESP32 接收到阿里云网物联网平台设置的属性后立即刷新彩色灯泡的颜色（如图 10.14 所示）并上报最新属性数据到云端。在"属性调试"选项卡中，输入红色、绿色、蓝色的数值并单击"设置"按钮。该过程的 ESP32 运行日志如图 10.15 所示。

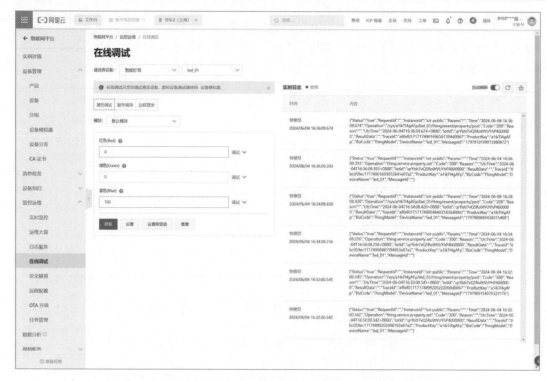

图 10.13　阿里云物联网平台的在线调试界面

图 10.14　ESP32 刷新 RGB LED 颜色的实物运行效果

```
I (00:02:02.657) MQTT_CLIENT: /***************MQTT接收消息事件***************/
I (00:02:02.658) MQTT_CLIENT: TOPIC=/sys/a1ikTI4gAFp/led_01/thing/service/property/set
I (00:02:02.664) MQTT_CLIENT: DATA={"method":"thing.service.property.set","id":"2128573575","params":{"Red":100,"Blue":0,"Green":0},"version":"1.0.0"}
I (00:02:02.689) NVS_PARAM: set_value = {red=100, green=0, blue=0}
I (00:02:39.827) MQTT_CLIENT: /***************MQTT接收消息事件***************/
I (00:02:39.828) MQTT_CLIENT: TOPIC=/sys/a1ikTI4gAFp/led_01/thing/service/property/set
I (00:02:39.834) MQTT_CLIENT: DATA={"method":"thing.service.property.set","id":"284943594","params":{"Red":0,"Blue":0,"Green":100},"version":"1.0.0"}
I (00:02:39.859) NVS_PARAM: set_value = {red=0, green=100, blue=0}
I (00:03:09.318) MQTT_CLIENT: /***************MQTT接收消息事件***************/
I (00:03:09.319) MQTT_CLIENT: TOPIC=/sys/a1ikTI4gAFp/led_01/thing/service/property/set
I (00:03:09.325) MQTT_CLIENT: DATA={"method":"thing.service.property.set","id":"527298659","params":{"Red":0,"Blue":100,"Green":0},"version":"1.0.0"}
I (00:03:09.349) NVS_PARAM: set_value = {red=0, green=0, blue=100}
```

图 10.15　ESP32 收到阿里云物联网平台设置的 RGB 数据的运行日志

（7）在阿里云物联网实例的设备列表页面选择 led_01 设备，进入 led_01 设备详情页面。

（8）在 led_01 设备详情页面中选择"物模型数据"，如图 10.16 所示，此时显示的是设备最新上报的属性和时间数据。

图 10.16 led_01 设备详情页面

10.2.3 通过微信小程序调试设备演示

（1）登录阿里云物联网平台，单击右上角的主账号按钮，再选择"AccessKey 管理"，进入"创建 AccessKey"页面，在其中创建 AccessKey 并保存好 AccessKey Secret，如图 10.17 所示。

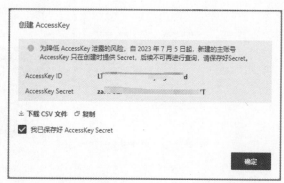

图 10.17 创建 AccessKey

（2）使用微信搜索功能搜索"小康师兄"，或者扫描图10.18所示的二维码打开微信小程序。

（3）在"小康师兄"微信小程序的首页选择"智能灯泡"进入智能灯泡的控制页，如图10.19所示。在智能灯泡控制页单击"修改"按钮，在弹出的设置对话框中输入设备的证书密钥及在第（1）步中保存的AccessKey Secret，单击"确定"按钮，如图10.20所示。

图10.18 "小康师兄"微信小程序二维码　　　　图10.19 智能灯泡控制页

图10.20 设置设备证书密钥和AccessKey Secret

（4）通过"开关"按钮可以远程控制智能灯泡的开关。通过"亮度"滑块可以远程调节智能灯泡的亮度。通过彩色拾色器可以远程选择智能灯泡的颜色。

10.2.4 其他功能演示

- 按键开关：通过短按 BOOT 按键可以控制 LED 灯的亮灭状态，相关运行日志如图 10.21 所示。

```
I (00:00:05.488) Button: GPIO[9] 中断触发, level: 0
I (00:00:05.688) Button: GPIO[9] 中断触发, level: 1
W (00:00:05.688) Button: 按键短按
I (00:00:05.689) NVS_PARAM: get_rgb_led (22, 255, 60)
I (00:00:05.693) WS2812: rgb_update (0, 0, 0)
I (00:00:05.709) NVS_PARAM: set_value (0, 0, 0)
I (00:00:07.338) Button: GPIO[9] 中断触发, level: 0
I (00:00:07.498) Button: GPIO[9] 中断触发, level: 1
W (00:00:07.498) Button: 按键短按
I (00:00:07.499) NVS_PARAM: get_rgb_led (0, 0, 0)
I (00:00:07.503) WS2812: rgb_update (200, 200, 200)
I (00:00:07.519) NVS_PARAM: set_value (200, 200, 200)
```

图 10.21　智能灯泡实现按键开关功能的运行日志

- 断电记忆：通过微信小程序设置 LED 为绿色后复位 ESP32-C3 开发板，则 LED 灯依然会保持绿色状态。ESP32 复位后，恢复 LED 状态的程序日志如图 10.22 所示。

```
I (388) cpu_start: ESP-IDF:              v5.1.2-dirty
I (393) cpu_start: Min chip rev:         v0.3
I (398) cpu_start: Max chip rev:         v0.99
I (403) cpu_start: Chip rev:             v0.3
I (408) heap_init: Initializing. RAM available for dynamic allocation:
I (415) heap_init: At 3FC9E450 len 00021BB0 (134 KiB): DRAM
I (421) heap_init: At 3FCC0000 len 0001C710 (113 KiB): DRAM/RETENTION
I (428) heap_init: At 3FCDC710 len 00002950 (10 KiB): DRAM/RETENTION/STACK
I (436) heap_init: At 50000010 len 00001FD8 (7 KiB): RTCRAM
I (443) spi_flash: detected chip: generic
I (447) spi_flash: flash io: dio
W (451) rmt(legacy): legacy driver is deprecated, please migrate to `driver/rmt_tx.h` and/or `driver/rmt_rx.h`
I (461) sleep: Configure to isolate all GPIO pins in sleep state
I (468) sleep: Enable automatic switching of GPIO sleep configuration
I (475) coexist: coex firmware version: b6d5e8c
I (480) coexist: coexist rom version 9387209
I (486) app_start: Starting scheduler on CPU0
I (00:00:00.128) main_task: Started on CPU0
I (00:00:00.133) main_task: Calling app_main()
I (00:00:00.146) NVS_PARAM: get_rgb_led (22, 255, 60)
I (00:00:00.146) WS2812: rgb_update (22, 255, 60)
I (00:00:00.149) NVS_PARAM: set_value (22, 255, 60)
```

图 10.22　智能灯泡实现断电记忆功能的运行日志

除此之外，智能灯泡还有一些高级功能，如定时开关、情景切换、音乐同步等。这些功能主要工作在手机应用端，鉴于篇幅有限且本书的核心是 ESP32 开发，所以这里不做过多的探讨。

10.3　智能灯泡的 ESP32 程序源码解析

本节首先介绍智能灯泡项目的系统架构，然后介绍如何接入阿里云物联网平台，包括身份安全认证和 MQTT 接入的方式等，接着介绍如何进行设备数据上报和命令下发，最后实现智能灯泡控制的其他功能。

10.3.1 智能灯泡的系统架构

智能灯泡的 ESP32 系统架构如图 10.23 所示,主要分为 Application(应用程序层)、Even(事件驱动层)和 Drivers(底层驱动层)。

- Application:由 app_main() 函数发起各种初始化操作,负责监听并等待按键动作。该层不包含其他自定义的任务或定时器,以确保系统的简洁和高效。
- Event:系统主要通过事件驱动来及时响应和处理外部触发事件,比如 MQTT 事件处理程序、BluFi 事件处理程序和 Wi-Fi 事件处理程序等。
- Drivers:底层驱动层,负责驱动和管理各种硬件设备,实现对按键、WS2812 彩色灯泡等外设的精确控制,并管理 NVS 本地保存程序,确保数据的持久性和安全性。

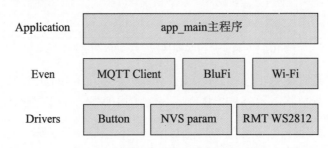

图 10.23 智能灯泡的 ESP32 系统架构

10.3.2 阿里云物联网设备身份安全认证

在将 ESP32 设备接入阿里云物联网平台之前,必须通过严格的身份认证流程。阿里云物联网平台提供了多样化的设备身份认证机制,包括设备密钥、ID²认证、X.509 证书和开源 MQTT 托管设备认证等。

针对本项目,我们选择设备密钥认证作为主要的认证方式。如表 10.1 所示,详细列出了与设备密钥相关的参数说明,这些参数是在 10.1.1 节中创建产品和添加设备的步骤中获取的。

表 10.1 阿里云物联网设备密钥参数

参　　数	说　　明
ProductKey	物联网平台为产品颁发的全局唯一标识
ProductSecret	物联网平台为产品颁发的产品密钥,需要与ProductKey成对使用,用于"一型一密"的认证方案
DeviceName	用户定义的某产品内的设备唯一标识符。DeviceName与ProductKey组合,作为设备的全局唯一标识,用来与物联网平台进行连接认证和通信
DeviceSecret	物联网平台为设备颁发的设备密钥,需要与DeviceName成对使用,用于"一机一密"的认证方案

考虑到不同使用环境的实际需求,设备密钥认证方案分为两种,如表 10.2 所示。出于安全性考虑,本项目特别采用"一机一密"的认证方案,确保每台 ESP32 设备都拥有独特、

独立的认证密钥,增强系统的安全性和可信度。

表 10.2　阿里云物联网设备密钥认证方案

方　案	说　明
一机一密	每个设备烧录其唯一的设备证书(ProductKey、DeviceName和DeviceSecret)。当设备与物联网平台建立连接时,物联网平台会对其携带的设备证书信息进行认证
一型一密	同一产品下所有设备可以烧录相同的产品证书(即ProductKey和ProductSecret)。当设备发送激活请求时,物联网平台对其携带的产品证书信息进行认证,认证通过后,下发该设备接入所需的信息,设备再携带这些信息与物联网平台建立连接

阿里云物联网平台支持多种协议接入,包括 MQTT、HTTPS、CoAP 和 Alink 等,基于可移植性、稳定性和便捷性,本项目选择 MQTT 协议接入。

MQTT 协议又分为 MQTT-TCP、MQTT-TLS 和 MQTT-WebSocket 等方式,出于安全性和轻量化考虑,本项目选择 MQTT-TLS 协议接入。

MQTT-TLS 是基于 TLS 协议的 MQTT 连接,设备和物联网平台使用发布/订阅模式的MQTT 进行通信,TLS 协议可以加密通信过程,确保数据的安全性。

10.3.3　使用 MQTT 接入阿里云物联网平台

当 MQTT 客户端需要连接至阿里云物联网平台时,需要配置一系列参数。这些参数被分为两大类:直接参数和中间参数。请确保正确配置这些参数,以保证 MQTT 客户端能够成功且安全地连接到阿里云物联网平台,关键代码见代码 10.2。

❑ 直接参数:MQTT 客户端必备的配置参数,如表 10.3 所示。
❑ 中间参数:用于签名加密校验所需的中间临时变量,如表 10.4 所示。

表 10.3　MQTT客户端连接阿里云物联网平台的直接参数

参　数	说　明
接入域名	${ProductKey}.iot-as-mqtt.${RegionId}.aliyuncs.com。 其中,RegionId是根据公共实例所在的地域而定的标识符。可在阿里云物联网平台的控制台的左上角查看,本项目的公共实例在"华东2上海",所以RegionId为cn-shanghai
端口	MQTT-TCP连接1883端口。 MQTT-TLS连接8883端口。 MQTT-WebSocket连接443端口
CA根证书	推荐阿里云物联网平台提供的自签名证书(https://linkkit-export.oss-cn-shanghai.aliyuncs.com/cert/ali_iot_ca.crt),该CA根证书有效期到2053年07月04日
客户端ID	规则:clientId+"|securemode=3,signmethod=hmacsha1,timestamp=132323232|"
客户端用户名	规则:DeviceName+"&"+ProductKey
客户端用户密码	加密过程参见后面的介绍

代码 10.2　MQTT接入阿里云物联网平台的关键代码

```
// MQTT 客户端配置参数
esp_mqtt_client_config_t mqtt_cfg = {
    // MQTT 服务器地址
    .broker = {
```

```c
        .address = {
            // 接入域名
            .hostname = hostname,
            // 接入端口
            .port = MQTT_PORT,
            // 传输方式
            .transport = MQTT_TRANSPORT_OVER_SSL
        },
        // CA 根证书
        .verification.certificate = iotx_ca_crt
    },
    // 客户端登录凭据
    .credentials = {
        // 客户端 ID
        .client_id = clientid,
        // 客户端用户名称
        .username = username,
        // 客户端用户密码
        .authentication = {
            .password = password,
        },
    },
};

// 基于 MQTT 配置参数,创建 MQTT 客户端句柄
client = esp_mqtt_client_init(&mqtt_cfg);
// MQTT 客户端注册事件处理程序
esp_mqtt_client_register_event(client, ESP_EVENT_ANY_ID, mqtt_event_handler, NULL);
// MQTT 客户端启动任务
esp_mqtt_client_start(client);
```

MQTT客户端密码的签名加密函数见代码10.3,该签名加密过程主要分为3步:

(1) 参数排序与拼接:首先将 clientId、deviceName、productKey 和 timestamp 这4个参数按照字典序进行排序,随后将它们无缝拼接成一个字符串。

(2) 签名加密处理:利用预定义的 signmethod 所指定的签名算法类型,对拼接后的字符串进行签名加密处理。

(3) 二进制密码转换:将加密后的二进制密码进行转换,以十六进制字符串的形式输出。

表10.4 MQTT客户端连接阿里云物联网平台的中间参数

参数	说明
clientId	自定义ID,64个字符以内。本项目定义为ProductKey+"."+DeviceName
securemode	阿里云物联网平台连接的安全模式,包括2(TLS模式)和3(TCP模式)
signmethod	签名算法类型,支持hmacmd5、hmacsha1和hmacsha256
timestamp	当前时间,单位为毫秒(ms),可以不传递

代码10.3 MQTT客户端密码签名加密函数

```c
/**
 * @brief 生成 password
 *
 * @param[char *] dest: 目标地址
 * @param[char *] product_key: 阿里云物联网平台的产品唯一标识
```

```
 * @param[char *] device_name：阿里云物联网平台的设备名称
 * @param[char *] device_secret：阿里云物联网平台的设备密钥
 */
int32_t core_auth_mqtt_password(char *dest, char *product_key, char
*device_name, char *device_secret)
{
    uint8_t sign[32] = {0};
    char plain_text[128] = {0};
    // 字典排序拼接
    sprintf(plain_text, "clientId%s.%sdeviceName%sproductKey%stimestamp%s",
product_key, device_name, device_name, product_key, CORE_AUTH_TIMESTAMP);
    // hmacsha256签加密
    core_hmac_sha256((const uint8_t*)plain_text, strlen(plain_text),
(const uint8_t*)device_secret, strlen(device_secret), sign);
    // 加密后password为二进制转十六制字符串
    core_hex2str(sign, 32, dest, 0);
    return STATE_SUCCESS;
}
```

最后必须强调的是：若使用相同的设备证书（包括 ProductKey、DeviceName 和 DeviceSecret）给多个物联网设备使用，可能会引发一系列问题。这是因为当新设备尝试使用相同的证书进行连接认证时，原先使用该证书的设备将被强制离线。这种不断的上线、离线循环不仅会影响设备的稳定性，还可能对云端系统造成不必要的负担。因此，建议每个物理设备使用独特的设备证书以确保连接的稳定性和安全性。

10.3.4 属性上报云端

为了将智能灯泡的 RGB 灯光值数据上报到云端，我们采用 JSON 格式的数据结构，并通过 MQTT 协议进行发布。在发布过程中，请遵循指定的主题路径：/sys/{ProductKey}/{DeviceName}/thing/event/property/post，以确保数据能够被正确接收和处理。关键代码见代码 10.4。

代码 10.4　MQTT发布消息上报属性

```
/**
 * @brief MQTT 发布消息
 *
 * @param[uint8_t] Red: RGB LED 红色灯光值
 * @param[uint8_t] Green: RGB LED 绿色灯光值
 * @param[uint8_t] Blue: RGB LED 蓝色灯光值
 */
void mqtt_publish(uint8_t Red, uint8_t Green, uint8_t Blue)
{
    if(!mqtt_is_connected){
        ESP_LOGE(TAG, "mqtt_publish, mqtt disconnected");
        return;
    }
    char payload[512] = {0};
    const char *payload_fmt = "{\
                    \"version\": \"1.0\",\
                    \"params\": {\
                        \"Red\": %d,\
                        \"Green\": %d,\
                        \"Blue\": %d,\
                    },\
```

```c
                    \"method\": \"thing.event.property.post\" \
                }";
    sprintf(payload, payload_fmt, Red, Green, Blue);
    // ESP_LOGI(TAG, "mqtt_publish, payload: %s", payload);
    esp_mqtt_client_publish(client, publish_title, payload, 0, 1, 0);
}
```

10.3.5 云端远程控制

ESP32 作为 MQTT 客户端，通过订阅特定主题路径来接收云端远程下发的指令。在订阅过程中，务必遵循规定的主题路径：/sys/{ProductKey}/{DeviceName}/thing/event/property/post，以确保通信的准确性和高效性。一旦云端下发命令，ESP32 会通过 MQTT 客户端的事件处理程序接收数据，通过 JSON 数据解析得到所需的命令并迅速响应和触发相应操作。实现代码见代码 10.5。

代码 10.5　MQTT客户端事件处理程序

```c
/**
 * @brief MQTT 事件处理程序
 *
 *   此函数由 MQTT 客户端事件循环调用。
 *
 * @param[void *] handler_args: 参数，调用注册事件处理程序时传递的参数。
 * @param[esp_event_base_t] base: 事件处理器的基础，指向公开事件的唯一指针。
 * @param[int32_t] event_id: 接收到的事件的 ID。
 * @param[void *] event_data: 数据，调用事件处理程序时传递的数据，类型为
 esp_mqtt_event_handle_t。
 */
static void mqtt_event_handler(void *handler_args, esp_event_base_t base,
int32_t event_id, void *event_data)
{
    ESP_LOGD(TAG, "Event dispatched from event loop base=%s, event_id=%"
PRIi32 "", base, event_id);
    esp_mqtt_event_handle_t event = event_data;
    switch ((esp_mqtt_event_id_t)event_id) {
        case MQTT_EVENT_CONNECTED:
            ESP_LOGI(TAG, "MQTT 连接成功事件");
            mqtt_is_connected = true;
            // 订阅消息
            esp_mqtt_client_subscribe(client, subscribe_title, 0);
            break;
        case MQTT_EVENT_DISCONNECTED:
            ESP_LOGI(TAG, "MQTT 断开连接事件");
            mqtt_is_connected = false;
            break;
        case MQTT_EVENT_DATA:
            ESP_LOGI(TAG, "/*************MQTT 接收消息事件*************/");
            ESP_LOGI(TAG, "TOPIC=%.*s", event->topic_len, event->topic);
            ESP_LOGI(TAG, "DATA=%.*s", event->data_len, event->data);
            {
                // 字符串解析成 JSON 对象
                cJSON* root = cJSON_Parse(event->data);
                if(root==NULL)
                {
                    ESP_LOGE(TAG, "cJSON_Parse root error!");
                    goto json_exit;
```

```
                cJSON* params = cJSON_GetObjectItem(root, "params");
                int Red = cJSON_GetObjectItem(params, "Red")->valueint;
                int Green = cJSON_GetObjectItem(params, "Green")->valueint;
                int Blue = cJSON_GetObjectItem(params, "Blue")->valueint;
                // 刷新RGB LED的灯光值
                rgb_update(Red, Green, Blue);

                // 上报数据
                mqtt_publish(Red, Green, Blue);
            json_exit:
                // 删除JSON对象并释放内存
                cJSON_Delete(root);
            }
            break;
        default:
            break;
    }
}
```

10.3.6 彩色灯泡控制与断电记忆

彩色灯泡的控制原理主要是通过通用 RMT 接口与 WS2812 RGB LED 进行通信来实现的，详细的技术细节和操作指导可以参阅 3.7.3 节。

关于断电记忆功能，当 ESP32 启动时，首先会进行初始化操作，并从 NVS（非易失性存储）本地存储中读取之前保存的 RGB LED 灯光值，然后将灯光值设置到 RGB LED 中，将彩色灯泡恢复到之前的灯光状态。这个关键流程的实现详见代码 10.6。

当 RGB LED 的灯光值发生更新时，新的灯光值也会立即保存到 NVS 本地存储中，以确保即使设备断电，灯光设置也能被妥善保存。这个关键流程的实现详见代码 10.7。

代码 10.6　智能灯泡RGB LED初始化函数

```
/**
 * @brief RGB LED 初始化
 */
void rgb_init(void)
{
    // 初始化 RMT 驱动程序并创建 WS2812 结构体
    ws2812 = ws2812_init(RMT_CHANNEL_0, RMT_TX_GPIO, LED_STRIP_NUMBER);

    // 从 NVS 中读取灯光值
    rgb_led_t led = {0};
    if(get_rgb_led(&led)==ESP_OK){
        rgb_update(led.red, led.green, led.blue);
    }
}
```

代码 10.7　智能灯泡RGB LED刷新灯光函数

```
/**
 * @brief 根据灯光值刷新 RGB LED
 *
 * @param[uint8_t] red: 红灯数值
 * @param[uint8_t] green: 绿灯数值
 * @param[uint8_t] blue: 蓝灯数值
 */
```

```c
void rgb_update(uint8_t red, uint8_t green, uint8_t blue)
{
    ESP_LOGI(TAG, "rgb_update (%d, %d, %d)", red, green, blue);

    // 将 RGB 数值写入 WS2812 结构体的内存中
    ws2812_set_pixel(ws2812, 0, red, green, blue);
    // 通过 RMT 将 WS2812 结构体内存中的数据发送到各个 LED 中
    esp_err_t err = ws2812_refresh(ws2812, 50);
    if(err!=ESP_OK){
        ESP_LOGE(TAG, "ws2812_refresh error: %s", esp_err_to_name(err));
    }

    // 将灯光值写入本地存储中
    rgb_led_t led = {
        .red = red,
        .green = green,
        .blue = blue,
    };
    set_rgb_led(led);
}
```

10.3.7　按键的长按和短按

按键事件处理程序在 app_main()主程序中执行，按键事件处理程序负责响应按键操作。当用户短按按键时，该程序会触发智能灯泡的亮灭控制；若用户长按按键，则会启动 BluFi 配网模式，以便进行无线网络的配置和连接。关键流程的实现详见代码 10.8。

代码 10.8　按键事件处理程序

```c
while(true) {
    int action = button_wait_action();
    if(action==BUTTON_TYPE_SHORT){
        // 从 NVS 中读取灯光值
        rgb_led_t led = {0};
        get_rgb_led(&led);
        if(led.red==0 && led.green==0 && led.blue==0) {
            // 刷新 RGB LED 灯光值
            rgb_update(200, 200, 200);
            // 上报云端 RGB LED 灯光值
            mqtt_publish(200, 200, 200);
        } else{
            // 刷新 RGB LED 灯光值
            rgb_update(0, 0, 0);
            // 上报云端 RGB LED 灯光值
            mqtt_publish(0, 0, 0);
        }
    }else if(action==BUTTON_TYPE_LONG) {
        // BluFi 开始广播
        esp_blufi_adv_start();
    }
}
```

在实现等待按键事件触发的过程中，程序会阻塞地读取 GPIO 中断触发的数据，并同时记录按键被按下和松开的精确时间戳。随后，程序会计算这两个时间戳的差值，以确定按键的按压时长。若时间差超过 3s，则判断按键操作为长按；否则视为短按。详细代码见代码 10.9。

代码 10.9　等待按键事件触发的关键函数

```c
/**
 * @brief 等待按钮事件
 */
uint8_t button_wait_action(void)
{
    uint32_t io_num;
    static uint32_t tickCount;

    // 堵塞读取队列中的数据
    if(xQueueReceive(button_evt_queue, &io_num, portMAX_DELAY)) {
        // 如果读取成功，则打印出 GPIO 引脚号和当前的电平
        ESP_LOGI(TAG, "GPIO[%ld] 中断触发, level: %d", io_num, gpio_get_level(io_num));
        if(gpio_get_level(io_num)==1){
            if(xTaskGetTickCount()>tickCount+pdMS_TO_TICKS(3000)){
                ESP_LOGW(TAG, "按键长按");
                return BUTTON_TYPE_LONG;
            }else{
                ESP_LOGW(TAG, "按键短按");
                return BUTTON_TYPE_SHORT;
            }
        }
        tickCount = xTaskGetTickCount();
    }
    return BUTTON_TYPE_NONE;
}
```

10.3.8　其他功能源码解析

除了上述功能外，智能灯泡还具备其他功能，包括：

- 数据参数本地保存：通过利用非易失性存储（NVS）技术，智能灯泡能够持久化存储关键数据参数。如需深入了解此功能的实现原理和细节，可查阅 3.8.4 节。
- 基于 BluFi 的 Wi-Fi 配网功能：智能灯泡支持通过 BluFi 技术进行 Wi-Fi 网络配置。这个功能极大地简化了设备连接网络的过程，提升了用户体验。如需了解更多关于基于 BluFi 实现 Wi-Fi 配网的原理，可查阅 6.3.3 节。

10.4　企业项目管理与量产

每个电子爱好者都有一个量产梦，希望自己发明的产品能够量产且大受欢迎。但是量产没那么简单，需要尽可能简化或者自动化每个生产环节，并且需要经过严格的测试。

本节从企业项目管理视角入手，简述智能灯泡在不同阶段的开发和生产流程，逐步实现生产流程自动化，为读者提供一套可借鉴的量产指南，优化自身的生产体系。

10.4.1　企业项目管理

如果是个人 DIY 项目，一旦开发调试完成，那么项目就算完成了。

如果是企业项目管理，则项目的开发阶段还不到整个管理流程的一半。除了核心的开发调试环节，还有小批量内测环节、大批量生产环节等。

- ❑ 开发调试环节：通常只会开发调试 2~5 个设备。研发部门对软硬件进行开发，一旦开发调试成功，自测验证无误，即可移交给测试部门进入下一个阶段。
- ❑ 小批量内测环节：通常会全面测试 10~100 个设备。
  - ➢ 参照预设的测试案例，对每台设备进行严格测试并给出测试报告。
  - ➢ 如果在测试环节中出现没有通过的测试项，就会立即将失败的测试报告群发给整个项目的干系人，并将不合格的设备退回给研发部门进行修正。
  - ➢ 研发部门修复问题并发布新的固件后，测试部门会重新对每台设备进行测试。直到所有设备的所有测试项都测试通过，才可以移交到生产部门进行大批量生产。
- ❑ 大批量生产环节：通常一次排产 1000 台以上设备，这里我们主要聚焦在软硬件相关的生产流程上（机械结构相关的生产在此暂不详细讨论）。
  - ➢ PCB 打样和元器件贴片。
  - ➢ 根据 PCB 的烧录接口和功能接口定制专用的工装夹具。
  - ➢ 开发自动化烧录软件，实现快速、准确地固件烧录，减少工作量和人为错误。
  - ➢ 开发 PCB 快速测试软件，确保 PCB 硬件的准确性和可靠性，减少不良品率。
  - ➢ 进行整机组装，并在产线上进行批量测试，确保每台设备都符合质量标准。

经过以上流程，企业能够确保最终产品的高质量和稳定性，满足市场需求。

10.4.2　开发调试环节的固件烧录

从 10.1.2 节中我们可以了解开发调试阶段固件烧录的详细流程，如图 10.24 所示，该流程的关键步骤如下：

图 10.24　开发调试环节的固件烧录流程

（1）创建产品：获取该产品的 ProductKey 和 ProductSecret，该步骤只需要执行一次，因为我们目前仅针对智能灯泡这个单一产品进行开发。

（2）添加设备：获取该设备的 DeviceName 和 DeviceSecret。

（3）编译固件：修改工程源码中的 ProductKey、ProductSecret、DeviceName 和 DeviceSecret 等参数，并重新编译固件。

（4）固件烧录：通过 Visual Studio Code 开发工具为 ESP32 设备烧录新的固件。

（5）设备标识：根据 DeviceName 生成该设备专属的二维码，并张贴到该设备的外壳表面。

遵循上述步骤，可以成功地为智能灯泡设备完成固件烧录。ESP32 设备上电连网后，将证书和密钥混合签名加密后,登录阿里云物联网平台并激活设备,为后续的测试和应用奠定基础。

10.4.3 小批量内测环节的固件烧录

在小批量内测环节,由于需要对 10~100 个设备进行测试,原先针对开发调试环节的固件烧录流程已不再适用,因为单独为每台设备编译固件将极大地降低效率。因此,我们对流程进行了调整,如图 10.25 所示。

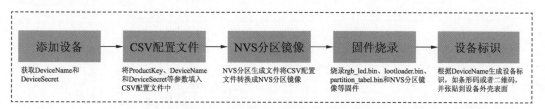

图 10.25　小批量内测环节的固件烧录流程

- 添加设备:获取该设备的 DeviceName 和 DeviceSecret。
- CSV 配置文件:按照配置文件的数据格式,将 ProductKey、ProductSecret、DeviceName 和 DeviceSecret 等参数填入 CSV 配置文件,配置文件的数据格式见代码 10.10。
- NVS 分区镜像:NVS 分区生成程序(nvs_partition_gen.py)根据 CSV 文件中的键值对生成二进制文件(NVS 分区镜像)。该 NVS 分区镜像二进制文件与非易失性存储库中定义的 NVS 结构兼容。NVS 分区生成程序的命令行见代码 10.11。
- 固件烧录:测试工程师使用 Flash 下载工具为每台设备烧录由研发工程师提供的默认固件和测试工程师自行生成的 NVS 分区镜像。其中,默认固件包含 rgb_led_bin、bootloader.bin 和 partition-table.bin。
- 设备标识:根据 DeviceName 生成该设备专属的二维码,并张贴到该设备的外壳表面。

通过以上调整,我们能够更高效地处理小批量内测环节的设备烧录和测试工作,同时可以确保每台设备都能获得必要的固件和软件配置。

代码 10.10　CSV配置文件的数据格式

```
key,type,encoding,value
aliyun-key,namespace,,
DeviceName,data,string,xxx1
DeviceSecret,data,string,xxx2
ProductKey,data,string,xxx3
ProductSecret,data,string,xxx4
```

代码 10.11　NVS分区生成程序的命令行

```
nvs_partition_gen.py generate config.csv config.bin 0x9000
```

10.4.4 大批量生产环节的固件烧录

在小批量内测环节中,固件烧录流程虽然相对复杂,但是在处理 100 台以内的设备时,人工操作尚可承受。然而，当面临大批量生产，即需要处理成千上万台设备时，这种依赖人工的流程就变得极为烦琐且效率低下。因此，我们急需开发自动化工具来优化这个过程，从而减轻人力负担，提高生产效率。

在大批量生产环节中，固件烧录流程与小批量内测环节保持一致，但需要实现整个过程的自动化。为实现这个目标，我们设计并开发了一款专用的阿里云物联网设备批量生产工具（如图 10.26 所示）。该工具能够自动执行一系列关键步骤，包括自动添加设备、配置 CSV 文件、通过 NVS 分区生成程序创建 NVS 分区镜像，并最终实现一键烧录默认固件和 NVS 分区镜像的功能。这种自动化解决方案不仅可以提高生产效率，还可以确保烧录过程的稳定性和高准确度。

图 10.26　小批量内测环节的固件烧录流程

阿里云物联网设备批量生产工具的系统架构如图 10.27 所示，以下是该工具的主要功能：

- 查找/添加设备：阿里云物联网平台不仅提供可视化操作控制台，还提供 OpenAPI 和阿里云 SDK 等调用方式，方便开发者通过代码编程方式访问和管理阿里云服务，具体操作请访问 https://help.aliyun.com/zh/iot/developer-reference/use-openapi。
- 生成 NVS 分区镜像：使用 NVS 分区生成程序（nvs_partition_gen.py），通过调用命令行的方式生成 NVS 分区镜像。
- 下载固件：使用 ESP32 Flash 下载工具（esptool.py），通过调用命令行的方式下载固件到 ESP32 设备上。
- 生成二维码：使用 QRCoder 库，通过 API 方法调用的方式生成设备标识二维码。

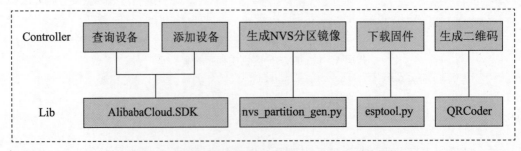

图 10.27　阿里云物联网设备批量生产工具的系统架构

第 11 章 基于蓝牙技术的指纹密码锁项目实战

指纹密码锁是智能家居领域的一个典型应用，与智能灯泡不同的是，指纹密码锁通常使用电池供电，而智能灯泡使用市电供电。因此，为了满足低功耗的需求，指纹密码锁通常采用低功耗蓝牙技术，而非耗电量较大的 Wi-Fi 技术，以确保其长续航能力。目前市面上的指纹密码锁大多有如下功能：

- 密码解锁：支持永久密码、临时密码和虚位密码解锁；支持密码信息管理，包括新用户密码添加和用户密码删除等功能。
- 指纹解锁：支持指纹解锁；支持指纹信息管理，包括新用户指纹添加和用户指纹删除等功能。
- 蓝牙钥匙：支持蓝牙感应解锁，打开手机 App 并启用蓝牙权限，当手机靠近门锁时，门锁通过蓝牙感应到用户靠近时自动解锁。
- 低电量报警：支持电量不足时通过声光报警进行提示。
- 开锁记录查询：支持查询开锁记录，使用手机 App 或微信小程序通过蓝牙查询开锁记录。
- 告警记录查询：支持查询报警记录，使用手机 App 或微信小程序通过蓝牙查询告警记录，包括开锁验证失败告警记录、进入本地设置验证失败告警记录和低电量告警记录等。

以下是一个基于 ESP32 的指纹密码锁的企业级解决方案的详细描述，整个系统框架如图 11.1 所示，其核心构成分为三大模块。

图 11.1 指纹密码锁企业级解决方案的系统框架

- 指纹密码锁：ESP32 作为主控制器，集成多项外设，包括有指纹模块、矩阵键盘、蜂鸣器和 RGB LED 等。
  - 指纹模块：通过串口与指纹模块通信，实现用户指纹信息的注册、验证与删除。
  - 矩阵键盘：通过 GPIO 捕获按键事件，实现密码验证和本机设置等功能。
  - 蓝牙功能：通过蓝牙协议与手机 App 交互，实现蓝牙钥匙添加、蓝牙感应解锁、远程设置和查询等功能。
- ➢ 继电器：通过 GPIO 输出控制继电器，实现电磁锁的开关。
- ➢ 蜂鸣器：通过 GPIO 输出控制蜂鸣器，实现不同状态下不同的声音提示。
- ➢ RGB LED：通过 RMT 控制 RGB LED，实现不同状态下不同的 LED 提示。

❑ 手机 App：面向终端用户的移动应用，通过蓝牙协议与指纹密码锁交互。
- ➢ 实现蓝牙钥匙感应开锁功能。
- ➢ 实现用户开锁权限查询和修改等功能。
- ➢ 实现设置临时密码和临时蓝牙密钥等功能。
- ➢ 实现开锁记录查询和告警记录查询等功能。

❑ 企业服务与数据库：存储用户数据和设备数据的云端服务器，通过 HTTP/HTTPS 与指纹密码锁和手机 App 交互。
- ➢ 实现用户注册、登录和鉴权等用户接口。
- ➢ 实现设备查询、控制和共享等设备接口。

11.1 指纹密码锁实现步骤

千言万语，终归要付诸实践。紧跟本节的操作说明，读者能够轻松实现指纹密码锁的搭建。

11.1.1 硬件原理和接线方式

本节聚焦于 ESP32 的编程与深度开发，旨在通过指纹密码锁这个综合性项目，为广大读者呈现一个易于复制且极具学习价值的参考示例。对于该项目的硬件，我们依旧推荐选用 ESP32-C3-DevKitM-1 开发板作为基础平台。通过灵活的杜邦线连接方式，我们可以轻松地将各种外设模块集成到系统中。

如图 11.2 所示为指纹密码锁的硬件配置。这套系统包含指纹模块、矩阵键盘、继电器、扬声器、普通按键及 RGB LED 等多个关键组件。其中，普通按键和 RGB LED 已经集成在 ESP32-C3 开发板上，提升了系统集成度。而其他硬件模块则需要单独采购，然后通过便捷的杜邦线进行连接，制作完成的成品如图 11.3 所示，虽然不美观，但是胜在灵活和实用。

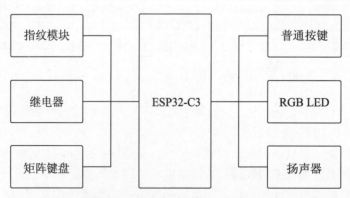

图 11.2 指纹密码锁硬件配置

图 11.3　指纹密码锁硬件

1. 指纹模块与接线

AS608 指纹模块如图 11.4 所示,其内置了 DSP 运算单元和指纹识别算法,实现高效、快速地采集指纹图像并识别指纹特征,模块支持 USB 或 UART 接口通信,按照通信协议即可控制模块实现添加指纹、删除指纹和验证指纹的。AS608 的工作特性如下:

- ❑ 分辨率:500dpi。
- ❑ 窗口面积:15.3mm×18.2mm。
- ❑ 工作电压:3.3V。
- ❑ 接口类型:USB/UART。
- ❑ 指纹图像录入时间:小于 1.0s。
- ❑ 接线说明:如表 11.1 所示。

图 11.4　AS608 指纹模块

表 11.1　AS608 指纹模块接线说明

AS608 指纹模块引脚	ESP32-C3 开发板引脚	说　　明
VCC	VCC	电源正极3.3V
GND	GND	电源负极(地)
TX	GPIO2	串口信号线TTL,逻辑电平
RX	GPIO3	串口信号线TTL,逻辑电平
WAK	GPIO1	触摸感应输出,高电平有效
VT	VCC	触摸感应电源

2. 矩阵键盘与接线

键盘呈 4 行 3 列布局,共计 12 个按键(如图 11.5 所示),不仅囊括 0~9 数字键,还特别添加了星号(*)和井号(#)两个常用的特殊字符键。这款键盘采用矩阵键盘设计和行列扫描技术,实现以 7 个 GPIO 端口控制 12 键键盘的功能,其中,4 个用于行片选,3 个用于列扫描。其工作原理是:依次将某一行 GPIO 设置为低电平,其余行设置为高电平,然后轮询扫描各列 GPIO 的状态。若某一列 GPIO 检测到低电平信号,即可判

图 11.5　矩阵键盘 12 按键

断该行与该列交叉点上的按键被按下。

具体的接线方法详见表 11.2，通过合理的布局和接线，我们能够以最小的 GPIO 资源实现完整的键盘功能。

表 11.2 矩阵键盘接线说明

矩阵键盘引脚	ESP32-C3 开发板引脚	说 明
2	GPIO18	第1行选择控制引脚
7	GPIO20	第2行选择控制引脚
6	GPIO7	第3行选择控制引脚
4	GPIO5	第4行选择控制引脚
3	GPIO4	第1列扫描引脚
1	GPIO19	第2列扫描引脚
5	GPIO6	第3列扫描引脚

3．其他硬件和接线

除了指纹模块和矩阵键盘之外，其他硬件模块就相对简单了，都是单个 GPIO 端口控制，其接线说明如表 11.3 所示。

表 11.3 其他硬件模块接线说明

ESP32-C3 开发板引脚	说 明
GPIO9	BOOT按键
GPIO8	RGB LED
GPIO10	继电器
GPIO0	扬声器

11.1.2 指纹密码锁的使用说明

由于指纹密码锁的功能设计相当详细，所以普通用户通常需要借助用户使用手册来逐步熟悉其操作。本节主要简单介绍指纹密码锁的使用说明，后面会分功能模块进行实战演示。

1．声光提示说明

- 按键提示：当键盘按键被按下时，白色指示灯亮起，非静音模式下伴有默认音效提示。
- 默认提示：当提示继续操作时，蓝色指示灯亮起，非静音模式下伴有默认音效提示。
- 成功提示：当开锁验证成功时，绿色指示灯亮起，非静音模式下伴有成功音效提示。
- 告警提示：当开锁验证失败时，红色指示灯闪烁，非静音模式下伴有告警音效提示。

2．管理员与用户权限说明

- 用户编号：首个注册的用户为管理员，用户编号为 1 并且用户数量限制在 99 个以内。
- 用户权限：每个用户都可以设置一个密码、一个指纹和一个蓝牙密钥。
- 用户角色：用户分为两种，一种是管理员，一种是普通用户。
- 普通用户权限：普通用户的权限（指纹、密码和蓝牙钥匙），仅可用于开锁验证。

❑ 管理员权限：管理员的权限不仅可用于开锁验证，还可进行本地设置和远程设置。

3. 使用场景说明

指纹密码锁的使用场景说明如图 11.6 和图 11.7 所示。当指纹密码锁首次安装完成或经过恢复出厂设置时处于初始场景，此时的首要步骤是设置管理员密码，这是确保指纹密码锁能够正常上锁并使用的必要条件。如果未设置管理员密码，则指纹密码锁无法启动并锁定其所有功能。

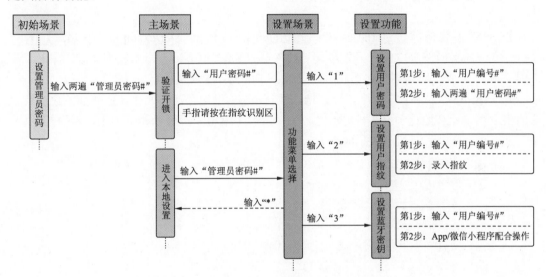

图 11.6　指纹密码锁使用场景说明 1

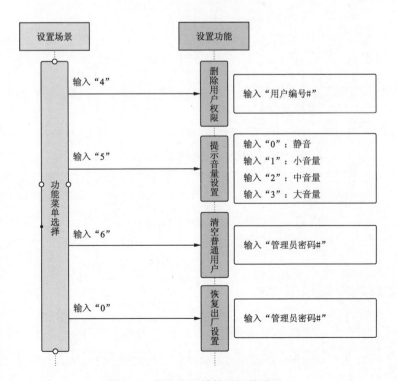

图 11.7　指纹密码锁使用场景说明 2

一旦管理员密码设置完成，指纹密码锁就从初始场景进入主场景，这时候即可上锁并正常使用了。在主场景中，指纹密码锁等待验证用户的开锁请求。同时，它也为管理员提供了进入设置场景的入口。通过验证管理员密码，即可进入设置场景。在设置场景中可以设置用户密码、用户指纹、用户蓝牙密钥、提示音量，还可以清空普通用户、删除用户权限恢复出厂设置等。

11.1.3　ESP32 固件烧录并运行程序

【ESP32 源码路径：tutorial-esp32c3-getting-started/tree/master/examples/ble_lock】

（1）准备一个 ESP32-C3 开发板，通过 Visual Studio Code 开发工具编译 ble_lock 工程源码，从而生成相应的固件，再将固件下载到 ESP32-C3 开发板上。

（2）在 ESP32 上运行程序，然后依次执行 NVS 本地存储初始化、按键初始化、键盘初始化、继电器初始化、扬声器初始化、RGB LED 初始化、蓝牙初始化和指纹模块初始化，对应的 ESP32 的日志输出如图 11.8 所示。

```
I (391) app_start: Starting scheduler on CPU0
I (00:00:00.128) main_task: Started on CPU0
I (00:00:00.133) main_task: Calling app_main()
E (00:00:00.147) NVS_PARAM: get_record_list, error: ESP_ERR_NVS_NOT_FOUND
E (00:00:00.148) NVS_PARAM: get_record_list, error: ESP_ERR_NVS_NOT_FOUND
I (00:00:00.153) ble-lock: currentScene=0
I (00:00:00.160) BLE_INIT: BT controller compile version [59725b5]
I (00:00:00.165) BLE_INIT: Bluetooth MAC: 84:fc:e6:01:0d:42

I (00:00:00.171) phy_init: phy_version 1130,b4e4b80,Sep  5 2023,11:09:30
I (00:00:00.226) GATT_SERVER: ESP_GATTS_REG_EVT, status: 0,  app_id: 0x55
I (00:00:00.228) GATT_SERVER: ESP_GATTS_CREATE_EVT, status: 0,  service_handle: 40
I (00:00:00.233) GATT_SERVER: ESP_GATTS_ADD_CHAR_EVT, status: 0,  attr_handle: 42, service_handle: 40
I (00:00:00.246) gpio: GPIO[9]| InputEn: 1| OutputEn: 0| OpenDrain: 0| Pullup: 1| Pulldown: 0| Intr:3
I (00:00:00.252) KEYPAD: keypad_init row=4, col=3
I (00:00:00.257) gpio: GPIO[5]| InputEn: 0| OutputEn: 1| OpenDrain: 0| Pullup: 1| Pulldown: 0| Intr:0
I (00:00:00.267) gpio: GPIO[7]| InputEn: 0| OutputEn: 1| OpenDrain: 0| Pullup: 1| Pulldown: 0| Intr:0
I (00:00:00.277) gpio: GPIO[18]| InputEn: 0| OutputEn: 1| OpenDrain: 0| Pullup: 1| Pulldown: 0| Intr:0
I (00:00:00.287) gpio: GPIO[20]| InputEn: 1| OutputEn: 0| OpenDrain: 0| Pullup: 1| Pulldown: 0| Intr:0
I (00:00:00.297) gpio: GPIO[4]| InputEn: 1| OutputEn: 0| OpenDrain: 0| Pullup: 1| Pulldown: 0| Intr:2
I (00:00:00.307) gpio: GPIO[6]| InputEn: 1| OutputEn: 0| OpenDrain: 0| Pullup: 1| Pulldown: 0| Intr:2
I (00:00:00.317) gpio: GPIO[19]| InputEn: 1| OutputEn: 0| OpenDrain: 0| Pullup: 1| Pulldown: 0| Intr:2
I (00:00:00.327) gpio: GPIO[10]| InputEn: 0| OutputEn: 1| OpenDrain: 0| Pullup: 1| Pulldown: 0| Intr:0
I (00:00:00.338) gpio: GPIO[1]| InputEn: 1| OutputEn: 0| OpenDrain: 0| Pullup: 0| Pulldown: 1| Intr:0
E (00:00:00.538) as608: 握手超时
I (00:00:00.838) as608: 未检测到指纹模块
I (00:00:01.138) as608: 尝试连接指纹模块
I (00:00:01.358) as608: 指纹模块地址=ffffffff
I (00:00:01.358) as608: 指纹模块波特率=57600
I (00:00:01.359) as608: 指纹模块安全对比等级=3
I (00:00:01.364) as608: 指纹模块最大指纹容量=300
I (00:00:01.378) as608: 指纹模块有效指纹个数=0
```

图 11.8　指纹密码锁的 ESP32 初始化日志

11.2　指纹密码锁功能演示

11.2.1　键盘功能演示

键盘对于设置在指纹密码锁来说极为重要，设置密码、密码开锁以及录入指纹和添加蓝牙钥匙等功能都离不开键盘的支持。从初始场景、主场景到设置场景，贯穿了该产品的整个生命周期。

1. 初始场景

输入管理员密码,以#键结束。再次输入管理员密码,以#键结束。两次密码输入一致,则成功设置管理员密码,ESP32 的日志输出如图 11.9 所示。

```
I (00:00:04.619) ble-lock: Key pressed: 1
I (00:00:04.969) ble-lock: Key pressed: 2
I (00:00:05.422) ble-lock: Key pressed: 3
I (00:00:05.814) ble-lock: Key pressed: 4
I (00:00:06.220) ble-lock: Key pressed: 5
I (00:00:06.658) ble-lock: Key pressed: 6
I (00:00:07.137) ble-lock: Key pressed: #
I (00:00:07.138) scene-handler: 一次密码输入成功,请再次输入。
I (00:00:08.122) ble-lock: Key pressed: 1
I (00:00:08.477) ble-lock: Key pressed: 2
I (00:00:08.955) ble-lock: Key pressed: 3
I (00:00:09.319) ble-lock: Key pressed: 4
I (00:00:09.690) ble-lock: Key pressed: 5
I (00:00:10.404) ble-lock: Key pressed: 6
I (00:00:10.963) ble-lock: Key pressed: #
I (00:00:10.964) scene-handler: 两次密码匹配成功。
I (00:00:10.978) scene-handler: 初始场景:保存管理员密码:123456。
```

图 11.9　在初始场景中设置管理员密码的 ESP32 运行日志

2. 设置场景

在主场景中,输入"*#"开头,再输入管理员密码,最后以#键结束,此时即进入设置场景,ESP32 的日志输出如图 11.10 所示。

```
I (00:00:04.153) ble-lock: Key pressed: *
I (00:00:04.465) ble-lock: Key pressed: #
I (00:00:04.894) ble-lock: Key pressed: 1
I (00:00:05.149) ble-lock: Key pressed: 2
I (00:00:05.445) ble-lock: Key pressed: 3
I (00:00:05.744) ble-lock: Key pressed: 4
I (00:00:05.997) ble-lock: Key pressed: 5
I (00:00:06.348) ble-lock: Key pressed: 6
I (00:00:06.774) ble-lock: Key pressed: #
I (00:00:06.774) scene-handler: 进入设置场景。
I (00:00:06.775) scene-handler: 设置场景:输入"1",设置用户密码
I (00:00:06.781) scene-handler: 设置场景:输入"2",设置用户指纹
I (00:00:06.789) scene-handler: 设置场景:输入"3",设置蓝牙钥匙
I (00:00:06.797) scene-handler: 设置场景:输入"4",删除用户权限
I (00:00:06.804) scene-handler: 设置场景:输入"5",提示音量设置
I (00:00:06.812) scene-handler: 设置场景:输入"6",清空普通用户
I (00:00:06.819) scene-handler: 设置场景:输入"0",恢复出厂设置
```

图 11.10　从主场景进入设置场景的 ESP32 运行日志

3. 密码开锁验证

在主场景中,输入用户密码,最后以#键结束。此时即进行密码开锁验证。如果验证成功,则解锁 5s 后再上锁,ESP32 的日志输出如图 11.11 所示。

```
I (00:00:03.937) ble-lock: Key pressed: 1
I (00:00:04.258) ble-lock: Key pressed: 2
I (00:00:04.632) ble-lock: Key pressed: 3
I (00:00:04.909) ble-lock: Key pressed: 4
I (00:00:05.207) ble-lock: Key pressed: 5
I (00:00:05.552) ble-lock: Key pressed: 6
I (00:00:05.915) ble-lock: Key pressed: #
I (00:00:05.916) scene-handler: 主场景:用户密码验证成功。用户编号: 0,密码: 123456。
```

图 11.11　密码开锁验证的 ESP32 运行日志

4. 设置用户密码

（1）进入设置场景。输入 1，再输入用户编号，以#键结束。

（2）输入用户密码，以#键结束。

（3）再次输入用户密码，以#键结束。ESP32 的日志输出如图 11.12 所示。

```
I (00:00:07.703) ble-lock: Key pressed: 1
I (00:00:07.704) scene-handler: 设置场景：设置用户密码。请输入用户编号，以#键结束。
I (00:00:08.433) ble-lock: Key pressed: 1
I (00:00:08.947) ble-lock: Key pressed: #
I (00:00:08.948) scene-handler: 输入用户编号1成功，请输入两遍用户密码，以#键结束。
I (00:00:10.741) ble-lock: Key pressed: 1
I (00:00:10.965) ble-lock: Key pressed: 1
I (00:00:11.296) ble-lock: Key pressed: 2
I (00:00:11.614) ble-lock: Key pressed: 2
I (00:00:12.019) ble-lock: Key pressed: 3
I (00:00:12.315) ble-lock: Key pressed: 3
I (00:00:12.751) ble-lock: Key pressed: #
I (00:00:12.752) scene-handler: 一次密码输入成功，请再次输入。
I (00:00:13.635) ble-lock: Key pressed: 1
I (00:00:13.859) ble-lock: Key pressed: 1
I (00:00:14.150) ble-lock: Key pressed: 2
I (00:00:14.601) ble-lock: Key pressed: 2
I (00:00:15.126) ble-lock: Key pressed: 3
I (00:00:15.444) ble-lock: Key pressed: 3
I (00:00:15.898) ble-lock: Key pressed: #
I (00:00:15.899) scene-handler: 两次密码匹配成功。
I (00:00:15.961) scene-handler: 设置用户密码成功，用户编号：1，密码：112233。
```

图 11.12　设置用户密码的 ESP32 运行日志

5. 删除用户权限

进入设置场景。输入 4，再输入用户编号，以#键结束。

ESP32 的日志输出如图 11.13 所示。

```
I (00:00:09.495) ble-lock: Key pressed: 4
I (00:00:09.495) scene-handler: 设置场景：删除用户权限。请输入用户编号，以#键结束。
I (00:00:13.704) ble-lock: Key pressed: 1
I (00:00:15.217) ble-lock: Key pressed: #
I (00:00:15.217) scene-handler: 删除用户权限，userId=1。
```

图 11.13　删除用户权限的 ESP32 运行日志

6. 设置提示音量

进入设置场景。输入 5，进入提示音量设置场景。

ESP32 的日志输出如图 11.14 所示。

```
I (00:00:08.623) ble-lock: Key pressed: 5
I (00:00:08.624) scene-handler: 设置场景：设置提示音量。
I (00:00:10.301) ble-lock: Key pressed: 3
I (00:00:10.308) scene-handler: 设置提示音量：大音量
I (00:00:11.844) ble-lock: Key pressed: 2
I (00:00:11.848) scene-handler: 设置提示音量：中音量
I (00:00:13.950) ble-lock: Key pressed: 1
I (00:00:13.958) scene-handler: 设置提示音量：小音量
I (00:00:15.986) ble-lock: Key pressed: 0
I (00:00:15.988) scene-handler: 设置提示音量：静音
```

图 11.14　设置提示音量的 ESP32 运行日志

7. 恢复出厂设置

进入设置场景。输入 5，再输入管理员密码，以#键结束。

ESP32 的日志输出如图 11.15 所示。

```
I (00:00:07.087) ble-lock: Key pressed: 0
I (00:00:07.088) scene-handler: 设置场景：恢复出厂设置。请输入管理员密码，以#键结束。
I (00:00:09.036) ble-lock: Key pressed: 1
I (00:00:09.350) ble-lock: Key pressed: 2
I (00:00:09.653) ble-lock: Key pressed: 3
I (00:00:09.932) ble-lock: Key pressed: 4
I (00:00:10.268) ble-lock: Key pressed: 5
I (00:00:10.600) ble-lock: Key pressed: 6
I (00:00:11.004) ble-lock: Key pressed: #
I (00:00:11.004) scene-handler: 恢复出厂设置：管理员密码验证成功。
I (00:00:11.006) scene-handler: 删除用户权限，userId=0。
```

图 11.15　恢复出厂设置的 ESP32 运行日志

11.2.2　指纹功能演示

1. 添加用户指纹

（1）进入设置场景。输入 2，再输入用户编号，以#键结束。
（2）将手指多次轻触在指纹感应识别区域，直到提示指纹添加成功。

ESP32 的日志输出如图 11.16 所示。

```
I (00:00:58.148) ble-lock: Key pressed: 2
I (00:00:58.148) scene-handler: 设置场景：设置用户指纹。请输入用户编号，以#键结束。
I (00:01:00.804) ble-lock: Key pressed: 1
I (00:01:01.336) ble-lock: Key pressed: #
I (00:01:01.337) scene-handler: 输入用户编号1成功，请录入指纹。
I (00:01:01.338) as608: as608_add, id=1
E (00:01:01.528) as608: 指纹模块生成特征。error: 指纹图像正常，但特征点太少（或面积太小），生不成特征
I (00:01:02.858) as608: 添加指纹id=1，录入图像1
I (00:01:04.178) as608: 添加指纹id=1，录入图像2
I (00:01:04.718) as608: 添加指纹id=1，对比图像通过
I (00:01:04.838) as608: 添加指纹id=1，生成指纹模板
I (00:01:04.878) as608: 添加指纹id=1，成功
I (00:01:04.878) scene-handler: 录入指纹成功。用户编号：1
```

图 11.16　添加用户指纹的 ESP32 运行日志

2. 指纹开锁验证

将手指多次轻触在指纹感应识别区域，直到提示验证成功。ESP32 的日志输出如图 11.17 所示。

```
I (00:00:14.388) as608: 指纹模块验证成功。ID:1，匹配得分:55
```

图 11.17　指纹开锁验证的 ESP32 运行日志

11.2.3　微信小程序功能演示

1. 打开微信小程序

通过微信搜索功能搜索微信小程序"小康师兄"，或者扫描图 11.18 所示的二维码打开微信小程序。

图 11.18　"小康师兄"微信小程序二维码

2. 设置蓝牙钥匙

（1）进入设置场景。输入 3，再输入用户编号，以#键结束，ESP32 的日志输出如图 11.19 所示。

```
I (00:01:32.286) ble-lock: Key pressed: 3
I (00:01:32.286) scene-handler: 设置场景：设置蓝牙钥匙。请输入用户编号，以#键结束。
I (00:01:34.494) ble-lock: Key pressed: 1
I (00:01:34.949) ble-lock: Key pressed: #
I (00:01:34.950) scene-handler: 输入用户编号1成功，请使用App/小程序配合操作。
I (00:01:45.298) scene-handler: 设置蓝牙钥匙成功。用户编号：1
```

图 11.19　设置蓝牙钥匙的 ESP32 运行日志

（2）打开"小康师兄"微信小程序，单击"添加蓝牙钥匙"按钮，在弹出的对话框中输入蓝牙钥匙名称，单击"确定"按钮，等待蓝牙钥匙添加完成，如图 11.20 所示。

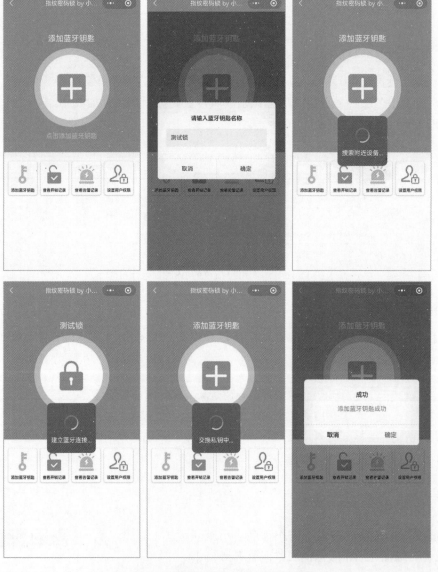

图 11.20　在微信小程序中设置蓝牙钥匙

3. 蓝牙开锁验证

打开"小康师兄"微信小程序,单击"立即开锁"按钮,然后等待蓝牙开锁完成,如图 11.21 所示。

图 11.21　在微信小程序中通过蓝牙钥匙开锁

11.2.4　其他功能演示

除了前面介绍的功能之外,指纹密码锁还有一些高级功能,比如查询开锁记录、查询告警记录、通过蓝牙远程设置用户权限等。这些功能主要应用于手机端,鉴于篇幅有限,这里不做过多介绍。

11.3　指纹密码锁的 ESP32 程序源码解析

本节首先介绍指纹密码锁项目的系统架构,然后介绍矩阵键盘和指纹模块的使用,接着介绍用户场景切换和蓝牙功能,最后简单介绍指纹密码锁的其他功能。

11.3.1　系统架构

指纹密码锁的 ESP32 系统架构如图 11.22 所示,主要分为 Application（应用程序层）、Even（事件驱动层）和 Drivers（底层驱动层）。

- Application：系统应用层有三个应用任务,分别是控锁任务、场景切换任务和声光提示任务。

- 控锁任务：负责控制继电器的任务，因为开锁流程涉及先开锁，然后延时关锁的时序要求，所以创建一个独立线程进行控制，以确保操作更加准确和高效。
- 场景切换任务：控制场景切换的核心处理程序，在 app_main()函数中执行，以确保场景切换的流畅和稳定。
- 声光提示任务：负责控制声光提示的任务，因为需要控制 LED 颜色闪烁和扬声器的播报，所以创建一个独立任务进行控制，以便于管理和维护。

❑ Event：事件驱动层，系统主要通过事件驱动来及时响应和处理外部触发事件，包括键盘扫描事件和 BLE 事件。

❑ Drivers：底层驱动层，负责驱动和管理各种硬件设备，实现对键盘、按键、WS2812 彩色灯泡、继电器、AS608 指纹模块等外设的精确控制，并管理 NVS 本地保存程序，确保数据的持久性和安全性。

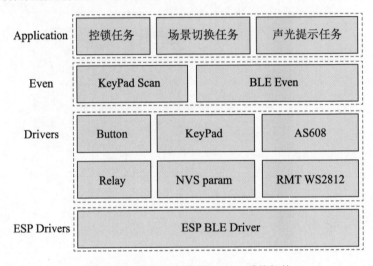

图 11.22　指纹密码锁的 ESP32 系统架构

11.3.2　矩阵键盘扫描

使用矩阵键盘前，首先需要初始化矩阵键盘 GPIO 的配置，具体实现可参考代码 11.1。
- 将行引脚配置为 GPIO 输出模式，以便在扫描过程中能够控制行线的电平状态。
- 将列引脚配置为 GPIO 输入模式，以便在扫描过程中能够读取列线的状态变化。

代码 11.1　矩阵键盘初始化

```
#define ROW_SIZE        sizeof(ROW_PINS)/sizeof(uint8_t)
#define COL_SIZE        sizeof(COL_PINS)/sizeof(uint8_t)

// 矩阵键盘的行引脚
uint8_t ROW_PINS[] = {GPIO_NUM_18, GPIO_NUM_20, GPIO_NUM_7, GPIO_NUM_5};
// 矩阵键盘的列引脚
uint8_t COL_PINS[] = {GPIO_NUM_4, GPIO_NUM_19, GPIO_NUM_6};

/**
```

```c
 * @brief 矩阵键盘初始化
 */
void keypad_init(void)
{
    gpio_config_t io_conf = {};

    ESP_LOGI(TAG, "keypad_init row=%d, col=%d", ROW_SIZE, COL_SIZE);
    /***************************** 行输出 *****************************/
    uint64_t pin_sel = 0;
    for(int i=0; i<ROW_SIZE; i++)
    {
        pin_sel |= (1ULL<<ROW_PINS[i]);
    }
    //设置I/O引脚
    io_conf.pin_bit_mask = pin_sel;
    //设置I/O方向：输出
    io_conf.mode = GPIO_MODE_OUTPUT;
    //设置I/O上拉：使能
    io_conf.pull_up_en = 1;
    //配置GPIO
    gpio_config(&io_conf);

    /***************************** 列输入 *****************************/
    pin_sel = 0;
    for(int i=0; i<COL_SIZE; i++)
    {
        pin_sel |= (1ULL<<COL_PINS[i]);
    }
    //设置I/O引脚
    io_conf.pin_bit_mask = pin_sel;
    //设置I/O方向：输入
    io_conf.mode = GPIO_MODE_INPUT;
    //设置I/O上拉：使能
    io_conf.pull_up_en = 1;
    //设置I/O中断类型：上升沿中断
    io_conf.intr_type = GPIO_INTR_NEGEDGE;
    //配置GPIO
    gpio_config(&io_conf);
}
```

矩阵键盘扫描原理的核心是通过逐行的列扫描方式，结合读取的行线和列线状态来精准确定被按下的按键位置，具体实现可参考代码11.2。

这种设计巧妙地提高了单片机系统中I/O的利用率，从而有效节约了单片机的资源。然而，由于需要持续不断地进行扫描，矩阵键盘无法利用中断触发机制，这在一定程度上增加了CPU的负担，占用了大量的CPU处理时间。

代码11.2 矩阵键盘扫描

```c
/**
 * @brief 矩阵键盘扫描
 *
 * @return 返回按键被按下的键值
 */
char scan_keyboard(void)
```

```
{
    for (int row = 0; row < ROW_SIZE; row++) {
        // 选中当前行
        gpio_set_level(ROW_PINS[row], 0);
        // 读取列线的状态
        uint8_t col = 0xFF;
        for (int col_idx = 0; col_idx < COL_SIZE; col_idx++) {
            if (gpio_get_level(COL_PINS[col_idx]) == 0) {
                // 检测到低电平，消抖
                vTaskDelay(pdMS_TO_TICKS(20));
                if (gpio_get_level(COL_PINS[col_idx]) == 0) {
                    // 记录列索引
                    col = col_idx;
                    // 直到按键被放开
                    while(gpio_get_level(COL_PINS[col_idx]) == 0);
                    break;
                }
            }
        }
        // 取消选中当前行
        gpio_set_level(ROW_PINS[row], 1);

        // 如果有按键被按下，则返回行和列的组合（例如，可以使用 (row * COLS) + col）
        if (col != 0xFF) {
            char key =  (row * COL_SIZE) + col +1;
            if(key>=1 && key<=9)
                key=key+'0';
            if(key==10)
                key='*';
            else if(key==11)
                key='0';
            else if(key==12)
                key='#';
            return key;
        }
    }
    return 0xFF;
}
```

11.3.3 指纹模块管理

指纹模块采用 AS608 指纹芯片，该芯片内置了 DSP 运算单元和高效的指纹识别算法，确保快速采集和精准识别指纹图像。模块支持 USB 或 UART 接口通信，在投入使用前，需要对指纹模块进行初始化操作，包括设置 UART 接口的通信参数、将触摸感应引脚配置为 GPIO 输入模式、与 AS608 芯片建立握手通信以获取其地址读取 AS608 模块的系统参数以确保后续操作顺利进行，具体实现可参考代码 11.3。

代码 11.3　AS608 指纹模块初始化

```
/**
 * @brief AS608 指纹模块初始化
 */
```

```c
void as608_init(void) {
    // UART 配置参数
    const uart_config_t uart_config = {
        // 波特率
        .baud_rate = 57600,
        // 数据位
        .data_bits = UART_DATA_8_BITS,
        // 奇偶校验
        .parity = UART_PARITY_DISABLE,
        // 停止位
        .stop_bits = UART_STOP_BITS_1,
        // 硬件流控模式
        .flow_ctrl = UART_HW_FLOWCTRL_DISABLE,
        // 时钟选择
        .source_clk = UART_SCLK_DEFAULT,
    };
    // 接口缓冲区 2048, 发送缓冲区 0, 事件队列 0
uart_driver_install(UART_NUM_1, 2048, 0, 0, NULL, 0);
// 设置 uart 参数
uart_param_config(UART_NUM_1, &uart_config);
// 设置 uart 硬件引脚
    uart_set_pin(UART_NUM_1, TXD_PIN, RXD_PIN, UART_PIN_NO_CHANGE,
UART_PIN_NO_CHANGE);

    // GPIO 配置参数
    gpio_config_t io_conf = {0};
    // 设置 I/O 引脚
    io_conf.pin_bit_mask = (1ULL<<AS608_STA);
    // 设置 I/O 方向: 输出
    io_conf.mode = GPIO_MODE_INPUT;
    // 设置 I/O 上拉: 使能
    io_conf.pull_down_en = 1;
    // 配置 GPIO
    gpio_config(&io_conf);

    // 与 AS608 模块握手
    while(as608_HandShake(&AS608Addr)) {
        vTaskDelay(pdMS_TO_TICKS(400));
        ESP_LOGI(TAG, "未检测到指纹模块");
        vTaskDelay(pdMS_TO_TICKS(800));
        ESP_LOGI(TAG, "尝试连接指纹模块");
    }
    // 读指纹模块系统参数
    PS_ReadSysPara(&AS608Para);
}
```

当指纹模块成功完成初始化时，为确保后续操作准确且高效，需要了解并熟悉指纹模块的指令集。AS608 模块提供了 29 个指令，如表 11.4 所示。

表 11.4　AS608 指纹模块的指令集

名　称	指　令	说　　明
PS_GetImage	0x01	从传感器上读取图像存于图像缓冲区
PS_GenChar	0x02	根据原始图像生成的指纹特征存于 CharBuffer1 或 CharBuffer2 中

续表

名　称	指　令	说　明
PS_Match	0x03	精确比对CharBuffer1与CharBuffer2中的特征文件
PS_Search	0x04	以CharBuffer1或CharBuffer2中的特征文件搜索整个或部分指纹库
PS_RegModel	0x05	将CharBuffer1与CharBuffer2中的特征文件合并生成模板存于CharBuffer2中
PS_StoreChar	0x06	将特征缓冲区中的文件储存到Flash指纹库中
PS_LoadChar	0x07	从Flash指纹库中读取一个模板到特征缓冲区中
PS_UpChar	0x08	将特征缓冲区中的文件上传给上位机
PS_DownChar	0x09	从上位机上下载一个特征文件并存储到特征缓冲区中
PS_UpImage	0x0A	上传原始图像
PS_DownImage	0x0B	下载原始图像
PS_DeletChar	0x0C	删除Flash指纹库中的一个特征文件
PS_Empty	0x0D	清空FlashF指纹库
PS_WriteReg	0x0E	写SOC系统寄存器
PS_ReadSysPara	0x0F	读系统基本参数
PS_Enroll	0x10	注册模板
PS_Identify	0x11	验证指纹
PS_SetPwd	0x12	设置设备握手口令
PS_VfyPwd	0x13	验证设备握手口令
PS_GetRandomCode	0x14	采样随机数
PS_SetChipAddr	0x15	设置芯片地址
PS_ReadINFpage	0x16	读取Flash Information Page内容
PS_Port_Control	0x17	通信端口（UART/USB）开关控制
PS_WriteNotepad	0x18	写记事本
PS_ReadNotepad	0x19	读记事本
PS_BurnCode	0x1A	烧写片内Flash
PS_HighSpeedSearch	0x1B	高速搜索Flash
PS_GenBinImage	0x1C	生成二值化指纹图像
PS_ValidTempleNum	0x1D	读有效的模板个数

使用指纹模块前需要添加用户指纹。添加用户指纹的流程如图11.23所示。首先，系统会要求用户连续采集两次指纹图像（PS_GetImage）并生成这两次的指纹特征（PS_GenChar），然后对比这两次采集的指纹特征（PS_Match），只有在确认两次采集的指纹完全匹配成功后，才会将这两次指纹图像合并（PS_RegModel）并存储到指纹模块的Flash中（PS_StoreChar）。这个流程可以确保指纹识别的准确性和系统的安全性。具体实现可参考代码11.4。

第 11 章　基于蓝牙技术的指纹密码锁项目实战

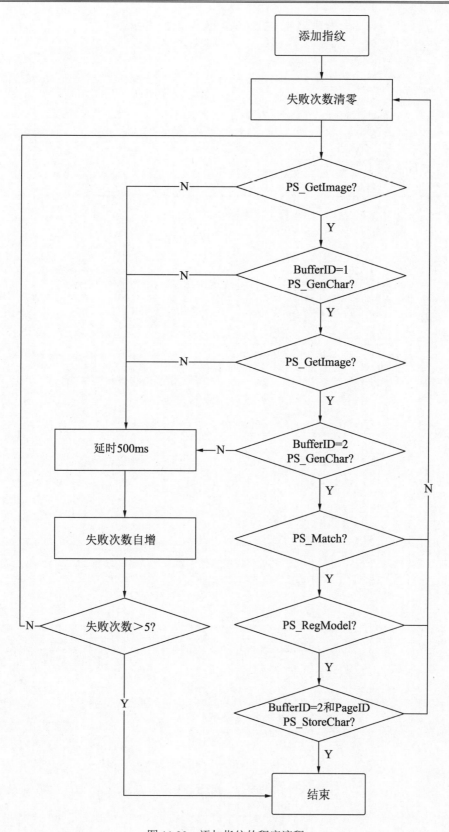

图 11.23　添加指纹的程序流程

代码 11.4　通过 AS608 指纹模块添加指纹

```c
/**
 * @brief 添加指纹
 *
 * @param 用户 id
 *
 * @return 0: 成功；-1: 失败。
 */
int8_t as608_add(uint16_t id)
{
    uint8_t tryIndex=0, processnum=0;
    ESP_LOGI(TAG, "as608_add, id=%d", id);
    if(id>=param.as608_max){
        ESP_LOGE(TAG, "id超过指纹存储最大容量");
        return -1;
    }

    while(true) {
        switch (processnum) {
            case 0:
                tryIndex++;
                // 采集指纹图像
                if(PS_GetImage()==0x00) {
                    beep_enable(1);
                    // 指纹图像生成特征值存入CharBuffer1
                    if(PS_GenChar(CharBuffer1)==0x00) {
                        ESP_LOGI(TAG, "添加指纹 id=%d, 录入图像1", id);
                        tryIndex=0;
                        processnum=1;
                    }
                    beep_enable(0);
                }
                break;
            case 1:
                tryIndex++;
                // 采集指纹图像
                if(PS_GetImage()==0x00) {
                    beep_enable(1);
                    // 将指纹图像生成的特征值存入CharBuffer2
                    if(PS_GenChar(CharBuffer2)==0x00) {
                        ESP_LOGI(TAG, "添加指纹 id=%d, 录入图像2", id);
                        tryIndex=0;
                        processnum=2;
                    }
                    beep_enable(0);
                }
                break;
            case 2:
                // 对比CharBuffer1 和 CharBuffer2 的指纹特征值
                if(PS_Match()!=0x00) {
                    goto as608_add_error;
                }
                ESP_LOGI(TAG, "添加指纹 id=%d, 对比图像通过", id);

                // 将CharBuffer1 与 CharBuffer2 中的特征文件合并生成指纹模板
                if(PS_RegModel()!=0x00) {
                    goto as608_add_error;
                }
```

```
                ESP_LOGI(TAG, "添加指纹 id=%d, 生成指纹模板", id);

                // 将模板储存到 Flash 中
                if(PS_StoreChar(CharBuffer2, id)!=0x00) {
                    goto as608_add_error;
                }
                ESP_LOGI(TAG, "添加指纹 id=%d, 成功", id);
                return 0;
as608_add_error:
                tryIndex=0;
                processnum=0;
                break;
        }

        vTaskDelay(pdMS_TO_TICKS(500));
        if(tryIndex==5) {
            //如果超过 5 次没有按手指则退出
            ESP_LOGI(TAG, "添加指纹 id=%d, 失败!!!", id);
            break;
        }
    }
    return -1;
}
```

在用户成功添加指纹后，即可启用指纹开锁验证功能。当用户的手指轻触在指纹感应识别区域上时，AS608 指纹模块的 WAK（触摸感应输出）引脚会迅速输出高电平信号，这个动作将触发 ESP32 进入用户指纹验证程序。

在进行指纹验证时，系统首先会采集用户的指纹图像并生成相应的特征值，随后在指纹库中高效地进行搜索和匹配。若匹配成功，系统将会迅速返回匹配成功的用户 ID；若匹配失败，则会返回错误码-1，具体实现可参考代码 11.5。

代码 11.5　通过 AS608 指纹模块验证指纹

```
/**
 * @brief 验证用户指纹
 *
 * @return <0:  验证失败
 * @return =0:  图像不足
 * @return >0:  验证成功, 验证人的 ID
 */
int8_t as608_press(void)
{
    SearchResult seach;

    // 采集指纹图像
    if(PS_GetImage()!=0x00) {
        return 0;
    }
    // 指纹图像生成特征值存入 CharBuffer1
    if(PS_GenChar(CharBuffer1)!=0x00) {
        return 0;
    }
    // 高速搜索和匹配指纹特征库
    if(PS_HighSpeedSearch(CharBuffer1,0,param.as608_max,&seach)==0x00){
        ESP_LOGI(TAG, "指纹模块 验证成功。ID:%d, 匹配得分:%d", seach.pageID, seach.mathscore);
        return seach.pageID;
```

```c
    }
    return -1;
```

当某个用户不再需要指纹开锁权限时，我们可以通过删除用户的指纹信息来撤销其开锁权限。这个操作需要对指纹模块执行删除指纹的指令，具体实现可参考代码 11.6。

代码 11.6　通过AS608 指纹模块删除指纹

```c
/**
 * @brief 删除指纹
 *
 * @param 用户 id
 */
int8_t as608_del(uint16_t id)
{
    if(id==-1) {
        // 清空指纹库
        return PS_Empty();
    } else {
        // 删除单个指纹
        return PS_DeletChar(id,1);
    }
}
```

11.3.4　场景切换处理

指纹密码锁的使用场景主要有 3 个，分别是初始场景、主页场景和设置场景。用户通过键盘输入键值来实现各个场景的切换，具体实现可参考代码 11.7。

- 初始场景：设置管理员密码。
- 主页场景：等待开锁验证或者进入本地设置。
- 设置场景：选择功能菜单，包含设置用户密码、设置用户指纹、设置蓝牙钥匙、删除用户权限、设置提示音量、清空普通用户和恢复出厂设置等功能。

代码 11.7　场景切换处理程序的关键代码

```c
/**
 * @brief 场景处理
 *
 * @param[char*] 键盘输入的字符串
 */
void scene_handler(char* pressKey)
{
    // 根据不同的场景进行相应的处理
    switch(currentScene){
        // 初始场景
        case SCENE_INIT:
            scene_init_handler(pressKey);
            break;
        // 主页场景
        case SCENE_MAIN:
            scene_main_handler(pressKey);
            break;
        // 设置场景
        case SCENE_SETTING:
            scene_setting_handler(pressKey);
            break;
```

```c
            // 设置用户密码
            case SCENE_SET_PASSWORD:
                scene_set_password_handler(pressKey);
                break;
            // 设置用户指纹
            case SCENE_SET_FINGERPRINT:
                scene_set_fingerprint_handler(pressKey);
                break;
            // 设置蓝牙钥匙
            case SCENE_SET_BLE_KEY:
                scene_set_ble_key_handler(pressKey);
                break;
            // 删除用户权限
            case SCENE_DELETE_USER:
                scene_set_delete_user_handler(pressKey);
                break;
            // 提示音量设置
            case SCENE_VOLUME:
                scene_set_volume_handler(pressKey);
                break;
            // 清空普通用户
            case SCENE_CLEAR:
                scene_set_clear_handler(pressKey);
                break;
            // 恢复出厂设置
            case SCENE_RESET:
                scene_set_reset_handler(pressKey);
                break;
    }
}
```

11.3.5 蓝牙钥匙功能

在智能锁产品的领域中，安全性无疑是最关键的考量因素。任何可能引发安全隐患的功能，都应谨慎评估是否需要放弃。在本次的综合项目中，我们提供的 3 种开锁方式都严格遵循了这一安全原则。密码开锁配备了虚位密码保护，为用户提供多一层的保障；指纹开锁基于高安全性的 AS608 指纹模块；至于蓝牙开锁，除了蓝牙本身请求配对的安全机制外，我们还额外引入了三重密钥体系，包括产品密钥、设备密钥和用户密钥（如表 11.5 所示），确保每次开锁操作都能在安全的环境下进行，从而全方位地保障用户及锁具的安全。

产品唯一标识作为智能锁的类型标识符，用于区分不同型号的智能锁。而产品密钥则扮演着蓝牙通信数据加密的关键角色，确保 App 与锁具之间的通信不被第三方监听、窃取或破解。然而，产品密钥作为公钥存在密钥泄露的风险。若无相应的私钥或其他安全措施，一旦泄漏，市面上所有同类产品都可能面临黑客攻击和非法开锁的风险。

因此，为确保通信的安全性，我们引入了第二重安全防护措施以设备密钥作为私钥。用户唯一标识用于区分不同用户在手机应用端或设备端进行用户权限管理。同时，设备唯一标识则用于识别不同的设备。通过设备密钥，我们将设备唯一标识和用户唯一标识进行混合加密，生成专属于某位用户的蓝牙钥匙。这个做法的显著优势是设备端能够随时撤销不需要的用户权限，实时、灵活地保障密钥的安全。此外，应用端的用户即使获得了蓝牙钥匙，也仅限于个人使用，无法转让他人，这进一步增强了通信过程的安全性。

表 11.5 蓝牙通信过程中使用的密钥

参 数	类 型	说 明
ProductKey	标识	产品唯一标识，指纹密码锁也有不同的型号
ProductSecret	公钥	产品密钥，指纹密码锁的产品密钥
DeviceKey	标识	设备唯一标识，即蓝牙设备的MAC地址
DeviceSecret	私钥	设备密钥，一机一密
UserKey	标识	用户唯一标识，即用户的OpenId
BLEKey	私钥	蓝牙钥匙，由DeviceKey&UserKey混合加密生成
TimeStamp	参数	当前时间的毫秒级时间戳

1. 蓝牙钥匙配对

首先通过按键进入设置蓝牙钥匙的场景，然后使用手机应用（微信小程序"小康师兄"），在其"指纹密码锁"的功能页中单击"添加钥匙"按钮，进入蓝牙钥匙配对流程（如图 11.24 所示）。

（1）用户通过按键输入管理员密码，触发 ESP32 设备进入蓝牙钥匙配对状态。

（2）手机应用作为蓝牙客户端，扫描附近的蓝牙设备并与 ESP32 设备建立蓝牙连接。

（3）手机应用通过蓝牙向 ESP32 设备发送数据"*0&Ciphertext#"。其中，Ciphertext 是使用 ProductSecret 作为加密密钥，采用 AES 作为加密算法，将 Time&UserKey 组合信息加密后得到的密文。Time 是手机系统时间戳，作为加密的动态变量被引入，确保每次加密操作都会形成独一无二的密文，即"动态码"，增强数据安全性，降低数据被非法窃取或者篡改的风险。UserKey 是当前正在操作的用户的唯一标识。

（4）ESP32 设备通过蓝牙接收到手机应用发送的数据，并解密后得到 UserKey 和 Time。根据当前输入的用户编号，将 UserKey 存入对应的用户权限表中。同时，使用 Time 同步本地系统时间。

（5）ESP32 设备通过蓝牙向手机应用发送数据"*0:BLEKey#"。其中，BLEKey 是使用 DeviceSecret 作为密钥，采用 HMAC-SHA256 签名认证算法将 UserKey&DeviceKey 组合信息签名后得到的。

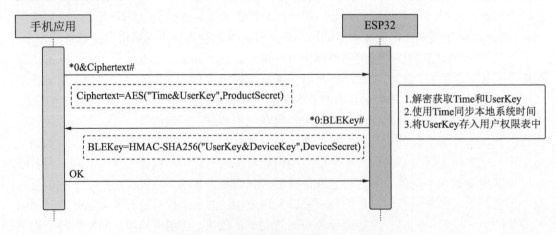

图 11.24 蓝牙钥匙配对的数据交互流程

（6）手机应用通过蓝牙接收到 ESP32 发送的数据，将 BLEKey 作为蓝牙钥匙存入系统，然后发送 OK 给 ESP32，告知其蓝牙钥匙配对完成。

2．蓝牙开锁验证

（1）手机应用作为蓝牙客户端，扫描附近的蓝牙设备并与 ESP32 设备建立蓝牙连接。

（2）手机应用通过蓝牙向 ESP32 设备发送数据"*1&Time&UserKey&Ciphertext#"。其中，Ciphertext 是使用 ProductSecret 作为密钥，采用 HMAC-SHA256 签名认证算法将 Time&BLEKey 组合信息签名后得到的。Time 是手机系统时间戳，UserKey 是当前正在操作的用户的唯一标识。

（3）ESP32 设备通过蓝牙接收到手机应用发送的数据。首先，判断 UserKey 是否在用户权限表中，具有用户开锁权限。其次，使用两次 HMAC-SHA256 签名认证算法，校验 Ciphertext 是否一致。如果一致，则进行开锁操作，并发送 OK 给 ESP32，告知其蓝牙开锁完成。如果不一致，则增加一条告警记录。蓝牙开锁验证的数据交互流程如图 11.25 所示。

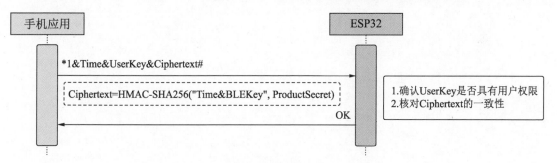

图 11.25　蓝牙开锁验证的数据交互流程

11.3.6　其他功能解析

除了上述功能的源码解析外，指纹密码锁还具备其他功能，包括：
- 数据参数本地保存：通过利用非易失性存储技术，智能灯泡能够持久化存储关键数据参数。如需深入了解此功能的实现原理和细节，可查阅 3.8.4 节。
- 基于 GATT 实现蓝牙通信：指纹密码锁通过利用 GATT 技术实现手机应用与 ESP32 之间的通信，为用户提供更为便捷和安全的开锁体验。如需了解更多关于基于 GATT 实现蓝牙通信的原理，可查阅 7.4.3 节。